国家社科基金教育学青年项目"非计算机化与计算机化儿童编程教育的理论与实践研究"（项目批准号：CCA190261）之最终成果

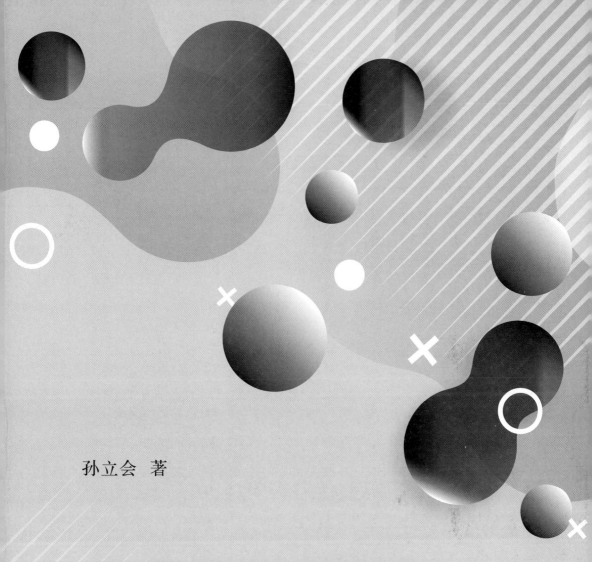

孙立会 著

儿童编程教育的理论与实践研究

中国社会科学出版社

图书在版编目（CIP）数据

儿童编程教育的理论与实践研究／孙立会著 . —北京：中国社会科学出版社，
2023.1

ISBN 978 – 7 – 5227 – 1304 – 5

Ⅰ.①儿…　Ⅱ.①孙…　Ⅲ.①程序设计—儿童教育—教学研究　Ⅳ.①TP311.1 – 4

中国国家版本馆 CIP 数据核字（2023）第 024316 号

出 版 人	赵剑英
责任编辑	范晨星
责任校对	冯英爽
责任印制	王　超

出　　　版	中国社会科学出版社
社　　　址	北京鼓楼西大街甲 158 号
邮　　　编	100720
网　　　址	http://www.csspw.cn
发 行 部	010 – 84083685
门 市 部	010 – 84029450
经　　　销	新华书店及其他书店

印　　　刷	北京明恒达印务有限公司
装　　　订	廊坊市广阳区广增装订厂
版　　　次	2023 年 1 月第 1 版
印　　　次	2023 年 1 月第 1 次印刷

开　　　本	710×1000　1/16
印　　　张	20
字　　　数	318 千字
定　　　价	108.00 元

凡购买中国社会科学出版社图书，如有质量问题请与本社营销中心联系调换
电话：010 – 84083683

前　言

2018 年 8 月我去日本东北大学教育学研究科访学，留日期间经常到书店看书。一次在东北大学校内书店无意中翻阅到了一本关于"小学プログラミング教育"的书，之所以书的标题吸引我，主要还是因为"小学生"与"プログラミング（编程）"这样的关键词组合在一起，这不禁使我感到惊讶，同时也充满好奇。于是，回到办公室我立马登录日本文部科学省的网站，按照书中提供的信息很快就找到了刚刚修订的"小学生学习指导纲要"，原来日本新一轮基础教育改革面向人工智能时代人才的培养需求将"编程"纳入了小学必修课程，并要求到 2020 年在全国的小学校内全面实施编程教育。通过更加细致的了解，彻底打破了我原来对编程教育的刻板印象，决心进一步在此领域开展更加深入的研究，就此与"儿童编程教育"这一领域结缘了。

本书中，我们以"儿童编程教育"来代指这一人工智能时代的教育新样态，这不仅是受日本小学编程教学必修化研究的影响，更重要的是这一命名更好地呈现了我们的研究初心，希冀于通过项目团队的通力合作使其研究成果惠及儿童发展。项目研究的过程中，我们一直在"编程工具性"与"教育实践性"中不断探寻教学平衡的支撑点，以儿童群体认知迁移的发展为行动根源，视编程作为一种"思维方式"的教育，明确如何"更好地教"以实现学生利用编程"更好地学"的方式，基于此我们提出了以"非计算机化儿童编程教育"这一概念来拓宽人们对儿童编程教育的理解，并意在重申编程教育的真正价值所在。研究之初，我们竭尽所能地挖掘、梳理并描绘了儿童编程教育的发展历程与研究全景，翔实的研究基础开阔了研究视野的同时，也为我们此后的研究提供了源源不断的思路与灵感，正如米歇尔·福柯所言，真理它并不一定必然在历史中自我构成，而只是在历史中显现。

学界普遍认同自 1968 年西蒙·派珀特等人创造 Logo 语言起，儿童编程教育这一领域正式进入专业化发展路线，但殊不知此前让·皮亚杰对儿童认知与学习方式的毕生探索的孕育与奠基作用，而这些思想或学派的延续或多或少被其弟子派珀特所延续与传承，所以，儿童编程教育不仅仅从"儿童"这一维度与皮亚杰有千丝万缕的联系，而其"儿童观"通过派珀特的发展融入了儿童编程教育的内核。派珀特在研究伊始创造性地提出编程应当作为儿童表达和学习的一种创新或创造"方式"的教育观，在儿童编程教育五十余载的发展进程中，其研究内容和方向在后世也"异彩纷呈"并不断延伸，当然也出现过短暂的"停滞与折返"，这与计算机的普及程度与使用目的直接相关，但探索编程对儿童认知发展影响的根本追求却一直没有改变。儿童编程教育的发展转机发生在周以真于 2006 年重新定义计算思维概念，编程教育的目标指向便落脚并扎根于计算思维这片肥沃的土壤，并不断蔓延滋长其研究方式与内涵，促使了世界各个国家基础教育改革政策将计算思维融入并整合到不同学科之中，其相关政策的发展、成熟与变迁是推动儿童编程教育发展的原动力。由此，我们也立足于计算思维这一编程教育的目的所指，遵循计算思维"是什么—怎么样—怎么教—怎么评"的逻辑，进行了不同种程度的理论探索与调研分析，为编程课堂中计算思维的培养提供了诸多有价值的事实性证据，并为计算思维的阶段性教学和科学系统的评估提供了可参考依据，同时也为我们后续的教学实践做好了铺垫与准备。

"非计算机化与计算机化儿童编程教育"研究的"灵魂"最终必将落在教学上，教育性是儿童编程教育的第一准绳。夯实编程教学的学理性以及干预的规范性是在中小学课堂有效精准开展编程教育的基本前提，从非计算机化与计算机化儿童编程教学的理论基础与实践特征的角度双向出发，设计并构建了计算机化和非计算机化儿童编程教育教学模式，形成了相对稳定且标准化的教学流程；基于此，我们积极深入幼儿园、中小学一线课堂结合真实学情展开了大量的教学实践，通过课堂教学干预过程的反馈不断优化完善教学模式以反哺教学实践，经过数次迭代教学整理并形成了系统性的教学案例，以供编程教育研究者和教学实践者们共同探讨。最后，我们也基于当前研究现实与前沿热点对儿童编程教育的下一步研究展开了初步探索。未来，我们相信儿童编程教育也必将发挥其作为一种"学习和表达方式"的教育形态的作用，与各领域知识交叉融通，与各畛域方法互鉴融通，从儿童编程教育领域的"追光者"成长为"发光者"，不断发挥其教育价值。

我的几位研究生在项目的进展过程中做了大量的工作，其中包括现今在北京师范大学就读的博士生周丹华、天津大学就读的博士生刘思远以及在教学实践中凝练案例的胡琳琳、王晓倩、李曼曼、刘文婷、李梦娅、郭真、安敏、尤新新等，这个项目培养了他们，同学们在研究中也获得了长足的发展，多位同学获得并连续获得研究生国家奖学金，也让我们有缘聚集在一起成为一个"微弱"的团队，以每一个人竭尽所能的力量"点亮"儿童编程教育的"星星之光"，我相信这一段美好时光将永驻我们每一个人的心中，成为我们学习、工作与生活的原动力。同时也要感谢在一线调研及教学中做出很多努力的索金涛、王彦龙、周琳、王红以及赵剑晓等一线教师，这些一线教师基本都是我曾经的学生，也是我将理论转化为实践的得力助手，我还依稀记得在我刚成为一名大学教师时激励他们的话语，一晃已十余年，他们都已成长为中小学教师中的骨干力量，愿你们不忘初心，坚守在信息技术教育的第一线，助力中小学生计算思维能力发展贡献自己的智慧与力量。

另外，感谢中国社会科学出版社范晨星老师的认真且细致的工作，才使本书得以顺利出版。

当然，由于研究者的能力有限，书中的不妥之处在所难免，请读者朋友们批评指正，如有再版可能一定进行修正。同时，由于出版的需要，书中略去了很多实验研究的细节，也同时是为了能让中小学教师转化到具体编程教学实践的需要，毕竟"研究论文"与真实的课程教学实践还是有一段不大不小的距离，如有兴趣的读者可以查看我们基于全国教育科学规划国家青年"非计算机化与计算机化儿童编程教育的理论与实践（CCA190261）"项目发表的系列中英文论文，或直接与我们联系，期待您的来信，谢谢。

目　　录

第一章

儿童编程教育史漫谈

　　儿童编程教育方兴未艾，成为近年来 K－12 教育阶段里当之无愧的"风口"。但什么是儿童编程教育？儿童编程主要学习什么内容？儿童为什么要学习编程？这些问题依然莫衷一是，众说纷纭。不了解历史就没有权威的话语权，在本章中我们通过对儿童编程教育发展历史和核心人物的回顾，力图勾勒和呈现出儿童编程教育的理论内涵与发展脉络。儿童编程教育可以说是有着"漫长的过去，短暂的历史"的教育领域，因此，我们应在儿童编程教育发展历程中去感受、理解、践行儿童编程的教育真谛与理论本源。

第一节　奠基：儿童认知与学习方式赋意

　　让·皮亚杰（Jean Piaget），20 世纪极具天赋、享誉盛名的儿童心理学家和认知论者。他开创性地关注儿童学习和思考方式的过程，深耕于用心理学的方法追踪考察儿童学习和知识获取的基本方式，将毕生精力倾注在对儿童思维和智力发展的不懈研究中。无论是单纯追溯儿童编程教育的发展历史，还是深入解读儿童编程教育的理论精髓，都不能绕开皮亚杰及其儿童认知和学习理论在此之中的奠基和推动作用。在这里，我们的主要目的并非对皮亚杰这一伟大儿童心理学家和认知论者的理论成就和学术贡献进行系统深入的分析梳理，而是撷取部分皮亚杰关于儿童学习和认知发展的相关思想理论并结合编程教育的特点展开讨论，以展示其对儿童编程教育中"儿童"以及"编程"概念的赋意。

一 "儿童"概念界定及使用问题

"儿童编程""少儿编程"以及"青少年编程"等都是编程教育领域的代名词，但到目前为止并没有关于该教育名词的官方界定，作为一种"舶来品"，上述定义虽都是从适用对象和教学方式等角度制定的，但使用"儿童"还是"青少年"则表现出了学者们对编程教育意义的不同理解。基于编程教育的发展历史和理论基元，在本书中我们使用"儿童编程教育"来定义这一教育形式的实施对象。而到底什么是"儿童"可能并没有一个完整统一且众人皆认可的"科学"性概念，并不是因为儿童这个概念"朴素"与"日常"，而是因为每一个人心中都有一个"儿童"观，并且这一概念是随着社会的发展而不断变化的，甚至于每一个国家的相关法律在其不同时期对"儿童"的界定都不尽相同。之所以要界定儿童，不仅仅是本书的需要，更是对国内儿童编程教育市场专有名词的标准化提供一些基本建议。当然，本书的重点并非儿童概念本身，而是给出一个相对比较规范并可"兼容并包"的概念范围，以此与其他相关概念进行区分。

早期法国儿童史专家菲利普·阿里耶斯认为，家庭和学校从成人的社会中分离出来，标志着儿童身份的确立。[①] 同时我们依据相关心理学知识为本书中的概念界定与引入提供一定的研究理论基础，而不仅仅是为了定义或说明儿童这个概念。本书中对儿童这一概念的界定主要参考联合国《儿童权利公约》的定义：一般来讲儿童指十八岁以下的每一个人，除非某一个国家对其适用的法律规定成人的年龄低于十八岁。[②] 其实，西文文献中并没有直接与"儿童编程"对应的单词，"Children Programming"只是一个"中国式"的英文单词"直译和拼接"。一般情况下，西文语境中"K–12"（kindergarten through twelfth grade）与我们所界定的儿童概念比较接近或一致，也正囊括了本书中的所有对象。也许是因为

---

① ［意］艾格·勒贝奇、［法］多米尼克·朱利亚：《西方儿童史（上卷）：从古代到17世纪》，卞晓平、申华明译，商务印书馆2016年版。

② UNICEF.（1990）. Convention on the Rights of the Child. Retrieved from https：//www. unicef. org/child – rights – convention/convention – text.

中文本身的博大精深，国内儿童编程教育领域才有了"少儿编程""青少年编程"等概念，甚至有研究者建议用"青少年编程"取替"儿童编程"这一概念。但在世界卫生组织的年龄划分中"青少年"（Adolescent）一词用于表示处于青少年期的人，其对青少年阶段的年龄范围界定为10—19 岁，10—14 岁一般与我们所说的少年一致，而 15—19 岁一般指年龄比较大的青少年（Adolescent：A person aged 10 – 19 years. Young adolescent refers to 10 – 14 year olds, while older adolescent refers to 15 – 19 year olds）。① 因此，无论是"少儿编程"还是"青少年编程"都或多或少窄化了未来可能在 K – 12 编程教育中的实施对象。

至此，无论是哪一种关于年龄阶段划分的定义都并不是唯一或严格不可逾越其阶段性发展边界的，因为人的发展并不是线性的，而且具有相当程度的未知。所以，去讨论这几个概念本身，并不是使其陷入一种本不该的"争论"之中，主要更想说明的是：其一，我们对"儿童"这个概念的理解过于狭窄，我们不应该以刻板印象去理解"儿童"这一概念术语，儿童不仅仅是"小孩子"的代名词；其二，与之相关的概念无法代替整个 K – 12 教育领域，因为编程教育的实施不应也不是某一个具体学段的事情，而应该是包含幼儿园到中学的所有阶段，这才是编程教育推广的真正意义，也只有放在整个学段中去研究，才能看到各学段之间编程教育的差异，以此构建合理的基于学段发展的编程教育体系；其三，最重要的是"儿童"有其背后的皮亚杰认知和学习的相关理论为其发展提供理论依据，② 并且皮亚杰也参与和助推了儿童编程教育的发展，这在下文中我们会详细阐述。因此，使"儿童编程"这个概念更有其一定的价值，否则没有理论支撑只是为了"要概念"只会贻误编程教育在 K – 12 教育中的发展。

---

①　World Health Organization（2017）. Global accelerated action for the health of adolescents（AA – HA！）guidance to support country implementation. Retrieved from https：//apps. who. int/iris/bitstream/handle/10665/255415/9789241512343 – eng. pdf？sequence = 1&isAllowed = y.

②　孙立会、王晓倩：《计算思维培养阶段划分与教授策略探讨——基于皮亚杰认知发展阶段论》，《中国电化教育》2020 年第 3 期。

二 儿童思维认知的独特性

皮亚杰是一位身处哲学、心理学、生物学领域的开垦者和耕耘者，他对儿童个体思维发展独特性的认识以及儿童群体认知发展阶段性的关注在教育领域中的影响是巨大的。皮亚杰作为哲学思考对象的那个"人"，是一般意义上的人而不是个别的人，而皮亚杰临床法所针对的，恰是一般。因此，皮亚杰对儿童认知发展阶段的探讨是基于儿童群体的"一般性"而言的，但皮亚杰对儿童思维特征"独特性"的关注使得认知阶段论时至今日仍然焕发出巨大生命力，由此也改变了人们看待儿童世界的看法和人们研究儿童的方法。在皮亚杰"认识你的学生"理念的推动和演绎下，教育教学的进程由此开启。学校和教师要承认智力演化的存在，以儿童为中心，遵守儿童智力发展的法则，不能不加区分地对待不同年龄和思维阶段的儿童。[①] 虽然卢梭在早年间也明确指出过每个年龄阶段都有其自身的思考方式，但并没有像皮亚杰这样展开长期持久的观察追踪和心理学实验来验证与揭示儿童认知和思维发展的特点，并且皮亚杰借鉴生物遗传性来解释儿童心理发展机制，为儿童认知心理的阶段性发展提供了有力的科学依据。

承认儿童思维的独特性并遵循其发展规律是关于儿童一切教育教学活动开展的前提。皮亚杰认为：教育组织者不应只了解他自己的学科，更应该通晓儿童心理发展的细节，并且对于新式学校来讲，了解儿童思维的结构、儿童和成人的思维方式之间的关系是至关重要的。[②] 儿童编程教育本身就是具有明确的实施对象和年龄指向的教育形式，希望儿童在适宜的编程工具和媒体环境的支持下学习编程知识，培养思维技能。如果我们将成人学习编程语言的"那一套"教学材料和过程来对儿童进行编程教学，那么也就失去了儿童编程教育的本源意义。因此，开发适合学生年龄认知特点的媒体支持、设计丰富多样的教学活动是儿童编程教

---

① ［瑞士］让·皮亚杰：《教育科学与儿童心理学》，杜一雄、钱心婷译，教育科学出版社2018年版。

② ［瑞士］让·皮亚杰：《教育科学与儿童心理学》，杜一雄、钱心婷译，教育科学出版社2018年版。

育的外在形式，聚焦儿童在此过程中的技能习得和思维发展才是儿童编程教育的内在本质。

三 游戏活动与心智模型

在皮亚杰看来，游戏是思维的一种表现形式，而儿童的心智模型可以说是其认知与思维的载体。为了更清楚地阐述心智模型系统，我们需要先熟悉皮亚杰关于认知结构的几个基本概念。首先是"图式"（Schema）。个体认知的发展表现为个体原有的图式对刺激的吸收和转化，这正如人体的消化系统吸收营养物质并转化能量一般，这就是所谓的同化。但同化并不能改变和创新个人图式，只有顺应才能够使得个体在受到环境刺激后引起和促进原有图式的变化以适应外界环境。图式就如儿童原有的认知结构和心智模型，也正是皮亚杰结构主义思想的集中体现。皮亚杰认为：活动是感知的源泉。游戏活动实质是同化超过了顺应的状态，即儿童以现有的认知水平去理解外部事物，而不顾及事物的本身的特点，更多地按照自己的主观意识去行动。① 所以，游戏大多与消遣和放松等名词联系在一起。但游戏不仅是一种消遣或释放精力的活动形式，对于儿童而言，游戏是对其不完善的以及新出现的心理机能的一种巩固和练习，同时作为一种宣泄和释放情感的寄托形式。基于此，皮亚杰根据儿童认知发展阶段的基本特征，将游戏划分为练习性游戏、象征性游戏、有规则的游戏三种类型。② 在游戏活动中，儿童将具象的物品表征吸收到抽象的心理活动中去，同时在身体机能上表现为某些器官或者行为的发展。皮亚杰基于心理和生理的角度将游戏归纳为儿童学习活动和智力发展的过程形式，"游戏"成为儿童教育教学中的里程碑式的标志性行为。

与此同时，皮亚杰也关注到了作为一种学习方式的"游戏"，即"游戏化"在教与学中的重要作用。许多研究也表明，当教学者们一旦成功地将阅读、算术或者拼写课程转换为游戏形式时，就会发现儿童对原本枯燥的学习充满了热情。在游戏化的学习方式中，儿童同样在发展自身

---

① ［瑞士］让·皮亚杰、英海尔德：《儿童心理学》，吴福元译，商务印书馆1980年版。
② ［瑞士］让·皮亚杰：《儿童的心理发展（心理学研究文选）》，傅统先译，山东教育出版社1982年版。

的感知和智力，锻炼沟通以及社交能力。游戏化的教学和学习形式推动了儿童智力模型的形成。其原因一方面体现在智力模型的建构需要在结构性的情境活动中不断"尝试和试错"，并且由起初的实体感知逐渐内化并完成思想上的状态；另一方面，智力体现在事物对精神的同化以及互补的顺化的过程，因此智力的养成需要以兴趣为基础，这一法则对于儿童更是如此。

儿童编程教育自诞生之日起就与"游戏"不可分割。目前儿童编程教学活动有两大类型：一类是游戏化编程，分为两种：结构性游戏化和内容游戏化。结构游戏化是游戏元素的应用，通过内容激励学习者学习。例如，使用游戏元素，如分数、关卡、徽章、排行榜等，并将它们应用于教学情境中；内容游戏化以一种教学流程呈现，通过改变游戏元素、游戏机制和游戏思维来"装饰"教学内容，将游戏情境贯穿始终。所以，除了游戏元素之外，内容也会有一些变化，比如提供故事、挑战、好奇心，神秘和人物的内容，吸引学习者。① 另一类就是编码游戏，比如许多开源性的平台中会提供许多游戏素材用来辅助学习，让学生自己来编码一些小游戏，如适合幼儿学习的"编码猴"（CodeMonkey）ScratchJr 等，以及适合年龄稍长一些学生的"极客战记"（CodeCombat）、"Code Hunt"等一类的迷宫和营救游戏。游戏化的教学情境和设计激发了儿童的学习兴趣，以程序虚拟空间为映射对象，使儿童在此之中构建和完善属于自己的心智模型。

四　建构主义与认知发展的阶段性

一般而言，建构主义学习理论是对行为主义与认知主义缺陷而于 20 世纪 90 年代，在皮亚杰认识论思想基础上众多研究者共同发展起来的一种学习理论。② 建构主义学习理论在知识观、学习观和教学观方面赋予了教与学的过程以更加具体的阐述。知识是情境化的认知主体对于认知客

---

① Elshiekh, R., & Butgerit, L., "Using Gamification to Teach Students Programming Concepts Open", *Access Library Journal*, Vol. 4, No. 8, 2017, pp. 1 – 7.

② 白倩、冯友梅、沈书生、李艺：《重识与重估：皮亚杰发生建构论及其视野中的学习理论》，《华东师范大学学报》（教育科学版）2020 年第 38 卷第 3 期，第 106—116 页。

体的意义建构过程；学习是在基于特定情境中，学习主体在外界帮助下对客体建构并不断形成一种自我"图式"的过程；学生也是教学活动的积极参与者和建构者，而教师更多地扮演着助推和引导者的角色，调动学生学习的主动性以及创造性。皮亚杰建构主义的学习观无论在当时还是现在都具有划时代意义，提倡让儿童做自己智力结构的建构者。我们从中可以体悟到，皮亚杰更加倾向于自然状态下发生的学习，而非在固定教学组织下的教师直接的传授，这一理念也是儿童编程教育发生发展的重要驱动理念。但是，我们认为皮亚杰有关建构主义学习方式的思考可能更多地着墨在学习主体对于知识客体的同化与顺应的动态平衡之中，更多的是认知层面的描述，而没有关注到学习媒介（计算机环境）的支持对儿童智力建构的助推作用。适宜的学习材料和情境能够助推儿童智力思维跨阶段地发展，从这一层面来理解，皮亚杰当时的表述可能看起来有些保守了。当然这也局限于那个计算机还未流行的时代。儿童编程以计算机这一具有"创造性的工作介质"为对象，在此过程中学习者能够将自身的思维过程投射到目标对象中，教计算机如何来编程，把自己抽象的思维过程具体化到计算机程序之中，并以此来训练和完善自己的心智模型。

对儿童认知发展的阶段性划分也是皮亚杰理论中的典型代表。皮亚杰认为每个孩子都以相同的顺序经历各个阶段，儿童的发育是由生物成熟和与环境的相互作用共同决定的。并且每个阶段的发展都是有一定的顺序性，不会"跨越式"地发展。感知运算阶段（0—2岁）、前运算阶段（2—7岁）、具体运算阶段（7—11岁）和形式运算阶段（11岁之后）是儿童思维发展的顺序规律，关于其内容我们在这里不再详细赘述。认知发展阶段性的划分也给儿童编程教学阶段性的开展以启示，针对每个阶段展开适宜儿童特点的教学形式和内容，形成编程教育系统化连贯性的课程体系是当下与未来儿童编程教育的主要发展趋势之一。但从生物成熟顺序角度的认知阶段性发展也给后人更多想象和评判的空间，或许皮亚杰进行儿童阶段性的划分太过基于"生理"发展的证据，重点放在了认知层面上智力在适应环境中的发展，却忽视了环境与文化在儿童学习中的推动作用，同时在这一理论中，也没有考虑到儿童在学习过程中积极情感因素的正向影响。① 在对皮亚杰理论的继承与发展的视角之中孕育着儿童编程教育的新生。

第二节 创生：派珀特与儿童编程教育

在儿童编程教育发展的历史长河中的关键人物非人工智能教育先驱西蒙·派珀特（Seymour Papert）莫属。派珀特以自己独特的数学思考方式在皮亚杰理论以及其人工智能萌芽的时代背景下创造出了 Logo 编程语言，成为儿童编程教育的开端。在其几部著作之中均阐述了他早年间的独特想法以及 Logo 关于数学、皮亚杰、建构主义、人工智能之间的联系，成为了此后儿童编程教育发展的思想源泉及理论根基。上述关于皮亚杰理论的梳理也是站位于派珀特对皮亚杰理论的继承与修正之上对儿童编程教育的思考。并且，派珀特关于儿童编程教育的理念也成为后世开展儿童编程教育的精神旗帜。

一 儿童编程教育发轫之始——西蒙·派珀特

1928 年，派珀特出生于种族主义猖獗的南非比勒陀利亚（Pretoria），派珀特一家是当地少数的白人家庭，但因其中学时期在当地组织黑人仆人课程与相关政府部门发生冲突，因此被贴上了反种族主义的标签而被禁止出国。有关派珀特的出生背景和童年经历，在他的著作和文献中却鲜有察觉，但派珀特却将其反映在了他毕生的教育理想和追求之中。派珀特在数学研究方面很有造诣，1952 年他在南非约翰内斯堡威特沃特斯兰德大学（University of the Witwatersrand）获得了人生中第一个数学博士学位；时隔 2 年即 1954 年，勇敢的派珀特在没有护照的情形下只身前往剑桥大学求学，开始了在英国长达五年的博士学习生涯，直到 1959 年，派珀特在剑桥大学共获得两个数学博士学位，具体研究内容为逻辑与拓扑内容。也许是因为派珀特成长环境所影响，其在研究数学的同时也不断反思并关注数学教育，他认为自己仅通过破解数学难题难以改变人们

---

① Papert, S., *Mindstorms: Children, Computers, and Powerful Ideas*, New York: Basic Books, 1980.

心中某些固化的观念，而教育活动却能够规训并改变社会中人的心灵。1959—1963 年的四年间，派珀特一直在瑞士日内瓦大学皮亚杰的"发生认识论中心"（Center for Genetic Epistemology）从事关于儿童认知发展的研究，基于皮亚杰的建构主义（Constructivism），其创造性地提出了对未来儿童编程教育影响至深的"建造主义"（Constructionism）学习观，提倡"制作"与"建造"在儿童学习过程中的重要作用，并进一步将此理论应用于帮助儿童学习的技术环境之中。皮亚杰曾公开表示：没有人能像派珀特一样理解我的想法，这也许是导师对学生最高的评价，更深层含义表达的是对派珀特未来在儿童学习与教育领域获得更多成就的期许。

派珀特在教育领域的"法宝"便是计算机，他认为计算机的出现对于学习和教学的影响将是开创性的。在他研究早期，派珀特共写了三本面向学生、教师和家长的关于计算机促进学习的开创性著作。*Mindstorms：Computers, Children, and Powerful Ideas*（1980）是儿童编程教育领域的经典开局之作，现已被翻译为中文——《因计算机而强大》，受到了广泛关注，计算思维（Computational thinking）的思想雏形以及人工智能技术、Logo 教学实践方法等在此书中均有所反映；在 *The Children's Machine：Rethinking School in the Age of the Computer*（1993）一书中，派珀特对学校计算机课程提出了他独到的看法，即计算机在学校的应用与其他领域相比是相当"迟疑且保守"的，计算机不应只简单地作为辅助学习的"工具"而存在，而应当像纸笔服务于学校课堂一样普遍，作为一种儿童"创造和表达"的方式。这一观点深情呼应了著名的"乔布斯之问"，计算机在深刻变革了人们生产和生活领域的同时，为什么只对教育领域的影响"少之又少"，这一现象直到现在仍值得我们继续关注并不断思考；*The Connected Family：Bridging the Digital Generation Gap*（1996）一书则重点阐述了家庭与计算机教育的重要关联，派珀特鼓励可以通过绘画与游戏等方式在家庭中进行计算机教育活动，并提出父母应当尊重并且向孩子学习。此外，当时派珀特还与同事合作为信息时代的儿童和家长建立了"妈妈媒体"（MaMaMedia），通过发布家庭学习资源、分享教育经验并提供在线咨询来帮助家长加强对信息时代儿童的监管和教育。

派珀特关于计算机的教育观念与当时兴起之初的人工智能撞了个满怀。20 世纪 60 年代初，派珀特受邀进入麻省理工学院，加入了马文·明斯基

（Marvin Minsky）和约翰·麦卡锡（John McCarthy）合作创建的人工智能实验室（Artificial Intelligence Lab）。派珀特与明斯基是多年的亲密合作同事，他们共同管理着人工智能实验室，共同参与无数项目，并共同指导了人工智能实验室和媒体实验室的许多学生。但是两者在人工智能的研究方向上略有不同，明斯基更注重从神经生理和思维发展机制的角度认识和开发人工智能产品，而派珀特则以十年的"教育者"身份关注人工智能技术对儿童学习方式的变革影响，同时也会考虑外在的社会、学校等环境因素。随着计算机技术的兴起，派珀特与团队成员主要致力于创建智能型学习机器来辅助儿童学习。1968 年，他与团队成员辛西娅·所罗门（Cynthia·Solomon.）、沃利·富尔泽格（Wally·Fulzag）共同合作研发出世界上首款儿童编程语言——Logo[1]，这种利用"海龟绘图"的方式使儿童进行程序编写和项目设计的编程环境，借助计算机辅助儿童学习数学几何知识[2]、探索微观世界并"建构"自我认知框架，开创了技术融入学习的先河。同时，Logo 语言的创建也由此引发了人工智能领域的相关研究，1969 年，明斯基与派珀特合著《感知机》（*Perceptrons*）一书在人工智能领域引起了广泛重视，成为此后多项人工智能技术灵感的来源。

派珀特早年间的思想及其创建 Logo 语言的理论渊源是其后各种儿童编程工具研发和相关研究活动的理论来源，如 Scratch、乐高、机器人编程等都是在其影响下创生的。领悟派珀特早期关于儿童编程教育的思想理念，从"历史经验"中萃取精华，有助于理解儿童编程教育的本真之意，对儿童编程教育的发展"端本正源"，并为儿童编程工具的进一步创新更迭提供灵感，为儿童迎接人工智能时代的全面到来奠基。

二 儿童编程教育灵感之源——皮亚杰与人工智能

（一）"齿轮"中的智力发展与情感体验

派珀特小时候对物理世界有着奇特的"模型"视角，以"齿轮"作

---

[1] Michayluk, J. O., "Logo: More than a decade later", *British Journal of Educational Technology*, No. 1, 1986, pp. 35 – 41.

[2] Solomon, C. J., & Papert, S., A case study of a young child doing turtle graphics in Logo. Proceedings of the National Computer Conference and Exposition, New York: ACM, 1976, pp. 1049 – 1056.

为他认识世界的间接工具，借助齿轮把抽象的概念"引入"大脑，如他以齿轮为认知模型从二元一次方程引出微分。在接触皮亚杰后，他领悟到这一行为属于"同化"概念的一个典例。派珀特认识到他是透过齿轮来认知世界并完善自己心智模型的，那么每个儿童应该都有其认识解读世界的独特方式，一个人学习什么、如何学习取决于他的认知模型。[①]派珀特认为皮亚杰关于同化的概念只关注到了儿童的认知层面，忽略了情感因素的影响。"齿轮"不仅是帮助他认知世界的工具，而且用"齿轮"进行同化"数学方程"让派珀特产生了对数学正面积极的情绪，所以使他对数学学习充满了热爱。此后派珀特的工作就是致力于帮助每个孩子寻找他们心目中的"齿轮"，让儿童在学习的过程中产生正向的情感体验。但是，派珀特也考虑到每个孩子的"心智模型"是不同的，就像他把自己用齿轮来解方程的做法告诉朋友，但是他们却无法理解。因此，还需寻找一种"万能的工具"来使每个儿童都能具备跨越传统发展阶段的思维能力，需要一种媒介帮助儿童建立个性化的认知模型。随着技术的更迭，这一支撑工具——"计算机"出现了。作为一种"创造性的工作介质"，计算机的普适性特点使其有一千种可能来迎合一千种口味，并且不同风格的教学理念几乎都能通过计算机完美呈现。[②]Logo 语言创建之初，由于计算机程序操作的抽象性，较低年龄层次的儿童无法很好地使用，有研究者开始了对实体 Logo 编程机器的探究，即利用一只形似"海龟"的机器人在地面运动绘图，辅助儿童学习数学几何知识。在儿童学习操纵"海龟"之初，派珀特先让儿童自己演示运动过程，之后才设计"海龟"的行动路线。随着计算机技术的大规模兴起，"海龟"进入学校并逐步演变为现在我们熟知的 Logo 语言。派珀特坚信计算机有思考的能力，"海龟"标识就像齿轮一样，一方面连接着数学知识，另一方面它又和儿童感知发展的身体知识相连接，儿童同样可以将自己投射于计算机界面的海龟图标以此来设计规划程序语言，建构自身"认知模型"。因此，无

①　Papert, S., *Mindstorms: Children, Computers, and Powerful Ideas*, New York: Basic Books, 1980.

②　Papert, S., "Epistemological Pluralism and the Revaluation of the Concrete", *The Journal of Mathematical Behavior*, No. 1, 1992, pp. 3 –33.

论是海龟机器人还是海龟图标都是为儿童认知提供一个过渡的目标对象，帮助儿童在所创设的情境中向未成熟的思维发展阶段顺利过渡，并和儿童头脑中"强大的"想法产生联系，[①] 为其认知活动提供技术与环境支持。

(二)"具体"与"抽象"的较量

皮亚杰认为教育的最高目标即培养人的逻辑推理和复杂概念抽象等高阶思维技能。而传统教学中，教师讲授知识性内容，学生被动地吸收接受，这种做法是错误的。教学最关键的还是教师如何提供恰当的刺激让学生建构和完善自己的认知结构并发展逻辑思维能力，并在此基础上发展普遍的迁移能力。派珀特对皮亚杰理论进行了批判性的继承。皮亚杰的认知发展阶段理论是派珀特的工作根基，但与皮亚杰对儿童认知发展阶段划分的"保守性"而言，派珀特却有不一样的认识：他未对儿童的认识发展划分阶段，规定儿童某一阶段能或不能做什么，相反他要做的是展示皮亚杰的认知发展理论还可以跨越和拓宽阶段的边界，而这一过程就需要"计算机"这一公共与普适的工具支持。在儿童思维发展方面，派珀特更加提倡儿童应用具体的方式表达思考，他认为被过度"追捧"和"高估"的抽象推理思维倾向是阻碍教育进步的一大障碍，[②] 并质疑发展理论家们的普遍观点，即抽象和形式思维必然是智力发展的最高形式。与皮亚杰的观点——知识的进步和认知的发展是从具体到抽象的过程所不同的是，派珀特更加强调用具体方式，在具体情境中，借助具体的"工件"(Artifact)来学习。抽象思维绝不是每个人最有力的思维工具，也不一定适合所有人，不同人可能在特定的工具支持下发展自身的思维方式，但依然能够将事情做得很优秀；[③] 派珀特信奉知识本质上是"情境"(Situated)的，因此知识的获取不应该脱离被构建的具体环境；[④]同时他倡导学习的"艺术性"，关注学习者与具体"工件"的对话，强调

---

① Papert, S., *Mindstorms: Children, Computers, and Powerful Ideas*, New York: Basic Books, 1980.

② Papert, S., *The Children's Machine*, New York: Basic Books, 1993.

③ Papert, S., & Turkle, S., "Epistemological Pluralism: Styles and Voices Within the Computer Culture", *Humanistic Mathematics Network Journal*, Vol. 16, No. 1, 1992, pp. 128–157.

④ Brown, J. S., Collins, A., & Duguid, P., "Situated Knowledge and the Culture of Learning", *Educational Researcher*, No. 1, 1989, pp. 32–42.

工具、媒体和情境在人类发展中的重要性。派珀特曾用法国著作中的"Bricolage"一词来形容其所推崇的"具体"建造学习的过程。"Bricolage"是一种老式职业,从事这一职业的人被称为"走街串巷的修补者",其工具袋里装着各种各样的修理工具,面对多样化的情境不断地尝试用不同的工具来解决"随机个性化"的问题。在现在的儿童编程教育的研究中"Bricolage"一词已经很少出现了,研究者们更多地用到"Tinker"(修补者)一词来描绘学习者在编程过程中的学习形态,① 修补尝试的理念被其后多种编程工具沿用(如 Scratch、机器人编程、创客教育等)。由此可以看到,在与具体的"工件"对话中能够帮助训练儿童抽象的思维技能并产生积极的情感体验,这便是帮助儿童认知发展实现阶段性跨越的"秘诀"所在。

(三)建造主义与"布尔巴基(Bourbaki)"

派珀特最重要的理论成就是在皮亚杰建构主义基础之上延伸出具有个人特点的建造主义观点,② 派珀特使用"Constructionism"(建造主义)一词区别于我们经常提到的"Constructivism"(建构主义),"Constructivism"与"Constructionism"的拼写与词义十分相近,在许多中文文献中经常被混淆。2011 年,许惠美首次将"Constructionism"一词翻译为建造主义。此外,王旭卿曾系统、详细地介绍了建造主义的缘起、建造主义与建构主义的区别及联系,为厘清概念、深入研究提供了方向。③ 基于此,我们也将"Constructionism"一词译为"建造主义",以与建构主义区别开来。

"Constructionism"在现代也有"数学中的构造论"之意。"Constructionism"(建造主义)一词的提出同样是受数学学习的影响,这一词的灵感源自法国古数学家的笔名以及他们所创建的布尔巴基结构主义学派(Structuralism of the Bourbaki School),这一学派数学统一论的观点正是派珀特解释皮亚杰关于儿童发展理论的切入点,该学派认为数学是一个整

---

① Papert, S., "Tinkering Towards Utopia: A Century of Public School Reform", *The Journal of the Learning Sciences*, No. 4, 1997, pp. 417 – 427.

② Harel, I., & Papert, S., *Constructionis*, New Jersey: Ablex Publishing Corporation, 1991.

③ 王旭卿:《派珀特建造主义探究——通过建造理解一切》,《现代教育技术》2019 年第 1 期。

体，而不是各种散乱的要素集合而成的，他们认为知识的法则就是有顺序的"母结构"，这一"母结构"就类似于儿童原有的认知图式，数学是一个有结构的整体，由能够统摄各种要素的"拓扑母结构"以及整合要素以建构新事物的"代数母结构"组成。而这一结构形态也正与儿童智识系统的发展非常相似，儿童在原有经验下与外界环境交互中不断拓展已有知识体系，发展"拓扑母结构"，这一行为表现为儿童认知发展中的"同化"活动；同时当外部环境发生变化时，调整已有认知结构，整合新要素，发展"代数母结构"，这一行为则表现为认知结构的"顺应"活动。

与皮亚杰关注儿童"群体性"思维特征而进行认知阶段划分所不同的是，派珀特及其提出的建造主义理论则表现出了对儿童"个体"思维发展关注的倾向，即儿童怎样借助技术"建造"属于自己的认知结构。派珀特认为皮亚杰关于儿童认知发展的理论更加关注的是儿童内部"静态的"心理结构的变化，而他要做的事情是发掘和拓展皮亚杰理论"动态的""跨越性"的一面，关注的不仅仅是"儿童智力如何发展"的生物学的静息演变规律，而将目光转向了"怎样帮助儿童智力发展"的动态更迭机制。创设与儿童智力相呼应的情境支持，设置与儿童学习交互的"移情"对象，可以帮助儿童认知智力跨越式地发展。基于此理念，Logo 语言得以创生。派珀特坚信知识不单是通过编码、存储、提取的方式获取或是简单地"传递"，而需要个人"建造"，儿童通过"建造"加强对自身与环境更深层次的理解。[①] 从皮亚杰那里，派珀特承袭了"儿童是自己智力结构的建筑师"，Logo 语言本身不会造就良好的学习能力，就如颜料本身并不能创作出优秀的艺术品一样，还需要学习者自己主动去建构。派珀特强调儿童应从"制作中学习"（Learn by Making），关注知识学习的"过程"，提倡儿童通过具体的技术媒介将头脑中的想法转化，通过设计与制作来获取知识，[②] 即知识不是通过讲授者的灌输而习得，儿

---

① Ackermanne, E., "Piaget's Constructivism, Papert's Constructionism: What's the Difference", *Future of Learning Group Publication*, No. 3, 2001, p. 438.

② Ackermanne, E., "Piaget's Constructivism, Papert's Constructionism: What's the Difference", *Future of Learning Group Publication*, No. 3, 2001, p. 438.

童要成为自己智力的"建造者",并且当学习者积极地在现实世界中借助具体的工具设计制造时,获得的知识最有意义。

派珀特同时关注设立一定教与学的情境,好的教育不单是教师如何教得更好,而是如何提供充分的空间让学习者去构建知识体系,所以他倡导将技术真正融入学校学习之中,人们不应当先入为主地认为技术要素只是学校教育的附加部分,计算机应当像书本纸笔一样融入学习之中。他反对以传统的"教授主义"(Instructionism)方式来对待技术与学习的融合,应当以计算机为媒介,为儿童建造自我知识提供多样化的环境与形式。有远见的教育工作者应能窥探到计算机这一能力,不应犹疑徘徊或将其看作教育以外孤立的部分,可以通过设计丰富的教学活动来积极地将其整合到教学领域当中。[1] 同时,在 Logo 语言进入学校课堂十年之际,派珀特曾针对学校 Logo 推广与使用的情况做过调查研究,发现技术在课堂应用的过程中仍存在着诸多问题,由此派珀特感慨技术融入学习的关键并非在于技术本身,教师应当更加关注技术使用背后对学生能力提升的帮助,即使学生远离了计算机,这些能力依然能够让他们受益终生。时至今日,派珀特关于建造主义和技术助学的观点仍值得我们进一步思考与探讨。

第三节 发展:儿童编程教育的传承与创新

派珀特传承与发展了皮亚杰的儿童认知观,其有关儿童学习的思考及编程教育的理念对后世影响深远,上文所述的皮亚杰关于"没有人能像派珀特一样理解我的想法"的评价得到了实践的证实,虽然皮亚杰经常谦虚地认为自己不是教育工作者,只是发生认识论者,[2] 但其发生认识论对派珀特的影响以至撬动、颠覆与影响了整个教育领域,并且其思想一直在儿童编程教育领域发挥着至关重要的导航作用。基于派珀特远见卓识的见解,儿童编程教育在创新理念、学习形式、工具特点等方面不断进行着延伸与创新。并且,作为人工智能教育领域的先驱,派珀特有

---

[1] Papert, S., *The Children's Machine*, New York: Basic Books, 1993.

[2] 《皮亚杰教育论著选》,卢濬选译,人民教育出版社 2014 年版。

关智能教育的思想在各教育领域都得以继承与发展。

一 Scratch 与终身幼儿园思想

Scratch 项目始于 2003 年，是一款图形图像化的开源编程环境，Scratch 是基于 Logo 和 Squeak Etoy 的思想理念而创建的，通过使儿童利用鼠标拖拽与键盘操作来安排编写 "小精灵"（Spirits）的互动故事。① 该项目由麻省理工学院媒体实验室终身幼儿园小组（MIT Media Lab Lifelong Kindergarten Group）设计研发，主设计师为米切尔·雷斯尼克（Mitchel Resnick）。雷斯尼克在普林斯顿物理系毕业之后转战做了五年科技记者，在一次报道中，他被派珀特关于儿童发展与创建 Logo 语言的演讲所吸引，成为派珀特儿童编程教育理念忠实的支持与倡导者。1984 年，雷斯尼克正式申请成为麻省理工学院计算机专业的研究生，之后进入媒体实验室开始了编程软硬件的研究，雷斯尼克及其团队曾设计研发了可编程木块（Programmable Building Bricks）和交流珠（Communicating Beads）以及之后风靡世界的图形化儿童编程教育软件——Scratch，对儿童编程教育的发展做出了重要贡献，并在此过程中继承与发展了派珀特关于儿童编程教育的思想。Micro Bit、Makey Makey 等也都与媒体实验室有着千丝万缕的联系。

作为派珀特的 "关门弟子"，雷斯尼克一直是派珀特思想的延续与传播者。他说过："派珀特从根本上改变了我们对学习的看法、对儿童的看法以及对技术的看法"，也是受此影响，雷斯尼克提出了 "终身幼儿园思想"。雷斯尼克表示人类一千年以来最伟大的发明不是蒸汽机、计算机等跨时代的技术与工具，而是福禄培尔（Fredrich Froebel，1782—1852）提出的 "幼儿园"，因为在幼儿园里孩子们开始自我探索与创造，学会了 "创新地表达"。他反对传统的课堂教授方式，希望儿童能够通过交流、探讨、制作而创造性地学习，这种教育方式对儿童所面向不确定的未来有不可估量的意义。所以，雷斯尼克提出了 "终身幼儿园" 的思想：学校的其他时间（甚至是余生）应该更像幼儿园一样，能够为儿童的成长

---

① Resnick, M., Maloney, J. & Monroyhernandez, A., et al., "Scratch: Programming for All", *Communications of The ACM*, No. 11, 2009, pp. 60 – 67.

提供自由探索的环境；各个年龄段的人都必须学会创造性的思考与行动，以适应快速变化的社会以及教育需求，而最好的方法就是像传统幼儿园的孩子一样来探索学习，遵循创造性的 4P 原则，即以游戏（Play）为学习途径，以体验和参与项目（Project）创作为基础，以热情（Passion）为驱动力，由独自思考转向与同伴（Peers）的共同创造，构建儿童由"想象—创造—游戏—分享—反思……"循环往复的"创造性学习螺旋"，帮助他们为一个创造性思维比以往任何时候都更为重要的世界做好充足的准备。① 雷斯尼克延续了派珀特的儿童教育理念，同样提倡为儿童创设一个探索学习的空间环境，通过不断地建造、设计、制作项目，以此来创造性地获取知识，同时在学习的过程中加强与同伴的沟通交流，使有趣的思想不断迸发与碰撞，为创造性和创新能力比以往任何时候都重要的未来社会做好准备。

二　机器人编程与"如游乐场一样编码"

Logo 编程语言在创建之初是一只形似"海龟"的地面机器人，以帮助儿童学习数学几何知识，但其后随着个人计算机的盛行转而开发了 Logo 计算机编程环境。但这一基于真实物理空间的实物编程理念并没有就此消失，而是作为一种独特的儿童编程形式保留下来。其中塔夫茨大学艾略特·皮尔森儿童研究和人类发展学部的技术发展研究小组（Dev Tech Research Group）在有形编程（Tangible Programming）与机器人技术方面极具特色。该小组由玛丽娜·U. 贝斯（Marina Umaschi Bers）领导，致力于创新学习技术的研究与设计，以新技术促进儿童早期思维能力的提升以及社会情感的发展。贝斯同样在麻省理工学院完成了硕士与博士学位，师从派珀特。她曾在缅怀派珀特的文中写道：导师派珀特深刻影响了自己对儿童学习方式的认识。1986 年 6 月，遇到导师派珀特起，自己的研究轨迹发生了翻天覆地的变化。贝斯继承与延续了派珀特"具体"工具的编程理念，和其团队设计研发了一系列"有形"实物编程工具与环境，让 4—7 岁儿童通过使用木块等实物在不依靠计算机屏幕的情况下

---

① Resnick, M., *Lifelong Kindergarten*: *Cultivating Creativity Through Projects*, *Passion*, *Peers*, *and Play*, Boston: The MIT Press, 2017.

接触编程活动，如 KIBO Robot，儿童可以通过对 KIBO 进行编程实践活动以此来创作或表达想法，而这样的编程活动不依赖于任何的"屏幕"设备。

贝斯致力于对派珀特理论中"强大的想法"的解读与践行，而这种想法的强大正是蕴藏在项目式活动中的计算概念。并且她致力于帮助更低年龄层次的儿童接触编程活动，利用实物工具创设编程环境，为儿童认知能力、计算思维以及社会情感的提升与发展提供成长空间，她认为儿童编程并非单纯为学习编写程序作为以后的职业做准备，而更加关注编程所能提供的新思维方式及交流表达的思想；同时她希望编程成为一种文化与工具，就如学生的读写素养一般，要将编程整合到不同课程领域，通过项目活动的方法促进读写、数学、科学、工程、艺术学科等能力的发展；[①] 贝斯同样关注情境空间对儿童编程学习的影响，她提倡编程学习如"游乐场"（Playground）一样，而不仅仅是"游戏围栏"（Playpen），与开放式的游乐场相比，游戏围栏缺乏自由、自主、探索与冒险的精神，而游乐场环境更加充满创造力，可以自由表达、探索或与他人合作探索，以此学习新技能，解决问题，[②] 即编程教育不应是预设和规划好的教学活动形式，而应让儿童自由探索，作为一种能力教育，为儿童适应数字化人工智能的未来做好准备。

三　派珀特与乐高可编程积木的发展

派珀特有关建造主义、技术融入学习以及人工智能的观点成为此后诸多研究的理论根源。基于派珀特建造主义以及"在制造中学习"的观点，他更被视为"创客运动之父"。加里·斯塔格尔（Gary Stager）认为创客教育理念是基于派珀特"修补者"（Tinker）的想法，参与"创客"活动的儿童利用现有空间及工具通过参与、设计、建造来学习，[③] 有关派

---

① Bers, M. U., *Coding as Playground: Programming and Computational Thinking in the Early Childhood Classroom*, New York: The Routledge Press, 2017.

② Bers, M. U., *Designing Digital Experiences for Positive Youth Development: From Playen to Playground*, Oxford: The Oxford Press, 2013.

③ Martinez, S. L., & Stager, G., *Invent to Learn: Making, Tinkering, and Engineering in the Classroom*, Torrance: Constructing Modern Knowledge Press, 2013.

珀特建造主义、儿童发展、技术学习的理念更具时代价值，受到越来越多研究者的关注。

图灵奖获得者艾伦·凯（Alan Kay）1968 年秋参观麻省理工学院人工智能实验室，当看到派珀特教授儿童使用 Logo 语言学习数学知识后，启发了他关于智能型机器的灵感，由此设计出了现代笔记本计算机的原型"Dynabook"，并且此后与派珀特合作开展了多个智能机器项目，在面向对象编程和窗口式图形用户界面方面做出了先驱性贡献；1969 年《感知机》一书的出版引起了巨大的轰动，尤其是其中关于神经网络以及智能语言的观点引起了人工智能界的广泛讨论，派珀特与美国哲学家、语言学家、《句法结构》的提出者诺姆·乔姆斯基（Noam Chomsky）的世纪大辩论启发了人工智能技术的进一步发展以及催生了多项现代高科技项目。卷集神经网络专家、Facebook 人工智能实验室负责人扬·勒坤（Yann LeCun）正是受此影响走上人工智能的研究之路，他也公开表示，他是派珀特的忠实支持者。

自 1985 年麻省理工学院媒体实验室建立起，乐高集团就是其忠实的合作者与支持者。乐高头脑风暴积木正是基于派珀特 1980 年出版的著作 *Mindstorms：Children，Computers and Powerful Ideas* 中"在制作中学习"（Learn by Making）的理念而命名的。儿童利用积木反复搭建、评估与修改，以此来构建有意义的个人项目，[①] 派珀特关于儿童、游戏、实验和学习的想法，至今仍是乐高集团的核心理念。1989 年，乐高公司在媒体实验室设立了教授职位，派珀特成为第一位乐高学习研究教授。1998 年，在派珀特成为名誉教授后，该职位被重新命名为 LEGO Papert 学习研究教授，以此来感谢派珀特对乐高积木的突出贡献，并希望在他先进思想理念的指引下不断涌现新的灵感与作品。2016 年 7 月，西蒙·派珀特辞世，次年，乐高集团为纪念派珀特对儿童编程教育领域做出的突出贡献，设立了乐高基金，以此来挑选、鼓励、支持以派珀特思想为基础和延伸的研究，并由派珀特的学生、乐高集团的长期合作者雷斯尼克继续担任 LEGO Papert 名誉教授一职。乐高基金会、董事会基菲尔德·柯克·克里

---

① Resnick，M.，& Ocko，S.，*Lego/Logo：Learning Through and About Design*，Norwood：Ablex Publishing Corporation，1999.

斯蒂安森（Kjeld Kirk Kristiansen）表示：就像派珀特激励我们一样，重要的是我们要继续把他的想法发扬光大，帮助其他人从其作品中得到启发。[①]

雷斯尼克在派珀特逝世一周年的纪念会上演讲说到，派珀特一生中在人工智能以及技术辅助儿童学习领域的思想与实践是他播下的"种子"，现代技术以及教育的发展大环境为其提供了适宜的温床，使得此后各项与之相关的研究活动相继展开，在当今快速变化的世界里，派珀特关于学习和教育的观点比以往任何时候都更加重要和中肯，使得研究者们愿意投入其中甚至于用余生来培育派珀特播下的"种子"。[②] 派珀特在人工智能领域研究的缘起，同时儿童编程教育训练和培养的重点又是帮助儿童面向未来全面人工智能时代不可或缺的能力，因此要关注儿童编程教育形式背后的意义，即使不借助于编程环境，编程教育也应作为一种文化，如儿童的基本读写技能一般，渗透到儿童学习与生活的方方面面，帮助儿童掌握"不可替代"的能力，提高未来面向复杂多变空间的生存与发展技能。

第四节　讨论：儿童编程教育形式与定义

我们对于儿童编程教育发展历史的回顾力图呈现儿童编程教育的理念与形式的全貌，为每个人理解儿童编程教育提供依据。那到底什么是儿童编程教育呢？教育研究者、教育实践者、技术开发者、教学培训者都在用不同的形式描绘儿童编程教育的形态，站在不同立场和角度的人可能有不同的理解与答案，在本书中我们也一直在不断地从理论深度和实践形式上追寻儿童编程教育的教育精髓。因为我们希望在一个更加宏观、更加广阔的教育背景之下来探讨这一话题，而不是决断性地给儿童编程教育下一个具体的定义。说起"编程"，人们自然而然就会想到计算

---

① LEGO Papert. (2017). LEGO Papert Fellowships at the MIT Media Lab. Retrieved from https：//www. media. mit. edu/posts/lego－papert－fellowships.

② Resnick, M. (2017). The Seeds That Seymour Sowed. Retrieved from https：//www. media. mit. edu/posts/the－seeds－that－seymour－sowed.

机。诚然，我们不能撇开计算机单独谈"编程"，这是不现实的。儿童编程教育可以说是编程教育具有阶段性特点的独特教学形式。在前面的章节中，我们着眼于儿童编程教育的历史发展，主要对儿童编程教育的理念进行了详细的阐述，重点在于"儿童"，但是对于儿童编程教育的定义问题，我们考虑结合关于"编程"的发展上来进行综合性探讨。综合这两层面的思想，我们提出计算机化儿童编程教育和非计算机化儿童编程教育，从两个角度来理解和展现儿童编程教育的定义内涵，在下文中进行详细的解释和说明。

一 计算机化儿童编程教育

（一）计算的缘起

支撑计算机编程的力量之源来自"计算"，正是由于人类对"计算"的不懈追求才使得计算机以及计算机编程得以诞生。计算与数字密不可分，计算工具伴随人类计算的需求逐步发展起来，从"天然"的"手指计数"到借助身外之物的"石子计数""结绳记事""刻痕计数""算筹"乃至世界最早的数字计算机"珠算盘"，计算工具不断改良与发展，[1] 从古至今人类对计算方法与工具的探索活动从未停止。有史料记载，人类最古老的"计算"活动可追溯至公元前 2500 年前美索不达米亚的一块泥板上的记录：如果一个谷仓里有 1152000 份粮食，每个人可分得 7 份，一共可分给多少个人？不出所料，结果是 164572 人。[2] 由此看来，美索不达米亚的会计师在算术"诞生"之前就会进行除法运算，这无疑为计算的溯源提供了证据。计算活动发展至今，其对人类的贡献除在促进生产实践的发展外，其对大脑思维的塑造和训练作用也可见一斑，人类人脑逐渐掌握把直观形象转化为抽象数字的能力，进而形成最初的计数体系和计算方法。由此也使得"计算"活动成为一类重要的学习活动。并且，各领域知识的交会与融合正是"计算"这一学习活动的魅力所在。正如劳佳在翻译吉尔多维克的《计算进化史——改变数学的命运》时所言，"计算"这条主线在数学史发展中看似简单，却牵扯了哲学、逻辑、语言

---

① 卡兹：《数学史通论（第 2 版）》，李文林、王丽霞译，高等教育出版社 2004 年版。

② Denning, P. J., & Tedre, M., *Computational Thinking*, MIT Press.

学、计算机科学等诸多领域。[①]

(二) 计算工具与计算机

需要是发明之母。"计算"活动的开展势必需要工具的辅助，由此计算工具及计算技术伴随人类实践的需求逐步发展起来。人类最初的计算工具便是双手，这种简单、随时"携带"的工具被广泛应用，手指计数更是成为最早的计算方法，直至今日十进制记数法依然是人们最习惯的计数方式。然而，由于受到手指数量和行动的局限性，木棍、石子等"身外之物"逐渐被补充为计算工具。英文中的"Calculus"一词来源于拉丁文，原意为"小石子"，又有"结石"之意。这与在原始社会的计数实物有关，人类在狩猎活动中要与木棒、石块等打交道，对数的理解因此就联系到了实物上。从词源学的角度来解释计算与计算工具存在内生联系，小石子用"calculi"（calculus 的复数形式）来表示，源于拉丁词根"calx"（一种石灰石），可见计算与石块的渊源。名词"计算"（Calculation）正是在"小石子"（Calculi）的基础之上发展而来的。[②] 17 世纪，人们开始用"Calculus"来特指更为高等和抽象的数学演算法，即"微积分"。根据中国数学史专家考证，大约在远古传说里伏羲、黄帝之前的新石器时代早期，人类使用"计算机"的结绳进行计算，即用绳子打结的多少来表示数的概念。从最原始的石块、贝壳、结绳、手指、小棒计数，随着人们对效率和计算精度和速度的追求，计算工具不断改良发展。春秋战国时代的算筹是世界人造计算工具的最早形态，但由于其无法适应比较复杂计算，而后被珠算盘取替，此方法简化了算筹的操作过程，便于掌握并应用。元代末年（1366）陶宗义著《南村辍耕录》中，最初提到"算盘"一词，并形象阐述其"拨之则动"。[③] 珠算盘以其方便、计算能力强的特点占据人类计算工具史上的重要地位，被称其为世界上最早的"数字计算机"，而与之相关的"珠算口诀"便被认为是最早体系化的"算法"。

---

① ［法］吉尔·多维克：《计算进化史——改变数学的命运》，劳佳译，人民邮电出版社 2017 年版。

② http：//language. chinadaily. com. cn/2006 - 04/05/content_560346. htm.

③ 陶宗仪：《南村辍耕录》，中华书局 2004 年版。

现代计算机的诞生源于天文和航海事业的推动。伴随着生产发展和科技实践的需求，天文学和航海研究中需要大量烦琐的计算活动，因此开发更加先进的计算工具迫在眉睫。而此时，齿轮传动装置和技术的发展为计算机器的产生奠定了技术基础。德国图宾根大学天文学和数学教授威尔海姆·契卡德（Wilhelm Schickard）早在 1623 年就提出一种能实现加减法运算的机械计算机的构想；① 1642 年，年仅 19 岁的法国数学家、物理学家、哲学家布莱兹·帕斯卡（Blaise Pascal，1623—1662 年）发明了一种机械计算机，它能够实现自动进位，可进行加减乘除 4 种计算活动，② 这被视为世界上第一台机械计算机；帕斯卡逝世十年后，其曾经的一篇关于"加法器"的论文激发了德国莱布尼茨（G. Leibnitz）的创作灵感，由此发明了一款更为先进的计算器，这款计算器设有一个镶有 9 个不同长度齿轮的圆柱，它比帕斯卡计算器的先进之处在于，除能够计算加减乘除外，还能进行一系列加减后的平方根算法；1700 年前后，莱布尼茨从中国的"易图"（八卦）里受到启发，创生出了对计算机发展具有革命意义的"二进制数"。③ 虽然莱布尼茨的乘法器仍然采用十进制，但他率先为计算机的设计系统提出了二进制的运算法则。莱布尼茨四则运算器在计算工具的发展史上是一个小高潮，但无论是契卡德、帕斯卡，还是莱布尼茨，他们发明的计算机都缺乏"程序控制"的功能。之后计算机发展的一个世纪中虽有不少类似的计算工具出现，但除了改变其灵活性上有些许的进步外，均未破解手动控制机械的框架，齿轮、连杆组装起来的计算设备大大限制了计算机的功能、速度以及可靠的科学性。④

但可编程计算机器的首次出现使用并不是在重大科技工程领域，而是在纺织行业中的提花编织机。1725 年，法国纺织机械师布乔（B. Bouchon）想出了一个"穿孔纸带"的想法，成为机械化存储的萌芽。但直至 1801 年法国工程师雅克特（Joseph Marie Jacquard）才真正完成了"自

① 赵欢：《大学计算机基础：计算机科学概论》，人民邮电出版社 2007 年版。

② 王哲然：《第一台获得专利的计算机——帕斯卡计算机》，《自然科学博物馆研究》2020 年第 5 卷第 2 期。

③ 刘兴祥、崔永梅：《计算工具发展史》，《延安大学学报》（自然科学版）2006 年第 4 期。

④ 刘博：《计算工具发展研究》，硕士学位论文，辽宁师范大学，2016 年。

动提花编织机"的雏形。雅克特提花编织机开启了 19 世纪机器向着自动化方向发展的序幕，为程序控制计算机打下了坚实的思想理论基础。① 20世纪 20 年代以后，在早期机械和电磁式计算机提供的丰富经验和巴贝奇的通用计算机结构、图灵机模型及布尔逻辑代数所奠定的理论基础的共同作用下，加之电子科学技术和电子工业的迅猛发展及社会经济、科学计算等方面的现实需求为产生电子计算机提供了直接的原动力。② 在此契机之下，1946 年，美国宾夕法尼亚大学莫尔电气工程学院研制的第一台数字电子计算机 ENIAC 由此诞生。之后剑桥大学的 EDSAC 计算机、曼彻斯特大学的 MARK 计算机等也不断涌现，标志着电子计算机时代的正式到来。③ 计算机开发的原初意愿是帮助人们承担复杂繁重的计算工作，以实现机损的效率和准确率，但计算机发展到今日，其功能已远远超出了传统计算的范畴，无论是简单的成绩统计还是复杂的宇宙飞船自动控制系统，都无法脱离从给出明确的工作步骤到用其能听懂的方式告诉计算机的操作流程。在此过程中，编程语言便作为一个基本单元存在发挥着关键作用。由此可见，计算活动起源于人的生活实际并服务于人的生产生活，这也为我们理解编程教育活动提供了新的思路。

（三）诞生于人机交流需求下的编程语言

编程语言是一种以适宜计算机与人的阅读方式来描述计算行为的指令系统，是人与计算机交流和沟通的语言。20 世纪 50 年代以前，绝大部分的计算机是用"接线"或"翻转开关"的方法进行编程的，此时计算机虽已开始编程并实现了人机"交流"，但这种交流方式并未形成体系化的编程语言系统。而后为减轻工作负担并作为计算机真正"理解"并能运行的机器语言（Machine Language），程序员以"打孔"的方式构建程序库以编码程序，用物理的方格孔或者圆孔和没有孔来表示 0 和 1；1952年，为简化记忆机器语言，人们使用与代码指令含义相近的英文缩写词、字母和数字等符号进行替代，代表符号化的机器汇编语言（Assembly Language）就此出现。然而，无论是机器语言还是汇编语言，其执行差、

---

① 邹海林、柳婵娟：《计算机科学导论》，科学出版社 2015 年版。
② 曹三省、周胜：《信息技术与计算机科学进展及应用》，中国商务出版社 2008 年版。
③ 辜鸿鹗：《中国古代数学与现代计算机》，《文史杂志》2010 年第 5 期。

抽象水平低的特点成为计算机编程普及和推广的最大障碍。此后，愈来愈多种类的编程语言在此基础上不断衍生与发展，编程作为编程语言的载体更是进入大众视野。那么，编程与编程语言定是相辅相成的吗？其实不然，编程语言的发展史已然告诉我们答案。在编程语言未产生之前，人类仍可以通过"接线"或"翻转开关"的方式与计算机"交流"。正如远古时期语言没有诞生之际，人类也仍可以借助肢体语言与同伴进行交流。由此我们有理由相信编程并非来源于计算机，编程优先于编程语言而存在。编程语言的诞生只是让人类可以与计算机交流得更为顺畅，但却并不是唇齿相依那般形影不离。

那到底什么是编程？编程与计算机的关系又是如何？在回答这些问题之前，我们先来看一看现代计算机（电脑）的含义。现在大众理解的计算机指通用电子数字计算机或称现代计算机，由电子器件构成，处理的是数字信息，英文是"Computer"，在学术性和规范性的表达中译成"计算机"，而在科普性读物和日常生活中译为"电脑"，这也是我们上文中反复提到的计算机的形态。但"计算机"真的就是电脑吗？计算机最初以计算工具的身份出现，即便智能时代赋予了计算机超越计算工具的功能与属性，但依然无法改变其内涵的事实。现代计算机虽始于1946年，但计算工具的历史却要漫长得多，计算机或许只占据其发展线的最后1%。Computer来自拉丁文Computus和Computare，Putare表示计算，com属于强化前缀。Computer一词大约有400年历史，在计算机（电脑）出现之前，"computer"在17世纪指的是一种职位，指代从事计算航海表、潮汐图和天文年历的行星位置等计算工作的计算员，即计算者。[①]史料记载，1646年便有人用Computer来指代"进行计算的人"即"计算者"或"计算员"，也就是现代程序员的前身。此时的编程需要人类计算机刻板地遵循固定规则重复工作，甚至被归为简单的文书工作，而拥有更多职业选择的男性排斥这种枯燥工作，重担只能落在被认为应该足不出户的女性身上。因此，Computer一词在当时是具有性别色彩的，一般指办公室里操作

---

① ［英］马丁·坎贝尔-凯利、［美］威廉·阿斯普雷：《计算机简史》，蒋楠等译，人民邮电出版社2022年版。

手摇式机械计算器的女性。① 直到 19 世纪末，哈佛天文台仍雇用女性计算员（Computer）测量和处理天文数据。由此看来，计算机或许被赋予了两层含义，从狭义角度理解，计算机只是指大众理解的现代计算机（电脑）；而广义层面来看，凡是可用于计算的工具都可称为计算机，甚至是人，而这也正能解释为何珠算盘被视为最早的"数字计算机"。

（四）计算机化儿童编程教育

基于上述关于计算机的发展演进，大部分人尤其是计算机从业者基本将编程定义为通过"算法"让计算机一类的机器代为解决某些具体的问题，在具体的运算方式下规定某一个计算体系，使计算体系按照该计算方式运行后输出一种结果并完成问题的解决过程。② 在厘清计算机的概念后，我们或许可以对编程的定义产生新的理解。那到底什么是计算机化儿童编程？如果定义中的计算机指代的是现代计算机，那编程或许就是大众所理解的对计算机（电脑）输入指令使其运作；而如果从广义上理解计算机，如此看来，编程通过逻辑和算法帮助解决问题，或许无处不在，而现代计算机的诞生或许只是编程历史时间线上的转折点但绝不是起点。编程并非是计算机（电脑）的衍生物，其优先于计算机（电脑）出现并长期存在于人类的生产实践中。这也是我们将编程依据工具的属性划分为计算机化编程与非计算机化编程的原因。字面上来看，计算机化编程交互的对象是计算机，是狭义上的计算机，也就是电脑，计算机化儿童编程指儿童基于计算机平台或软件，如 Logo、Scratch、Alice、机器人等进行程序编写和搭建活动，以此达到编程知识和能力的提升。计算机化编程交互的对象是现代计算机，程序和代码是其关键核心，在计算机化编程的实践过程中，通过制定算法和程序使得计算机实现运转的目的，是其主要过程实施步骤。为此，计算机化编程就是通过编程语言并在其语法体系（算法）基础上解决某个问题，并最终得到相应结果的过程。③ 人类按照计算机能够理解的思路和方法设计安排指令程序，让计

---

① 孙金友：《计算机发展简史》，《学周刊》2014 年第 13 期。

② 百度百科：《编程》，2022 年 5 月 4 日，https://baike.baidu.com/item/% E7% BC% 96% E7% A8% 8B/139828。

③ 付少雄：《工业机器人编程高手教程》，机械工业出版社 2020 年版。

算机一步步遵循特定的指令与完成工作，这种人—机之间的交流过程就是计算机编程。

二　非计算机化儿童编程教育

（一）"非计算机化"编程学习形式和活动载体不断涌现

文本编程形式、图形化编程形式以及教育机器人等是目前计算机化儿童编程教育的三大主流形式，其运行机制完全基于或依托计算机而展开。[1] 而技术工具的迭代与更新也引起了研究者们对编程教育本质的反思，催生了各种"非计算机化"形式的编程活动（如表 1−1 所示）。有形编程（Tangible programming），又称实体编程，目前有形编程两种主要形态是以积木块和地面卡通机器人为载体，以运动按钮和指令卡片为驱动以使得有形实体完成特定的动作任务。起初由西班牙研究者蒂姆·贝尔（Tim Bell）提出的不插电（Computer Science Unplugged）编程活动已成为目前应用最广泛的"非计算机化"编程形式，其原理以描述通过秉承游戏、魔术等简约化的程序原则来使得儿童学习编程概念，从而深化思维能力的培养;[2] 同时，纸笔编程（Paper and Pen programming，PAP）形式更进一步体现了"非计算机化"编程活动的内在本质，以纸笔和特殊符号等方式将特定逻辑问题的分析、设计、建造、实施和调试等心理分析过程转换为程序语言的逻辑表示，从而培养学生更加深层抽象的思维能力。[3] 近来，由 College Board 组织提供的一门关于中学生计算机课程进行了教学方法的转型，将之前基于 Java 编程的课程形式改变为使学习者通过理解算法过程和进行符号表征等进行问题解决，或者以跨学科课程整合的形式渗透编程概念。[4] 诸多研究也表明了"非计算机化"编程形式

---

① 孙立会、王晓倩:《儿童编程教育实施的解读、比较与展望》,《现代教育技术》2021 年第 31 卷第 3 期。

② Bell, T., Witten, I. H., & Fellows, M. (1998). Computer science unplugged off-line activities and games for all ages. Retrieved from http：//jmvidal. cse. sc. edu/library/bell98a. pdf.

③ Kim, B., Kim, T., & Kim, J., "Paper-and-pencil Programming Strategy Toward Computational Thinking for Non-majors：Design Your Solution", *Journal of Educational Computing Research*, No. 4, 2013, pp. 437 − 459.

④ College Board. (2022). AP central：AP computer science A. Retrieved from https：//apcentral. collegeboard. org/courses/ap − computer − science − a/course.

对学习者理解编程问题解决过程的深化作用。

表1-1 "非计算机化"编程教育不同形态特征类别

	活动载体	应用原理	适龄阶段	代表工具
有形编程	积木块（Brick）地面机器人	动作按钮指令卡片	幼儿园小学低年段	TangibleK、BeeBot、Botley、Cubetto、Matatalab、KIBObot
不插电活动	折纸、卡片、棋盘游戏、迷宫游戏、磁力片、肢体活动、故事情节	基于编程概念的逻辑游戏	幼儿园小学	Code. org、Codemonkey、Kodable
纸笔编程	符号、程序图	对符号、逻辑图心理抽象的表征	中学及以上	Paper-and-pencil Programming Strategy、AP computer science courses

（二）"计算机方式"的思维模式逐渐受到重视

"No computer、None programming"的思潮在国际儿童编程教育研究中占据着重要地位。"非计算机化"儿童编程教育并非仅为"程序"理解与设计操作，其最终应指向于培养儿童以计算机思考的方式解决实际问题的能力。现代计算机在科学计算中发挥着极为关键的作用，编程更是作为人机交互的桥梁不可或缺。即便如此，编程仍无须与计算机捆绑"销售"。离开计算机（电脑）学编程，或许听起来觉得不可思议，但这绝非天方夜谭。从上述编程的溯源中，我们非常清楚，编程并非计算机的附属品。离开计算机学编程，看似是"巧妇难为无米之炊"的尴尬，实则为"柳暗花明又一村"的豁达。或许在计算机中"画地为牢"，才真正是狭隘了编程的边界，也限制了编程推广的教育价值。离开计算机学编程，一样行得通，并且在欠发达地区或低龄段是一种"低技术"的最佳选择。不可否认的是，计算机在当今高度数字化的世界中发挥着重要作用，扩展和丰富了我们的工具箱。在此背景下编程更是被赋予了更系统丰富的内涵与外延，但我们依然有足够的理由相信，离开计算机，编程依然可以继续。编程的发展史揭示其与计算机并不是相互依存的关系为我们提供了证据。正如首届图灵奖获得者艾伦·佩利提出，应教会学生将计算机理解为解决问题的通用工具，而非解决问题的特定工具。[①] 工具—问题—人之间的关系是一个统一整体，只有主体"人"将问题看作问题时，问题才会存在。编程作为一种工具，与问题和人相互联系，形成了计算问题解决的关键要素。解决问题的是人，而非以辅助效用参与其中的计算机。当然，我们承认现在所谈论的编程教育确实是渗透了计算机的思想，即便是我们谈到的非计算机化编程，在发展过程中势必也会受到计算机科学乃至计算机化编程思想的指导与引领。因为我们很清楚，时代在发展，此时的非计算机化编程已非彼时机械表或地动仪中蕴含的"非计算机化编程"，我们希望学生获得的是与社会需求匹配的知识。未来社会不需要每个人都成为计算机科学家，而是需要每个人都可以像计算机科学家那样去思考。虽然计算机化工具在当今高度数字化的世界中发挥重要作用，显著扩展和丰富了问题解决的工具箱，但突出体现围绕人类活动的计算核心，深刻理解编程概念与思想，更需研究设计"非计算机化"的编程教学活动，旨在探求促进编程创新和开放的解决方案，加强人类心智技能和对计算基本原理的理解。[②] "非计算机化"编程恰如计算机化编程的"补集"，二者合一共同构成了编程的整体集合。从理论基础与实践检验结合的视角出发，深度剖析"非计算机化"编程教育的价值内涵并探寻其教学实践的优化路径对拓展丰富儿童编程教育的内涵大有裨益。

（三）非计算机化儿童编程教育

以操作环境的计算互联为分界点，以实体感知和真实参与为基本特征，作为非计算机化儿童编程教育的理念边界。非计算机化编程的交互的对象可以是任何工具，纸笔、机器人、乐高玩具，甚至是人本身，计算是其关键核心。在非计算机化编程实践的过程中，在计算机化编程思想的指导下，通过思维运转，实现解决问题的目的。基于此，我们尝试

---

① Bers, M. U., *Teaching Computational Thinking and Coding to Young Children*, Pennsylvania: IGI Global, 2022.

② 孙立会：《聚焦思维素养的儿童编程教育：概念、理路与目标》，《中国电化教育》2019年第 7 期。

初步给非计算机化的儿童编程教育下一个定义：所谓非计算机化的儿童编程教育就是为了实现自己的目标而采取的相关行动，并且本身要思考应如何组织这些行动（过程与控制），思考的同时要把每一步的行动进行编号（序列），如何将这些编号序列有效合理地按照某种逻辑顺序组织行动，并又如何改变这些行动的编号顺序（条件），才能使其更好地实现某些目标，凡此种种的反复思考（循环）、操作与运演过程中无意识地了解计算机程序运行的相关原理，在大脑中完成人与"程序"之间的有序交流，以此提升儿童本身的理论思考与问题解决的能力。非计算机化编程活动更是一种侧重于透过工具外在显像看到编程本质思想的编程方式。计算机化编程活动的目的或许是通过程序运转实现人机交互，而非计算机化编程活动更是一种通过大脑"程序"运转实现人人、人物交互，旨在促进编程创新和开放的解决方案。并且非计算机化编程活动在不受硬件设备限制的条件下，旨在加强人类心智技能和对计算基本原理的理解，在一定程度上能够支持计算机化编程活动。

三　儿童编程的教育本质探讨

康德在《论教育学》中开篇第一句话便说："人是唯一必须受教育的被造物。"教育是人之所以为人的规定性，"人类应该将其人性之全部自然禀赋，通过自己的努力逐步从自身中发挥出来"。① 教育是关于人的教育，那么教育的本质也应围绕着人的生长而展开。教育的本质就是要让儿童通过反复的实践形成内在能力并通过合理的运用以此来指导自身的行动。学会运用理性获得关于神意、自我和社会的知识，学会做自己的主人，成为真正的理性自由人。② 儿童编程教育的本质亦是一种以"人"为中心的教育样态。计算机化编程为儿童编程教育提供了形式生发地和基本落脚点，而非计算机化编程则"外显化"了儿童编程教育的内在价值。体验与操作计算机固然重要，但学习计算机运行背后的理论思考方式亦很重要，这也许才是儿童编程教育的本质，只有知识转化为思维时，

---

① ［德］康德：《论教育学》，赵鹏译，上海人民出版社2005年版。
② 渠敬东、王楠：《自由与教育——洛克与卢梭的教育哲学》，生活·读书·新知三联书店2019年版。

知识的意义才会体现为某一种能力，知识是静止的，思维是动态的，我们获得知识的目的是发展思维。同时由于儿童编程教育在教培资本市场的特殊性价值，其被视作是培养儿童群体编程思维与计算思维的教学产品和教育服务，这种陈述虽将编程教育的本质聚焦到了思维教育本身，但这种"冰冷"的客观陈述并不能容廓儿童编程教育本身，我们所希望的儿童编程教育是一种有"温度"的教育影响，期许儿童能够借助"编程"这一形式生发强健内心学习的力量。

因此，在儿童编程教育中能否使其创造一个可以运行的程序也许并不十分重要，重要的是体会实现程序运行的过程原理，让儿童在面对问题解决时，厘清思路、方法与手段，并规划好步骤，一步一步去完成任务本身，以此形成一种类似于计算机程序工作中的一种流程，形成一种"编程思维"，从而促进儿童认知能力的迁移，以更好地适应与改变未来的人工智能社会。"非计算机化"的编程教育理念的提出并非为了"攻击"或"否定"计算机编程形式，而是在计算机编程的基础上再一次彰显编程教育之于儿童群体的真正的教育指向。基于此，我们通过对编程本质内核的萃取，认为儿童编程教育的本质并不是让儿童能通过计算机编写某些代码或运行某些程序，关键在于儿童通过相关学科知识的学习，从中领悟编程的思想，促进自身理论思维能力的提升。教师教学中应经常性保持一种"教授方式"的编程教育，而儿童在学习过程中也应时刻保持一种编程式"思考方式"的学习，这对于加快儿童编程教育的推进具有重要意义。

第二章

儿童编程教育政策演进及其
研究动态

　　儿童编程教育发展至今已有半个多世纪的历程，但在发展前期并未如研究者预知那般"火热"，当然，这与当时计算机半导体价格昂贵有关，但更多的是在此之前并没有切实地得到基础教育改革政策的支持，通过计算机的"强大思想"可以促进儿童的"创作"与"表达"的可能并未得到足够重视。虽然儿童编程教育的政策驱动可能会与社会整体的认知之间产生比较大的距离，毕竟扭转现有的关于编程教育的刻板印象还需各种层面的多方努力，但纵观世界各个国家儿童编程教育的快速发展与该国的政策支持和教育顶层设计密不可分。结合不同国家计算机课程改革演进历程审视编程课程在教育变迁大背景下的教学地位、课程形态以及实施要求，并通过儿童编程研究者们的教学实践示例展现当前国际儿童编程教育的研究现状与发展动态，力求展现国际儿童编程教育研究和教学全貌。

第一节　国际主流编程形式及其实践特征比较

　　儿童编程教育形式具有明显的"工具性"特征，而这种"工具"起初主要指计算机的程序语言，随着教学形式的发展，编程"工具"的内涵也在不断拓展。计算机编程语言是程序设计最重要的工具，它是指计算机能够接受和处理的、具有一定语法规则的语言。儿童编程形式在发展之初也是采用成人计算机编程的简化版，后经不断的发展出现了基于程序功能块的图形化编程语言，使得复杂的程序语言被"包装"隐藏起来以更加有利于儿童理解与操作；与此同时，可编程机器人和电子积木块等这种体验性更强、可触摸感知的编程形式也深受教学欢迎。并且，随着"用编程学"（Learn to Code）的理念不断发展，各种非计算机化的编程形式也在课堂中得以发展，如不插电、纸笔编程、传感器机器人等，编程形式的不断更新和发展为儿童编程教育提供了实践的场域和学习载体。

一　文本编程："海龟"绘图与 Logo 编程语言

派珀特团队在个人计算机问世之前就已经预见儿童将在类似互联网的环境下，使用计算机一样的设备获取信息、辅助学习，以此提高创造力。Logo 的最早版本并不是基于计算机环境，而是一只形似"海龟"的地面机器人，Logo 语言有多种版本，入门相对而言比成人编程系统要容易很多，[①] 尤其通过绘图功能学习数学会让孩子们产生很高的学习兴趣和积极性。以海龟作为 Logo 标志的缘由背后也有一段引人入胜的小故事，在创造 Logo 之前，派珀特一直在思考如何通过计算机来设计一个适合于所有儿童思考的"心智模型"载体，正如其所说："我们不能脱离思考对象思考思考本身，否则我们只是在思考并会一无所获（You can't think about thinking without thinking about something）。"而 Logo 正是实现派珀特"思考对象"的技术载体，而以何种形式呈现 Logo 也是设计团队在开发之初所苦恼的。在一次海边漫步中，派珀特看到一群小孩在海边玩沙子，他们肆意发挥自己的想象，不断尝试、设计方案、搭建城堡并和同伴积极合作。派珀特被这一幕所吸引，这正是他所追求和提倡的儿童学习方式。而与此同时海边趴着的一只"海龟"则给了他设计的灵感，由此"海龟"便和 Logo 联系起来了。起初派珀特方法的核心思想是让儿童在物理空间学习数学几何概念，相较于指示"海龟"做一些简单动作，不如先自身演示，然后再设计"海龟"机器人的行为。[②] 但在

---

① 薛维明：《中英文 LOGO 程序设计及教学应用》，清华大学出版社 1993 年版。

② Papert, S., A Case Study of a Young Child doing Turtle Graphics in LOGO. Proceeding of the New York National Computer Conference, New York：ACM, 1976, pp. 7 – 10.

20 世纪 80 年代初，随着个人计算机还尚未盛行，使 Logo 项目推广进学校受到了前所未有的阻碍，研究人员转而开发"屏幕海龟",① 即我们十分熟悉的 Logo 编程环境的计算机版本，其图标是一只小海龟机器人。Logo 语言是一种早期的基于文本的编程语言，也是一种与自然语言非常接近的编程语言，它包含了一个易于学习、丰富和可扩展的词汇表，以反映关键的计算机概念，如局部和全局变量、命名、递归、过程和编辑等,② 但同样秉承"海龟绘图"的方式使儿童学习编程知识，同时 Logo 语言的作图方式不是采用坐标方式，而是通过向前、后退、向左转、向右转、返回等易于儿童理解的语言和命令,③ 这样比较适合儿童早期发展的身体认知，这也是一种能发挥儿童主体能动性的寓教于乐的教学方式。使用者可以通过输入指令使小海龟在画面上行动，让它加速或减速或重复动作，同时将指令进行合理的组合和排序，也可以创造出各种事物，包括人物、建筑动物等。所以 Logo 编程语言在启蒙儿童程序语言的学习和融入数学的学科教学以增进学习数学的态度方面展现出了其独特的优势。

二 实体编程：Tangible Programming 与机器人编程

在 Logo 的基础上，Tangible Programming（有形编程）作为儿童编程的一个分支也迅速发展起来。Tangible Programming（有形编程）又译作"实体编程"。日本学者铃木荣幸与加藤浩于 1993 年为其设计的 AlgoBlock 实体编程工具是首次使用此概念。④ AlgoBlock 是一种脱离计算机编程环境在物理空间排列程序块的儿童编程方式，并且可以使儿童协作编程。⑤

① McNerney, T. S., "From Turtles to Tangible Programming Bricks: Explorations in Physical Language Design", *Personal and Ubiquitous Computing*, No. 5, 2004, pp. 326 – 337.

② Klahr, D., & Carver, S. M., "Cognitive Objectives in a LOGO Debugging Curriculum: Instruction, Learning, and Transfer", *Cognitive Psychology*, No. 3, 1988, pp. 362 – 404.

③ Hamner, B., & Hawley, T., "Logo as a Foundation to Elementary Education", *Education*, No. 4, 2001, pp. 463 – 468.

④ 孙立会、周丹华：《国际儿童编程教育研究现状与行动路径》，《开放教育研究》2019 年第 25 卷第 2 期。

⑤ Suzuki, H., & Kato, H., AlgoBlock: A Tangible Programming Language, a Tool for Collaborative Learning. Proceeding of the 4th European Logo Conference. Greece, 1993.

Tangible Programming 理念最早也是基于派珀特早期的 Logo 编程理念而衍生的。经过多年 Logo 实践教学,研究人员清楚认识到,大多数儿童还没有准备好开始用传统的方式编写计算机程序。就算用键盘在计算机上输入 Logo 代码,至少也要在 10—14 岁。"有形编程"明显更实用,因为"屏幕海龟"脱离儿童的实际生活,并且计算机程序语言更具抽象性,使得儿童在理解与应用编码语言时存在困难。

　　麻省理工学院媒体实验室同时也有着这样一群研究者们,他们在研发"屏幕海龟"的同时也继续着派珀特起初的研究思路。他们的工作是通过将计算机编程作为一种创造性活动引入现实世界,弥合抽象计算和儿童认知之间的差距。[①] 20 世纪 70 年代中期,被誉为"互联网之母"、生成树算法的创造者的拉迪亚·珀尔曼(Radia Perlman)当时还是麻省理工学院 Logo 实验室的一名研究生,她认同派珀特对于儿童编程中"实体化"与"行为化"的理念,过于抽象的程序语言确实阻碍了儿童的理解和学习,但她认为这种障碍不仅仅是程序语言的问题,还有用户界面的问题。由此珀尔曼设计了一些"游戏机器",这些机器甚至可以让学龄前儿童学习"编程",按钮盒(Button Box)和老虎机(Slot Machine)是她早期比较有名的儿童编程学习的输入设备,[②] 这两款设备主要是利用立方块或者卡片使儿童编写属于自己的程序语言,这种形式也体现在了现在的 MBOT 等插卡机器人中,即给机器编写并插入不同的行为命令卡片,就可以使它们按照设计者的意图活动。此后麻省理工学院多媒体实验室的有形媒体小组(Tangible Media Group)在此方面进行了更加深入的开发和研究。[③]

　　现今比较广泛流行的有形编程工具是塔夫茨大学儿童学习与人类发展小组(DevTech Research Group)领导并通过 Ready for Robotics 项目开

---

① McNerney, T. S., "From Turtles to Tangible Programming Bricks: Explorations in Physical Language Design", *Personal and Ubiquitous Computing*, No. 5, 2004, pp. 326 – 337.

② Perlman, R., Using Computer Technology to Provide a Creative Learning Environment for Preschool Children. Logo Memo No. 24, MIT Artificial Intelligence Laboratory Publications 260, Cambridge, Massachusetts, 1976.

③ Wyeth, P., & Purchase, H. C., Tangible Programming Elements for Young Children. Proceeding of Extended Abstracts on Human Factors in Computing Systems, New York: ACM, 2002, pp. 774 – 775.

发的 KIBO（以前称为"KIWI"或 Kids Invent with Imagination）机器人，该项目已推广至 30 多个国家或地区。KIBO 是专为 4 至 7 岁儿童设计并符合其认知阶段发育的机器人套件，让儿童在做中学、学中做，① 并主要考虑尽可能让儿童脱离屏幕设备使用木质编程积木块以获得物理空间的真实的编程感受，正如 TangibleK 机器人项目的设计理念，即教孩子们认识人造世界和教他们认识自然世界、数字和字母一样重要。② KIBO 套件包括：车轮、电机、光输出、录音机和各种传感器（声音、光和距离传感器），其内部嵌有一个扫描仪，扫描仪通过扫描编程积木块上的条形码将程序输入机器人内部，可以让儿童创造各种角色或故事，以激发他们的灵感表达，进而促进认知、个性、社交、情感和道德等多层面的心智发展。

　　机器人编程技术给了儿童更加广阔的物理探索的空间与方式，让他们在创建和改造机器人程序中认识自然规律。近年来，教育机器人也成为编程教育的重要形式。教育机器人技术（Educational Robotics，ER）与有形编程有异曲同工之处，通过有形编程语言在物理环境中完成程序的设计，现实环境中的机器人给予直接的反馈。反映程序结果的机器人既可以是现有客体，也可以通过一种简单的编程语言建立机器人实体。建立机器人实体与编码机器人程序这两个过程似乎是激励、协作并最终创造新知识的理想平台。③ 1998 年，Genee 等创建了有形编程列车活动，通过玩具火车表现程序的输出结果。④ 这种语言在 2003 年被乐高公司的商业产品"乐高智能火车"所使用，儿童能够通过使用电子积木完成机器人的编码。Smith 设计的 GameBlocks 系统具有立方体编码块、轨道以及仿

---

① ［美］玛丽娜·U. 伯斯：《编程游乐园——让儿童掌握面向未来的新语言》，王浩宇译，清华大学出版社 2019 年版。

② Bers, M. U. , "The TangibleK Robotics Program：Applied Computational Thinking for Young Children", *Early Childhood Research and Practice*, No. 2, 2010, pp. 1 – 20.

③ Wyeth, P. , & Purchase, H. C. , Tangible Programming Elements for Young Children. CHI EA '02：CHI '02 Extended Abstracts on Human Factors in Computing Systems, New York：ACM, 2002, pp. 1 – 20.

④ Sapounidis, T. , & Demetriadis, S. , Educational Robots Driven by Tangible Programming Languages：A Review on the Field. International Conference EduRobotics 2016, Berlin：Springer, 2017, pp. 205 – 214.

人机器人三部分组成，不需要任何内置的电子元件，降低了运行时代的计算要求。[①] Chawla 等设计的 Dr. Wagon 游戏则更加复杂，儿童可以在对机器人进行编程的过程中引入重复语句及条件语句等高级编程结构。[②] 不同研究者对教育机器人编程语言的发明也各具形态，在不同编程块上贴上条形码以方便儿童完成逻辑化组装，同时便于使用机器人的内嵌扫描系统对其进行扫描以助于儿童理解参数、循环以及条件等概念。[③] 游戏化策略的引入能够增强活动的趣味性，以使儿童沉浸式体验编程活动。众多研究表明，教育机器人技术在助力儿童编程教育领域发挥重要作用，其更具有吸引力，并能促进合作交流的产生。不同的机器人编程语言具有不同的复杂度，以针对不同时段的儿童开展教学。教育机器人技术相当于是有形编程的一种延伸与拓展，当然，其也需要足够的技术支持，以构建完备的编程环境，这在一定程度上对信息技术不发达地区而言较有挑战。

三　图形化编程：Scratch 与 ScratchJr 程序块

图形化编程软件风靡全球，成了当前儿童编程教育的主要代名词。而其中 Scratch 作为目前儿童编程领域中使用范围最广和最受欢迎的编程工具，则成为了图形化编程形式的代名词，国际上许多图形化编程工具，如 Alice、Code. org 等以及我国本土化自主研发的基于块的编程软件的原理都与 Scratch 异曲同工。Scratch 是一个免费的公共访问教育工具，主要适用对象是 8—16 岁的儿童，[④] 主要操作方式为儿童利用鼠标拖拽不同功

---

① Smith, A. C., Using Magnets in Physical Blocks that Behave as Programming Objects. Proceedings of the 1st International Conference on Tangible and Embedded Interaction 2007, New York: ACM, 2007, pp. 147 – 150.

② Chawla, K., Chiou, M., & Sandes A, et al., Dr. Wagon: A "Stretchable" Toolkit for Tangible Computer Programming. Proceedings of the 12th International Conference on Interaction Design and Children, New York: ACM, 2013, pp. 561 – 564.

③ Sullivan, A., Elkin, M., & Bers, M. U., Kibo Robot Demo: Engaging Young Children in Programming and Engineering. Proceedings of the 14thInternational Conference on Interaction Design and Children, New York: ACM, 2015, pp. 418 – 421.

④ Maloney, J., Resnick, M., & Rusk, N., et al., "The Scratch Programming Language and Environment", *ACM Transactions on Computing Education*, No. 4, 2010, p. 16.

能程序块来编写小精灵（角色）互动故事、游戏和动画，并与在线社区中的其他人共享所有创作，使他们在简单轻松的环境下体会编程带来的乐趣。Scratch 还构建了一个"富媒体"环境，使得在编程界面里图形、声音、动画、视频、游戏和互动故事都能够有序展开。①

Scratch 的推出恰是呼应了派珀特所提出的"高天花板""低地板"和"宽墙"的编程教育理念。雷斯尼克表示，学习者在使用 Scratch 时，应该能够立即轻松地创建一些东西（低地板），随着时间的推移保持着他们的兴趣，并允许学生跨越多种学习风格，创建越来越复杂的项目（高天花板），从而促进学生文化和兴趣学习的发展（宽墙）。通过这种方式，当儿童发展技能和拓宽经验时，编程工具还可以随他们一起成长。② 换句话说，Scratch 的开发是希望降低编程的上限，拓宽儿童编程工具手段，探索创造多种儿童编程学习路径与风格，为各种复杂概念提供成长空间，以便让儿童能够更早地开始学习编程。

2013 年塔夫茨大学儿童学习和人类发展研究小组与麻省理工学院媒体实验室合作，于 2014 年 7 月推出了一款专为 5—7 岁儿童设计的编程环境 ScratchJr。ScratchJr 是一个面向更低年龄儿童的 Scratch 升级版本，更是他们的"数字游乐场"，主要适用对象为幼儿园到小学二年级的儿童群体。ScratchJr 的创建解决了幼儿教育中缺乏相对强大的数字创建和计算机编程技术支持的问题，它旨在促进儿童在读写和数学等成熟学术领域的早期学习成果，同时向儿童介绍计算机编程并加强解决问题能力和基本的认知技能。③ 贝斯基于 ScratchJr 的开放式编程环境，提出了儿童积极参与技术发展的行为框架，即 6C 模型：Collaboration（交流）、Communication（合作）、Communty Building（社区建设）、Content Creation（内容创造）、Creativity（创造力）、Choices of Conduct（行为选择）。如今

---

① Papert, S., *MINDSTORMS: Children, Computers, and Powerful Ideas*, New York: Basic Books, 1980.

② Resnick, M., Maloney, J., & Monroyhernandez, A., et al., "Scratch: Programming for All", *Communications of The ACM*, No. 11, 2009, pp. 60 – 67.

③ Flannery, L. P., Silverman, B., & Kazakoff, E. R., et al., Designing ScratchJr: Support for Early Childhood Learning Through Computer Programming. Proceedings of the 12th International Conference on Interaction Design and Children, New York: ACM, 2013, pp. 1 – 10.

ScratchJr 研究团队致力于研究如何在多种学习环境中有效地引入 ScratchJr 和类似技术，这个目标包括调查教育工作者如何在课堂中成功地引入计算机编程内容，以及创建和传播有用的教学和学习资源，如课程、教材和评估等。2018 年 MIT 和 Google 发布了共同打造的 Scratch 最新版本——Scratch3.0，Scratch3.0 可以在平板电脑和手机上创建项目，此外还增加了与 Google 相连的语音识别技术、体感技术以及与外部设备的连接，如用 Scratch 来控制乐高头脑风暴积木，使儿童在参与过程中体会到自己创造程序的乐趣。

四　非计算机化编程形式：不插电编程与纸笔编程

随着编程教育受众面的迅速扩大与计算机科学发展阻碍的出现，研究者倾向于将计算机作为编程教育的一种辅助工具而不是必备手段。Caeli 等认为，不插电的编程活动能够帮助学习者从概念上理解计算机科学的思想和实践。[1] 基于技术工具的编程教育不再是进行编程活动的唯一方式，不插电编程与纸笔编程的诞生为无须技术环境的编程教育提供新可能。不插电编程挣脱了"电"的束缚，通过一系列有逻辑的活动或任务来展现编程的思维。正如周以真教授所言，21 世纪人才应该像计算机科学家一样思考而不是像计算机一样思考。[2] 1997 年，Bell 等所写的《计算机科学不插电》（Computer Science Unplugged）一书出版，被认为是最早的关于不插电编程的资料。[3] 在书中，Bell 等强调计算机技术不是基于复杂性而设计，相反人们应秉承简单化的原则通过归纳与演绎分析数字系统的原理与规则，从而培养儿童的建设性能力。同时，Bell 等创建了"CS Unplugged"网站，旨在培养儿童对计算机科学的兴趣及认知，理解

[1]　Caeli, E. N., & Yadav, A., "Unplugged Approaches to Computational Thinking: A Historical Perspective", *TechTrends: Linking Research and Practice to Improve Learning*, No. 1, 2019, pp. 29 – 36.

[2]　Wing, J. M., "Computational Thinking and Thinking about Computing", *Philosophical Transactions of the Royal Society A: Mathematical, Physical and Engineering Sciences*, No. 1881, 2008, pp. 3717 – 3725.

[3]　Brackmann, C. P., Román-González, R., & Robles, G., et al., Development of Computational Thinking Skills Through Unplugged Activities in Primary School. Proceeding of the 12th Workshop on Primary and Secondary Computing Education, New York: ACM, 2017, pp. 65 – 72.

计算机科学所涵盖的伟大创意，而不用将编程能力作为前提条件。Brack-mann 等通过设计一系列的不插电编程活动，测验了其对西班牙马德里的两所公立学校的小学生计算思维能力的影响。[①] 如设计分解活动，通过准备一系列活动的流程卡片，指导儿童将事件卡片按照活动的步骤进行排列。对于世界上缺乏基础技术设施的学校来说，这种不插电的方法是编程教育唯一可能的方法。虽然此方法脱离了计算机技术的支持，缺少网络环境的表现使活动的可视化程度降低，但为学生用高度抽象的逻辑思维学习计算机知识提供了可能。

由韩国学者金钟勋等人提出的纸笔编程旨在培养学生的计算思维以及逻辑思维。纸笔编程策略的步骤可分为分析问题、设计问题解决方案、建造问题解决方案、实施方案以及调试算法。整个环节只需将高度抽象化的逻辑思维在纸上反映出来，不需要其他外界物体的介入。在绘制符号或流程图等问题解决方案时，纸笔编程不设置过多的规则，而是强调如何将大脑中的抽象逻辑思维完好地在纸张上所表现出来，从而将心理模型转换为逻辑表示。纸笔编程对儿童的抽象思维要求较高，因此更适合年龄较大的儿童尝试。将纸笔编程与游戏活动结合更易吸引儿童进行编程，也适合年龄稍小的儿童。游戏化编程学习帮助儿童在完成游戏的过程中解决问题从而培养编程能力。如点格棋游戏，儿童先在纸上画上排列为方形的点阵，之后轮流在两个相邻点之间画水平线或垂直线，但不能画在已被占领区域内。当画线使区域封闭时，在区域内画上该玩家符号，表示占领，当无法再画线时，游戏结束，占领总区域最大的一方获胜。游戏虽然没有以实际问题为依托设计解决方案，但在游戏过程中，儿童的逻辑思维、发散思维、迭代能力等得以加强。

通过对儿童编程教育工具的溯源可发现目前国际上流行的几种主要儿童编程工具都来源于派珀特早期 Logo 的思想理念，其理论根基都是建构主义以及重塑了的皮亚杰认知发展阶段理论，借助适合儿童年龄发展的、儿童可以接受的技术与环境的支持来帮助儿童学习掌握下一阶段的

---

① Kim, B., Kim, T., & Kim, J., "Paper-and-pencil Programming Strategy Toward Computational Thinking for Non-majors: Design Your Solution", *Journal of Educational Computing Research*, No. 4, 2013, pp. 437 – 459.

能力或顺利实现儿童两个发展阶段的平稳过渡。[①] 无论是基于计算机的编程方式，还是基于现实活动的编程方式，其核心理念在于通过对编程思维的理解及解决实际问题来培养全面思考、假设推演、解决问题等方面的能力，而不局限于学习一门计算机语言。

第二节　世界主要国家编程教育政策演进与路向

随着人工智能和程序算法技术的高速发展，各个国家对计算机人才的需求也日益高涨。编程不再是一种满足特殊技术要求的培训手段，而是作为一种普及化的教育形式逐渐走进了各国的教育政策本文当中，成为长期的教育培养目标。儿童编程教育作为一种区别于传统课堂教学的教育形式，需要政策支持和保障以推动其有效开展实施。在本节中，我们对美国、日本、英国、澳大利亚、爱沙尼亚和芬兰六个典型国家的儿童编程教育政策演进、发展方向以及实施内容等进行了梳理和分析，这些国家中有的编程教育起步较早，并不断引领着世界儿童编程教育发展的方向；有些国家的编程教育发展极具本土化特色，致力于在全国范围内推动编程教学的全面实行；而有的国家通过创新课程形态以推动编程课程融入国家教育体系之中。因此，梳理并分析世界主要国家儿童编程教育的政策文本和课程形态，对于全面了解世界编程教育整体布局，掌握其未来发展趋势具有重要意义。

一　美国儿童编程教育政策内容及其实施

（一）美国儿童编程教育的政策背景及现状

根据美国的教育制度，编程课程和实施标准由各州独立决定，课程设置、资金、教学活动和其他具体内容由当地选举产生的学区委员会决定。但这并不影响美国儿童编程教育发展的繁荣态势。美国儿童编程教育的开展呈现出"政府引导，企业落实"的姿态。政府层面的政策引导

---

① Feldman, D. H., "Piaget's stages: The Unfinished Symphony of Cognitive Development", *New Ideas in Psychology*, Vol. 22, No. 3, 2004, pp. 175–231.

是编程教育发展的重要牵引。从 2010 年起，美国开始调整计算机教育的方向，意在重塑 K - 12 学校的计算机科学教育。在这一年，美国国家科学基金委推出了 iDreams 项目，通过在常规课程中加入编程游戏化教学设计方法，丰富课程内容，同时扩大计算机课程的服务范围，致力于让少数民族学生和女性都能够平等地接触到计算机。在这一政策的影响下，2011 年以后，美国儿童编程教育开启了直线式的发展趋势；2012 年，美国要求全国各州在 K - 12 教育阶段的学校课程中都要开设编程课程；奥巴马任职总统期间十分重视 K - 12 编程教育的推广。2015 年，奥巴马签署《每个学生都成功（Every Student Succeeds Act，ESSA）法案》，明确了计算机科学课程的重要地位，并强调了计算思维的培养目标。2016 年，美国政府投入 40 亿美元用于儿童编程教育的推广。但即便如此，美国各州的计算机编程教育仍存在着巨大差异，截至 2016 年，全美 K - 12 教育阶段学校中只有四分之一提供计算机教育，并且 50 个州中有 22 个州还没有在高中毕业要求中加入计算机和编程学习的有关规定。同年，奥巴马政府再次发布了《面向全体学生的计算机科学计划（Computer Science For All，CSFA)》，提出了在计算机课程中开展编程教育，为未来的创新型科技提供动力并为未来学生的工作提供准备。该计划有力推动了美国编程教学在 K - 12 教育中的普及。除此之外，计划也对编程师资培训、教学装备以及教学材料等做出了详细的规定。2017 年，美国发布了其基础教育阶段教育改革的风向标文件《地平线报告（基础教育版）》，提出 K - 12 编程教育是未来两年内驱动基础教育领域技术应用的关键要素。世界知名招聘平台 HackerRank 每年都会对全球不同国家和地区的技术开发者和招聘经理开展在线调查以了解市场对开发人员技能的需求情况，整理并发布《开发者技能报告（Developer Skills Report)》。在 2017 年的报告中，HackerRank 对全球儿童编程教育行业的基本情况进行了调研，结果显示：美国是目前全球儿童编程教育渗透率最高的国家，占比高达44.8%。[①] 在此引导下，美国 50 个州相继制定了计算机科学教育的相关实施政策，编程教育作为重点实施内容被提及。2018 年，阿拉巴马州和

---

① HackerRank, "2017 Developer Skills Report", Retrieved from https: // www. hackerrank. com/research/developer - skills/2017.

佐治亚州分别为中学计算机编程课程拨款 67.5 万美元和 50 万美元;① 阿肯色州要求在 7 年级或 8 年级必须开设编程课程;肯塔基州将编程和计算思维整合到了科学和数学的课程标准和评价中。② 2019 年,特朗普签署《美国人工智能倡议》,指出要提升 K – 12 编程教育培训,以满足社会对人工智能人才的迫切需求。在"人人享有的机会"(An Opportunity for All)计算机教育理念下,儿童编程教育在美国实现了全面发展。作为儿童编程的发源地和编程教学创新的策源地,美国儿童编程教育仍然是世界儿童编程教育的标杆和榜样。

非营利机构和企业勇担责任是将美国 K – 12 编程教育落向实地的关键,教育政策落地和实行由专业的非营利组织机构和计算机公司的组织和推动。因此有人戏称,促进和支持学校计算机科学教学的责任几乎完全落到了个人研究人员和专业协会身上。美国的一些教育性非营利机构,如美国计算机学会(Association for Computing Machinery,ACM)、国家数学与技术协会(The National Math and Science Initiative)等会不定期组织筹备全国性的教育活动和方针。2016 年,美国计算机学会(Association for Computing Machinery,ACM)、Code. Org、国家数学与技术协会(the National Math and Science Initiative)等联袂制定了《K – 12 计算机科学框架(K – 12 Computer science Framework)》。该框架划分了详细的编程教育阶段性内容以及相应的活动组织方案,为美国 K – 12 编程教育提供了详细的内容参考和教学指导,该框架更被视为美国计算机教育课程的行动指南。③ 并且,美国的一些知名科技公司也积极承担起编程教育的技术研发和学习推广工作,为儿童编程在美国的普及创造了良好的社会氛围。如著名儿童编程非营利机构 Code. org 发起"编程一小时"活动,并且他们还创建了同名网站 Code. org(https://code. org),其中包括丰富的计

① CODE. ORG, "Computer Science Teachers Association. 2019 State of computer science education", Retrieved from https://advocacy. code. org/2019_state_of_cs. pdf.

② CODE. ORG, "Computer Science Teachers Association. 2018 State of Computer Science Education", Retrieved from https://computersciencealliance. org/wp – content/uploads/2019/02/2018_state_of_cs. pdf.

③ Alano, J., Lash, T., & Babb, D., et al., "K – 12 computer science framework", Retrieved from https://k12cs. org/.

算机化和"非计算机化"课程资源和学段教学指导，该活动将美国编程教育推向高潮的同时也席卷全球计算机教育领域，促使各国纷纷将编程纳入国家教育课程体系中。同时，谷歌创意实验室与知名设计公司 IDEO 公司合作推出了名叫"Project Bloks"的项目，但谷歌并没有将该项目作为一个商业化的产品，而是一个开源的架构，包括运算板（Brain Board）、基础板（Base Board）和命令模块（Puck）三部分，提倡让编程作为一种创意表达方式的学习促进儿童的发展。并且，谷歌与麻省理工学院终身幼儿园小组合作升级了儿童编程教育语言 Scratch Blocks，雷斯尼克表示，希望通过谷歌公司使 Scratch 更具兼容性，加速 Scratch 的普及与推广。苹果也依托于其推出的 Swift 开源编程软件推出了面向世界各地高校和学生的"人人编程计划"，帮助更多的中小学生接触编程学习，这项活动已惠及全球超过百万的学生。

（二）美国儿童编程教育的教学目标及实施内容

美国儿童编程教育的发展表现出了极高的自主性，但同时在政策的指引下也不失一定的规范性。美国《K - 12 计算机科学框架（K - 12 Computer science Framework）》是美国儿童编程教育的标志性政策文件，在美国儿童编程教育的发展中起到了"提纲挈领"的作用。我们主要依托于此框架对美国儿童编程教育的教学目标和实施内容展开分析。当然，从框架的内容还有制定者的意图出发，此框架并不是专门针对编程教育课程而开发的，而是将编程纳入了更加宏观的计算机科学教育全局之下，更加明确计算机教育各模块内容间的相互关系，重申编程教育在计算机教育中的地位。透过此框架，我们可以看出政策制定者想要传达给计算机教学工作者的信息：学生在 K - 12 计算机课程中应该学到什么？小学、初中和高中的计算机科学内容应当怎样设置？在更为系统性的课程体系之下来分析儿童编程教育的地位和作用或许更加值得我们思考。

1. 教学目标

美国的《K - 12 计算机科学课程框架》中明确提出将计算思维作为教学核心的培养目标，虽然后文中所探讨的一些国家也提到了以编程教育来发展计算思维，但基本在指出计算思维的同时也包括其他能力，如算法思维、问题解决能力，批判与创造性思维以及数字素养等。在我们看来，美国将计算思维视为了计算机科学的核心能力，这种表述也默认了计算思维囊括了上述能力，计算思维是以计算的原理和方式来学习的一种综合性的思维能力。当然这么说也并不是空穴来风，自周以真（Jeannette M. Wing）于 2006 年提出计算思维概念以来，便深刻影响和改变着计算机教育界，从而催生了又一轮的计算机科学课程改革浪潮；同时周以真所给出的定义也传达出这样一种思想：计算思维并非完全依靠计算机才能进行，使用计算机也不一定会发展计算思维，在一些不插电的活动当中也能够训练学生的计算思维技能。由此，计算思维的思想和教育形式也得以在各领域延伸。关于计算思维的定义及内涵沿革我们将在第三章进行详细的探讨。

2. 实施内容

美国对 K–12 课程内容的设置进行了阶段性的划分，主要分为了四个年级节点，分别为 2 年级、5 年级、8 年级与 12 年级。K–12 计算机科学概念内容主要包括：计算系统、网络和互联网、数据和分析、算法和编程、计算的影响五个方面。在这里，我们主要对算法和编程内容进行整理和介绍，如表 2–1 所示。

表 2–1　　　美国《K–12 计算机科学框架》"算法与编程模块"
内容及其实施标准

内容	解释	应用
算法 （Algorithms）	算法在这里包括计算机活动和人类活动	对于低龄学生，主要基于现实问题以游戏化的形式来学习算法知识，随着年龄增长，学生们会学习计算机算法的开发、组合和分解等
变量 （Variables）	计算机程序使用变量存储和操作数据	在低年级，学生会了解到可以以不同方式使用不同类型的数据，例如单词、数字或图片。随着年龄的增长，学生将学习变量以及将大量数据组织成越来越复杂的数据结构的方法
控制 （Control）	控制结构指定指令在算法或程序中执行的顺序	在低年级，学生学习顺序执行和简单的控制结构。随着年龄进增长，学生将学习更加复杂的执行结构

续表

内容	解释	应用
模块化 （Modularity）	模块化涉及将任务分解为更简单的任务，并将简单的任务组合起来以创建更复杂的任务	在低年级，学生们了解到可以通过将任务分解为更小的模块并重新组合现有解决方案来设计算法和程序。随着年龄进增长，学生将学习识别模式，以针对常见场景使用通用的、可重用的解决方案，并以广泛使用的方式清楚地描述任务
程序开发 （Program Development）	通过不断地重复设计开发程序直至达到满意的解决方案	在低年级，学生学习人们如何以及为什么开发程序。随着年龄进增长，学生将了解与涉及程序开放中更加复杂的决策权衡等

　　算法和编程被解释为完成特定任务而设计和实施的一系列流程。算法被翻译成程序代码，为计算系统提供指令，算法和编程统治着所有的计算系统。而它的最终意义则体现在对不同情境问题的解决方案，通过信息选择与存储，将问题抽象、分解、重新组合并不断调试现有的解决方案以达到目的。发布框架的意义在于为 K-12 从业者提供教学指导和方向，因此在对内容标准的解释上并没有特别的"专业"和"晦涩"，相反会用一些生活化的示例来向我们解释如何将程序原理运用到生活实际的问题中来以指导生产和生活，如表 2-2 所示。

表 2-2　　美国《K-12 计算机科学框架》中编程学习阶段划分

年级节点	能力标准	具体事例
2 年级结束时	在这阶段主要训练学生们以日常生活中的事件来发展计算思维。对于该年龄阶段的同学来说，他们将遵循和创建流程作为日常生活的一部分以此来训练算法，用计算机程序来表示现实世界中的程序，将复杂的任务分解为更为简单的指令分步解决。在编程操作上，儿童还可以创建简单的游戏和动画故事等	算法、变量、控制等体现在生活的各个层面。如一日常规，早起刷牙做饭等。具体一点描述：如为准备一个派对，包括要请客人、做饭和摆桌子，进一步布置桌子又包括铺桌布、折叠餐巾以及将餐具和盘子放好等从日常生活的小事中加深学生对程序的理解

续表

年级节点	能力标准	具体事例
5 年级结束时	在此阶段，学生会学习一些比较复杂的算法知识，相对于了解什么是算法阶段，他们在这个阶段则要学会选择与判断，哪种算法更适合哪类情境。同时要理解基于不同形式的编程语言，如文本语言和基于块的语言，了解包括循环、实践和条件等较复杂的编程原理。学会将复杂的程序分解为更小的模块或合并简单的程序来创建更加复杂的程序	算法用于解决生活中的问题如"选择路线问题"以及"系鞋带"等问题。当然也涉及使用计算机进行编程，包括使用文本编程语言和图形化编程语言。学生通过明确问题情境并制订解决方案，设计并实施程序语言，审查程序设计的正确性和可用性，通过对程序的不断迭代调试以最终解决问题，同时学会在社区和同伴交流和共享
8 年级结束时	在 8 年级结束之前，学生要学会用算法理解和解释生活实际中更加专业的原理。算法会影响与改变人与计算机和人与人之间的交流方式。学生学会将设计的算法推广到更加广阔的情境中。学会更深层次地理解变量，明白变量的内容在不同序列中作用不同。并且进一步学会组合循环、实践、条件等控制结构的嵌套和复合关系，创建更加复杂的程序	对于更复杂的算法结构可以用生活中的示例解释，如智能恒温器的算法可以根据一天中的时间、家里有多少人以及当前用电量来控制温度。而对于更复杂的嵌套条件的程序结构我们可以用一个例子来理解：如果外面晴朗，我会进一步决定我是骑自行车还是跑步，但如果外面没有阳光，我会决定是看书还是看电视。不同类型的控制结构可以相互组合，例如循环和条件
12 年级结束时	在高中结束前，学生要学会根据问题模式选择、评估和设计实施合适的算法结构，并且学会分析一些软件应用程序中涉及的基础算法步骤。对于控制结构的掌握包括了语句、循环、事件、递归等更加复杂的概念，但是递归概念是可选学内容。在此级别中对于模块化内容的掌握是要进一步了解模块之间的系统关系	在本阶段，学生会接触更加高级的算法结构和程序语言。在更加专业的计算环境下解决更加专业的问题，涉及了集成开发环境和调试工具等

（三）美国儿童编程教育实践的特征与影响

1. 理念先行，政策引导，造就了美国儿童编程教育的繁荣之势

美国可以说是全球儿童编程教育最先进的国家，其中原因我们认为主要有以下两个方面：一方面，美国是儿童编程教育的发源地，有着先进的编程教育理念。从 Logo 语言开始，派珀特就坚信儿童与计算机互动会产生的"强大的想法（Powerful Idea）"，计算机编程绝不仅仅是面对小群体受众的技术手段，更应当是帮助儿童学习的强有力的工具。因此，"编程助学"的思想影响着美国教育界对计算机教育的看法。是否要让孩子学习编程已经不是教育研究和实践者们所争论的焦点，而探索如何让学生学好编程才是各界努力的方向。同时，面向低龄阶段儿童的编程工具在技术层面不断突破，细数标志性的可视化编程软件、机器人等编程工具基本都是在美国研发兴起，高校科研院所和科技公司都在为编程工具的研发和更新不懈努力着，并且这些软件和平台基本都是开源免费的，致力于让世界更多儿童接触和体验编程，这对于编程教育的流行和推广的作用无疑是巨大的；另一方面，美国政府不断发布相关政策文件支持并推动 K-12 编程教育的发展，为儿童编程教育在美国的发展指引大方向。先进的儿童编程教育理念以及具体的实践政策引导使得儿童编程在美国的发展呈现出"欣欣向荣"之态。在此，我们也呼吁我国的科技公司和高校的科研团队，在本土化编程工具的开发中切实承担起教育责任，为推动我国儿童编程教育的开展贡献技术支持力量。

2. 社会组织和非营利机构的通力配合将儿童编程教育落到实处

美国编程教育的成功离不开第三方机构的支持，这一特征也存在于许多西方国家的编程教育组织体系之中。第三方组织和机构有力推动了儿童编程教育的社会化普及和学校化实践进程。美国的一些公益性非营利项目提升了儿童编程的社会认知和接受程度，并且加速了编程学习活动在全社会甚至全球的传播，如 Code. org 发起的"编码一小时活动"在世界范围内产生了深远影响。这一现象也给我国儿童编程教育发展以启示。我国儿童编程教育的"第三方"机构主要指企业的教培活动，这在目前占据着我国儿童编程教育事业的"大半壁江山"。但到目前为止，我国的儿童编程企业大多还是以抓紧"抢占"儿童培训市场的最后一份

"红利"为教育出发点，以至于有人评论道：我国的少儿编程教育市场就是在不断地"渲染焦虑和制造焦虑"中发展起来的。为加速儿童编程教育在我国的推广和普及，我国儿童编程教培行业也应切实承担起自身责任。虽然不能要求完全践行非营利组织的行为，却不应再将编程教育作为"双减"政策后再次制造"教育焦虑"与"交智商税"的新噱头。

二　日本儿童编程教育政策内容及其实施

（一）日本儿童编程教育的政策背景及现状

日本政府历来重视信息科技人才的培养，因此日本在教育政策的贯彻与执行方面也是"坚决且彻底的"。自20世纪50年代起，日本便开始了教育信息化的进程，并于80年代开始在小学阶段开展编程教育教学尝试；1998年，日本将程序计算和编程列入了中学必修内容，要求并引导各级各类中学开展机器人教学实践。但这一时期的中小学编程教育尚未呈现普及化的态势，仅是地方学校或个人的教学实验，并且教学效果也不能达到培养"IT储备人才"培养的目的。此时，日本许多IT技术专家都是通过公司培训或者自学接触编程的。所以，越来越多的私立大学也开始设立信息科技和计算机科学的相关专业或研究生院。[①] 编程教育在高等教育中发展迅猛，但在基础教育阶段的发展却明显"遇冷"。在"IT人才储备"目标的助推下，日本政府逐渐将编程教育的发展重心转移到中小学阶段。根据日本经济产业省调查结果显示，2020年，日本IT人才缺口约为36.9万人，2030年将达到78.9万人，[②] 不难理解日本政府"编程教育从娃娃抓起"的巨大决心。

2012年，日本开始在中小学普及编程科目；2013年，日本政府发布《世界尖端IT国家创造宣言》首次提出要在小学阶段全面实行编程教育；2016年，"日本一亿总活跃计划"的发布有力助推了编程教育的必修化进

---

① 山内祐平：《教育工学とアクティブラーニング》，《日本教育工学会論文誌》2018年第3期。

② 安建新：《利用多元化工具培养学生的"编程思维"》，《数字教材·数字化教学——第四届中小学数字化教学研讨会论文案例集中小学数字化教学研讨会会议论文集》，2019年。

程。同年，日本发布的《教育信息化加速化计划》提出：应成立官民联合组织，大力推进基础教育阶段的编程知识学习。[①] 前首相安倍晋三认为义务教育阶段编程教育必修化是应对第四次产业革命的必要举措。2017年，日本儿童编程教育里程碑式的政策文件《小学学习指导纲要》发布，该文件提出编程教育要在小学实现必修化，并且计划在 2020 年将儿童编程教育在日本的小学校全面落实。同年，《新一期学习指导要领解说》发布，进一步解释并明确了日本小学编程教育的课程性质和地位，小学编程必修化并不是要在小学再加入一门独立的新课程，而是将编程融入数学、体育、英语等所有学科的综合学习实践活动中，在深化编程教育低龄化的同时，构建初、中、高等学校编程教育的完整课程体系。日本推动编程教育的决心和热情并没有就此止步。《小学学习指导纲要》发布一年之后，2018 年 2 月，日本文部科学省对全国 3513 个教育委员会开展了"儿童编程教育发展必要条件"的调查，以了解儿童编程教育在学校推行中存在的问题和应对措施。调查发现，2018 年，日本 93.5% 的教育委员会开展了小学编程教育推进行动，52% 的委员会已将编程教育融入小学课程之中。日本推行儿童编程教育的困难主要有信息不足、人才不足与预算不足，推行困难随实施程度的深入由信息不足向预算不足转变，同时时间不足、教师负担过重也是重要的阻碍因素。[②] 日本小学编程必修化的进程虽困难重重但仍在不断推进中。

（二）日本儿童编程教育的教学目标及实施内容

日本、韩国、新加坡等亚洲国家大多都在 2018 年前后开展了最新一轮的编程课程改革。日本的儿童编程教育虽起步较晚，却独具国家特色，将儿童编程教育真正落实到了学校课堂的方方面面。为解决小学教师开展编程教学中所遇到的"信息不足、人才不足"等困难，日本文部科学省联合各级教育委员会编制了《小学编程教育指南（「小学校プログラミング教育の手引」）》，该手册收录了各级学校不同学科教师在小学编程教

---

① 朱小妮、熊冬春、戈琳、曾培辉、许引、李镇慧：《国外跨学科融合的编程教学模式研究——以芬兰、日本的编程为例》，《中国信息技术教育》2021 年第 3 期，第 81—85 页。

② 孙立会、刘思远、李曼曼：《面向人工智能时代儿童编程教育行动路径——基于日本"儿童编程教育发展必要条件"调查报告》，《电化教育研究》2019 年第 40 卷第 8 期，第 114—128 页。

学的详细教学示例以及教学指导建议，旨在帮助学科教师消除编程教育焦虑，真正将编程推向小学课堂。经过几番教学实践验证，该手册目前已经完成了第三版的修订。① 手册中对小学编程教育的教学目标和教学内容进行了详细的介绍和说明。

1. 教学目标

日本小学编程教育旨在培养儿童的"编程思维"。日本中央教育委员会认为面对未来复杂的智能社会，当代儿童积极利用信息技术手段，发展信息技术能力尤为重要，而在众多的信息能力中"编程思维"则是每一个儿童都需要具备的，因此不论儿童以后从事何种职业，小学校都应当对孩子进行编程教育，培养他们的编程思维。② 在指南中对编程教育的教学目标进行了简要表述：学生应当学会用"编程思维方式"思考，了解计算机程序在解决生活实际问题中的作用；培养儿童对于编程学习的兴趣和成就感，建立起对学习编程的"爱学""乐学"的意识，这对于彻底扭转学校、教师和学生对待编程的态度十分必要。

那编程思维具体指的是什么？怎么体现在教学目标之中？日本中央教育委员会在经过教育技术专家多方研讨之后将编程思维的教学目标具体解释为：知识与技能，思维能力、判断能力和表达能力以及编程理解与情感态度三个维度，这与我们熟悉的三维目标有"异曲同工"之妙，具体可表述为：

（1）知识与技能：此维度要求学生了解计算机在日常生活各种情况下的使用，学会从算法的解读角度解释各种程序的运行原理和问题解决机制，以及其他使用计算机发现和解决问题的知识与技能。知识与技能的目标内容又可划分为初、中和高三个层级。初级要求学生注意计算机是在日常生活中使用，并且通过必要的步骤来解决问题；中级知识目标则希望学生能够开始创建简单的程序，同时了解计算机在社会中的作用和影响；高级目标则是科学认识计算机的功能，能够利用计算机解决实

①　文部科学省：《「小学校プログラミング教育の手引」の改訂（第三版）》，［2021 - 11 - 02］（2022 - 04 - 16）。https：//www. mext. go. jp/a_menu/shotou/zyouhou/detail/1403162. htm。

②　文部科学省：《「小学校プログラミング教育の手引」の改訂（第三版）》，［2021 - 11 - 02］（2022 - 04 - 16）. https：//www. mext. go. jp/a_menu/shotou/zyouhou/detail/1403162. htm。

际问题。这一知识目标的分阶设定也与编程课程的阶段性设置类似。

（2）思维能力、判断能力、表达能力：此维度可以说是对编程思维的核心解释。对于一个问题，学习者应当了解如何进行符号动作的顺序排列才能接近预期目标，这与计算机运行的原理相似。为此，制定者以举例的形式来表示实现编程思维的过程，如图 2-1 所示。在利用编程解决学科一般问题的过程中，学习者首先需要明确计算机的行为意图，并构想如何设计计算机的行为能够实现问题解决，之后编写程序语言并不断调试迭代，直至问题得到完美的解决。

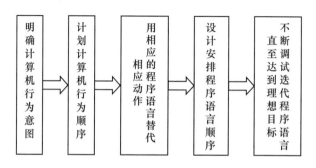

图 2-1 编程教学过程示意图

（3）编程理解与情感态度：这一维度的教育目标则旨在培养一种尝试利用计算机工作创造与发展阶段相适应的更加美好的生活态度，增进学生对计算机编程的友好态度和乐学、好学的学习兴趣，相信通过计算机来建设美好社会以及培养信息伦理道德的目标。

2. 实施内容

日本政府认为计算程序已经渗透到了生活中的各个层面，为了更有效地利用计算程序，了解编程原理十分必要。在儿童时期理解和学习计算机的能力为其未来发展开辟了可能，而编程原理的学习则渗透在各学科的知识内容之中。日本编程教育教学会尝试和各类课程结合，教师和研究者们在这方面进行了很多有益的探索。教学指南中将编程课程分为了六大类：①《学习指导纲要》中的示例单元活动；②各学科中的编程教学活动；③单独的编程教学；④学科拓展活动（社团活动）；⑤校本特色活动（学科课程之外的活动）；⑥校外活动项目。但学校和教师到底应当如何来实施编程课程，日本的校内外教育工作者以及民间企业等在此方面做了大量的实践工作。2019 年（令和元年），文部科学省发布了《小学编程教育指导案例集（小学校プログラミング教育指導案集）》，这个项目计划名为"Mira Pro"，是学校在综合学习实践课程中与一些民营企业合作实施的教学活动。在这个项目中，学校会定时接受企业的参观，企业同时也会定时派遣相关教师到校，为学校编程教学提供相关教材和视频等。

与美国《K－12 计算机科学框架》以学段来划分编程教学知识和其所对应的活动所不同的是，日本的编程教学以不同学科领域的内容为主，而编程原理作为教学逻辑渗透在学科知识之中。也就是针对某一学习主题，教师可以运用什么编程原理来帮助学生更好地学习，而没有规定某一年级的学生应该学习哪种编程知识来和相应的学科内容匹配。由此看来，日本儿童编程教学真正做到了以学科内容为主，让编程原理更好地"服务"于学习内容的呈现。此次发布的案例集共包含 14 个主题，因为主要是在综合学习实践活动中开展的编程学习活动，因此活动主题则与人类的生产和生活密切相关，包括汽车、人工智能、生活建筑以及快递服务等。活动主题的内容主要将小学一、二年级学生的日常生活方式以及他们与自然的相处方式的学习与基础性的编程知识相联系。如在《学习解决本地挑战的编程和设计应用程序的基础知识》活动中，要求学生了解基础性的编程知识，并与周围生活的环境等问题相联系，培养自觉思考和行动的意识。而对于小学五六年级的学生而言，教师则会利用更复杂的编程原理和算法设计来帮助解决工业生产、信息通信以及科学用电等学习主题中的问题。如《让我们用人工智能和编程解决熟悉的问题》活动则重在培养学生的信息技术实践能力，体验利用人工智能和编程解决社区和家庭中的问题，并不断思考如何在未来的生活中使用编程技术。[①] 每一个主题案例都会给出相应的知识与技能，思维能力、判断能力和表达能力以及编程理解与情感态度三个维度的教学目标。并且，每个案例项目的实施过程都会以课题选定、信息收集、资料整理以及表现总

---

① 文部科学省:《令和元年度　小学校プログラミング教育指導案集》，［2020－04－13］（2022－04－16），https://www.mext.go.jp/a_menu/shotou/zyouhou/detail/mext_1421730.html。

结的步骤展开陈述，使教学工作者对如何在学校设计并实施编程教学活动有更加清楚的认识。

除此之外，日本还成立了由国家部门和个体团体共同组织的"未来学习联盟"（「未来の学びコンソーシアム」）项目，并且编写了案例研究集以及开通了"促进小学编程教育发展（「小学校を中心としたプログラミング教育ポータル」)"的网络门户（https：//miraino‑manabi)，用来宣传指南中的教学实例，为教师提供培训教程和材料（https：//www.mext)。各学校和教委可以在教学实践中借鉴实行指南中的教学案例以及参考"未来学习联盟"上传的教学示例。利用案例研究和教师培训材料，系统地做好教材的培训和学习准备工作。每种示例之下则根据不同年级、不同科目和编程语言类型进行了分类，同时还关注了特殊儿童群体的编程教育需求。同时，网站针对不同年级的编程语言进行了精细划分并提供了思考借鉴，我们对网站中的不同学段所适用的编程工具类别进行了整理和总结，希望能够为编程教学的开展提供可参阅的资源。如表 2 - 3 所示。

（三）日本儿童编程教育实践的特征与影响

1."强势性"政策的发布是日本儿童编程教育得以开展的关键

日本将编程教育纳入必修课程是特定时代和社会因素交互的结果，但日本实行儿童编程教育之"决心"和政策推行之"强势"是人们始料未及的。日本小学编程必修化的"突然"也引来了很多反对的声音：无论是师资条件还是硬件水平，日本都不具备在小学阶段的各学科全面实施编程教育的条件，并且小学生对基本的计算机操作也非常不熟练，在这种情况下谈何小学编程的必修化？到底是何原因让日本政府顶着巨大压力将编程毅然引入小学各学科课程之中呢？一方面，日本实施儿童编程教育的长远考量是希望通过教育改革来改善 IT 人才短缺的境况。第四次工业革命的到来使得人工智能技术飞速发展，由此也引发了全球产业结构的巨大变革，程序驱动的系统已经进驻到人类生产生活的各个方面，因此学会与程序和谐相处是这一时代人类生存的必备技能。但这种技能并不是指单纯的"编写代码"或者硬性要求学习者熟练掌握计算机操作，而是希望他们学会计算机化整为零、化繁为简的"编程思维"。因此，将编程融入各学科课程是日本的实践举措，如教师引导学生学习日语的

表 2 - 3　　　　不同年龄阶段编程语言推荐分类

年级　　编程形式	幼儿园	小学低年级	小学中年级	小学高年级	初中	高中
文本语言	1. Hour of Code™* 2. mBlock*	1. Raspberry Pi 2. Hour of Code™* 3. mBlock* 4. LEGO© Mindstorms© EV3 5. ArtecRobo	1. Raspberry Pi 2. IchigoJam BASIC* 3. Hour of Code™* 4. mBlock* 5. LEGO© Mindstorms© EV3 6. CodeMonkey 7. ArtecRobo 8. Smalruby* 9. IchigoJam 10. MakeCode*	1. Swift Playgrounds™* 2. Swift™* 3. Raspberry Pi 4. IchigoJam BASIC* 5. Hour of Code™* 6. mBlock* 7. LEGO© Mindstorms© EV3 8. CodeMonkey 9. ArtecRobo 10. BBC micro: bit 11. IchigoJam 12. MakeCode*	1. Swift Playgrounds™* 2. Swift™* 3. Raspberry Pi 4. IchigoJam BASIC* 5. Hour of Code™* 6. mBlock* 7. LEGO© Mindstorms© EV3 8. CodeMonkey 9. ArtecRobo 10. BBC micro: bit 11. IchigoJam 12. MakeCode*	1. Swift Playgrounds™* 2. Swift™* 3. Raspberry Pi 4. IchigoJam BASIC* 5. Hour of Code™* 6. mBlock* 7. LEGO© Mindstorms© EV3 8. ArtecRobo 9. BBC micro: bit 10. IchigoJam 11. MakeCode*

续表

编程形式\年级	幼儿园	小学低年级	小学中年级	小学高年级	初中	高中
图形化语言	1. Programming Seminar* 2. Hour of Code™* 3. mBlock* 4. MESH 5. Scratch* 6. Viscuit* 7. Ozobot	1. Springin* 2. mBlock* 3. embot 4. LEGO © Mindstorms © EV3 5. Scratch* 6. MESH 7. ArtecRobo 8. MakeCode* 9. Ozobot 10. LEGO © WeDo 2.0 11. Programming Seminar*	1. Springin* 2. Embot 3. Programming Seminar* 4. Hour of Code™* 5. mBlock* 6. MESH 7. LEGO © 8. Mindstorms © EV3 9. Scratch* 10. Ozobot 11. ArtecRobo 12. Smalruby* 13. LEGO © WeDo 2.0 14. MakeCode*	1. Springin* 2. Embot 3. Programming 4. Seminar* 5. Swift Playgrounds™* 6. Hour of Code™* 7. mBlock* 8. MESH 9. Mindstorms © EV3 10. Scratch* 11. BBC micro: bit 12. Ozobot 13. ArtecRobo 14. LEGO © WeDo 2.0 15. MakeCode* 16. Proguru*	1. Swift Playgrounds™* 2. Hour of Code™* 3. mBlock* 4. MESH 5. Mindstorms © EV3 6. Scratch* 7. BBC micro: bit 8. ArtecRobo 9. LEGO © WeDo 2.0 10. MakeCode*	1. Swift Playgrounds™* 2. Hour of Code™* 3. mBlock* 4. MESH 5. Mindstorms © EV3 6. Scratch* 7. BBC micro: bit 8. ArtecRobo 9. MakeCode*

续表

编程形式＼年级	幼儿园	小学低年级	小学中年级	小学高年级	初中	高中
有形编程	1. Code A. Pillar 2. MESH 3. Ozobot	1. MESH 2. Ozobot	1. MESH 2. Ozobot	1. MESH 2. Ozobot	1. MESH	1. MESH
不插电	1. Ruby's Ruby（绘本形式）	1. Ruby's Ruby 2. GLICODE*	1. Ruby's Ruby 2. GLICODE*	1. Ruby's Ruby	—	—
教育机器人	1. Code A. Pillar 2. mBot 3. Ozobot	1. Embot 2. mBot 3. Mindstorms © EV3 4. Ozobot 5. ArtecRobo	1. Embot 2. mBot 3. Mindstorms © EV3 4. Ozobot 5. ArtecRobo	1. Embot 2. mBot 3. Mindstorms © EV3 4. Ozobot 5. ArtecRobo	1. mBot 2. Mindstorms © EV3 3. ArtecRobo	1. mBot 2. Mindstorms © EV3 3. ArtecRobo
编程游戏	1. Minecraft: Education Edition	1. Minecraft: Education Edition 2. LOOPIMAL	1. Minecraft: Education Edition 2. LOOPIMAL 3. CodeMonkey	1. Minecraft: Education Edition 2. CodeMonkey	1. Minecraft: Education Edition 2. CodeMonkey	—

注："*" 代表免费。

"敬语使用"一节中，学习者需要根据对话对象的身份选择自己的说话内容，之后综合之前设定的各种条件，选择最恰当的用词，而这正体现了程序语言中的"条件"这一概念。这种"潜移默化"的编程思维渗透或许是决定儿童未来是否会选择从事计算机行业的最直接的影响因素；另一方面，日本相比于英国、美国等国家，其儿童编程教育的开展要晚得多，和同为亚洲国家的新加坡相比，日本的编程教育小学必修化的进程也稍慢了一步。此时，"坚定决心，迎头赶上"或许就是日本编程教育发展的最好方式。而这种决心正是儿童编程在日本得以有效实施的关键，也是目前许多国家应当学习的勇气。

2. 政策实施的长效跟进是日本儿童编程教育永续发展的动力

小学编程必修化的设想是美好的，但由于各种现实原因，在实际的操作过程中必然存在许多问题。第一，日本小学教师的压力无形中增大。因为许多小学教师基本没有编程经验，甚至对于一些年龄稍长的教师，他们连对一些智能设备都不能很好地应用，引入"编程"无疑对教师而言是一项巨大的挑战。第二，编程在小学各学科教学之前并没有可参考的教学案例，教师们只能根据自己的"理解"和"想象"，将编程与学科融合教学。教学实践者们需要走过很长一段时间的"试误"状态。第三，小学编程教育的开展虽不完全依赖于计算机等相关设备，但是对台式机、笔记本电脑以及一些智能机器人技术有一定的要求，设备支持不足的问题也是阻碍编程教育发展的现实难题。第四，编程教学内容与原有教学内容冲突以及"挤压"原有课时的问题也会影响到编程教育的有效开展。鉴于此，日本政府也相继发布了"编程实施困难调查"以及"编程教学案例集"等相关文件，目标明确且不遗余力地推动编程教育在日本小学的必修化实践，这可以说是日本编程教育最大"闪光点"。自 2017 年起，我国也相继发布了推进儿童编程教育的相关文件，助力编程教育在我国课堂的实施和落地，各省（自治区、直辖市）也积极响应落实，但我国目前儿童编程教育政策无论是在政策力度还是执行强度方面还远远不足，这种情况尤其是在农村等偏远地区更甚。并且，我国目前也缺少儿童编程教学学校化发展的具体政策文件来切实地推动编程教学的开展。由此看来，政策层面的精准施行和长效跟进才是保证编程教育用于发展的关键。

三　英国儿童编程教育政策内容及其实施

（一）英国儿童编程教育的政策背景及现状

英国的计算机教育一直领先世界潮流，编程一直作为计算机教育的主要内容而存在。英国中小学的计算机科学教育几经兴衰，其学科名称随着时代的发展和教学内容的调整一直发生着变迁。自 20 世纪 60 年代开始，英国便在中学开设了计算机课程；1998 年，英国将中小学信息技术（Information Technology）课程由选修改为必修，主要训练学生对计算机基本结构的认识以及简单的办公软件操作等，但这一举措并没有引发人们对计算机和编程教育的重视，20 世纪末的英国计算机教育几乎从学校"消失"。为扭转这一局面，2000 年，计算机课程由原来的信息技术（Information Technology）改为"信息通信技术"（Information Communication Technology，简称 ICT）。此后，ICT 课程成为英国计算机教育的代名词。英国小学课程标准中指出，ICT 能力应成为与小学生阅读、计算、学习与思维、自我调节和社会交往等能力并列的基本能力之一。当时的 ICT 教育重在计算机教育的"实用性"和"应用性"特点的体现，主要表现为两方面：一是要求学生能够在日常生活中应用 ICT 知识和技能，并能够采取合适的策略来帮助他们解决生活中的实际问题；二是将 ICT 知识和技能应用到其他学科领域之中以此来促进学科学习以及 ICT 能力的共同发展。[1]

但随着学生年级和经验的增长，ICT 课程的社会公信力和学生对其热情程度也普遍下降。学校以及社会公众逐渐意识到简单的计算机和软件操作并不能彰显计算机教育的价值，同时 ICT 课程的教学内容更不能全面满足学生们的学习需求。因此，在英国学校课程几乎已经放弃了计算机课程时，2008 年，英国成立了一个名为 Computing At School（CAS）的组织，旨在帮助推动学校的计算事业，唤起政府和民众对学校计算机科学的重视。2011 年 12 月，英国教育标准办公室（Ofsted）发布《学校的 ICT 教育——2008》报告，通过对英国 167 所中小学的调查结果指出了现行 ICT 教学的不足：信息技术教师缺乏足够的信心和能力来教授更加专

---

① 王宏燕：《英国：编程教育进入国家课程》，《上海教育》2016 年第 2 期。

业的计算机课程，而学生在学校里也没有机会发展自己的编程能力。[①] 计算机教育专家也指出，ICT 教学不应该限定于让学生只学会操作软件而已，更应该让学生学会如何撰写软件程序，进一步成为计算机学习的创造者。2012 年，英国科学院皇家学会发表了一份备受瞩目的计算机教育状况报告，题为《关机还是重启？英国学校计算的前进之路（Shutdown or restart? The way forward for computing in UK schools）》，重新开始了英国计算机学校教育之路。2013 年，英国取消了现有的 ICT 课程，取而代之为计算（Computing），并将其作为学校的必修课，强制要求从 5 岁开始所有学生都要学习编程，在英格兰、苏格兰、威尔士和北爱尔兰等地统一实行。[②] 自此，英国也成为二十国集团（G20）中第一个将编程教育纳入国家核心课程的国家。2014 年，英国教育部发布了《英国国家课程：1—4 关键阶段计算学习计划（National curriculum in England：Computing Pro-grammes of Study for key stages 1 – 4）》。[③] 同年，英国政府又开展了"编码年"（Year of Code）运动，鼓励全民学习编程，并通过编程来训练思维方式，以及看待问题的新视角。

（二）英国儿童编程教育的教学目标及实施内容

英国作为西方最具代表性的国家之一，其计算机教育的发展也从侧面反映出西方国家对青少年信息和数字素养培育的历程。以英国皇家学会发布的报告《关机还是重启？英国学校计算的前进之路》为节点，英国原有的"信息"课程被"计算"课程所取代，同时该报告也对计算课程的教学内容进行了更加明确的阐述和界定，将计算课程分为计算机科学、数字素养与信息技术三部分。按照英国的教育体系，英国公民自 5 岁进入教育系统起一直到 16 岁为其义务教育阶段，国家的课程大纲中对中小学义务教育阶段（5—16 岁）的课程进行了阶段性的安排，国家课程

---

① 王宏燕、田玉贺：《英国：编程教育进入国家课程》，《上海教育》2016 年第 2 期，第 20—23 页。

② Brown, N. C. C., Sentence, S., & Crick, T., "Simon Humphreys Restart: The Resurgence of Computer Science in UK Schools", *ACM Transactions on Computing Education*, Vol. 14, No. 2, 2012, pp. 1 – 22.

③ Department for Education (2013). "National curriculum in England: Computing programmes of study." Retrieved from https://www.gov.uk/government/publications/national – curriculum in – england – computing – programmes – of – study.

划分为四个关键性阶段，即关键性阶段 1（5—7 岁）；关键性阶段 2（7—11 岁）；关键性阶段 3（11—14 岁）；关键性阶段 4（14—16 岁）。2013 年 2 月，英国教育部公布了计算机课程教学的关键性阶段课程指南——《关键阶段 1—4 计算机课程学习计划》。在此，我们主要以该课程指南为依据，对英国编程教育的教学目标和实施内容展开解读。

1. 教学目标

在英国，编程课程渗透于计算课程之中，计算课程面向全国义务教育阶段的所有学生。新国家课程学习计划中指出，计算的核心是计算机科学，并且将课程的教育目标定位在培养学生理解和改变世界的计算思维技能和创造力。计算与数学、科学、设计和技术有着深厚的联系，并且能够发展学生对于自然和人工系统的洞察能力。在新的计算课程中学生将学习信息和计算原理、数字系统工作原理以及如何通过编程来创造性地学习。同时，计算课程还确保学生具备数字素养，在此基础之上学生能够使用、表达自己并通过信息和通信技术发展自己的观点，以成为未来数字世界的积极参与者。[①] 具体教学目标体现在：

（1）能够理解和应用计算机科学的基本原理和概念，包括抽象、逻辑、算法和数据表示；

（2）能从计算角度分析问题，并有反复编写计算机程序解决此类问题的实践经验；

（3）可以评估和应用信息技术，包括新的或不熟悉的技术，分析性地解决问题；

（4）成为负责任、有能力、自信和有创造力的信息和通信技术用户。

2. 实施内容

英国的计算课程从 5 岁儿童开始，一直贯穿整个义务教育阶段，编程学习内容则贯穿始终。按照新计算课程所划分的四个关键阶段，计算机和数字素养的内容主要集中在前三个关键阶段，而信息技术主题的深入学习和探讨则在第四个关键阶段提供。我们主要对标准中所涉及的编程教学的相关内容进行梳理，具体如表 2 - 4 所示。

---

① Department for education. (2013). Computing programmes of study for key stages 1 - 4. Retrieved from http：//www. education. gov. uk/national curriculum.

表2-4　　　　　　　　英国编程教育课程内容及其实施标准

年段	内容	达成标准
关键阶段1 （1—2年级）	在小学1—2年级，学生通过直接接触简单的可视化触编程语言，创建最简单的程序逻辑。包括： 1. 了解什么是算法； 2. 明白计算机程序是如何在数字设备上运演与实现的； 3. 创建与调试简单的程序； 4. 了解计算机网络安全的基本问题	1. 了解简单的程序语言； 2. 掌握最基础的编程软件操作； 3. 创建与调试最基本的程序语言
关键阶段2 （3—6年级）	在小学3—6年级中，学生将发展更加复杂的编程技能。包括： 1. 设计、编写和调试特定的程序； 2. 学会通过抽象和分解来解决问题； 3. 能够在程序中使用序列、条件和重复； 4. 能够使用逻辑推理来解释一些简单算法的工作原理以及检测纠正算法和程序中的错误	1. 独立设计简单程序； 2. 将问题抽象为计算机程序指令； 3. 检错与纠错
关键阶段3 （7—9年级）	进入到初中阶段后，学生编程学习进入了更加抽象的水平，更重视培养探索在现实世界中的问题解决能力。包括： 1. 能够利用程序原理模拟和评估现实世界的问题； 2. 深入理解指向计算思维的几个关键算法，如排序和检索； 3. 能够使用逻辑推理比较不同算法对同一问题的效用； 4. 针对一个计算问题，能够使用两种或多种编程语言，其中至少有一种文本编程语言来解决问题； 5. 能够设计开发基于函数的模块化编程程序，并理解简单的布尔逻辑［AND、OR、NOT］及其在编程中的用途	1. 多种编程语言的原理理解与交互使用； 2. 算法程序的深层次理解
关键阶段4 （10—12年级）	进入高中学习阶段，编程教育则是面向学生更高层次的学习或职业选择。包括： 1. 发展学生的计算机科学、数字媒体和信息技术方面的能力、知识和创造能力； 2. 培养学生分析、解决问题、设计和计算思维技能	计算思维与信息素养的深化

（三）英国儿童编程教育实践的特征与影响

1. 及时调整课程培养方向，以思维和素养培育为编程教育落脚点

英国的计算机教育领先世界，却几经兴衰。英国教育官方也根据社

会生产实际和学习者个人发展需求对计算机教育的目标和内容做出适时的调整。2000 年，ICT 课程替代原来的信息课程是英国编程教育改革发展的一个节点。改革的原因在于，从英国官方到民间，都认为 ICT 课程太过"无聊"且"无益"，仅仅学习 Excel、Word 等操作性软件的使用方式对学生的个人发展和国家的长远建设而言都是没有帮助的；但 ICT 课程并没有能完全扭转计算机教育的窘境，人们还是希冀通过"计算"为学习带来本质性的改变。微软研究院剑桥大学核心成员，英国"学校计算"（Computing at School）项目的发起者西门－琼斯（Simon Jones）在一次发言中也提道：全新的计算机课程虽然将依旧包含计算机和应用使用方面的授课内容，但同时也加入了更多计算机科学和编程方面的知识。在这半个多世纪的变迁中，英国计算机课程在形态上实现了从最初的信息课程到 ICT 课程，再到最后的计算课程；在课程目标上，从最开始的计算机操作技能转向计算思维和信息素养的培育。英国计算机课程的改革和变迁引领着西欧各国的计算机与编程教育的节奏，并且也深刻影响着我国信息技术教育的发展。2022 年新修订的《义务教育阶段信息科技课程标准》中，中国将"信息技术"更名为"信息科技"，并由选修课升级为必修课。一词之差却彰显出我国新时期计算机教育"重素养""育能力"的价值取向。由"技术"向"科技"的演变是计算机教育目标的巨大变迁，技术注重对学生操作和技巧的培养，而科技则重在学生使用技术过程中思维方式的养成以及信息素养的孕育。而编程作为一种思维教育形式，正是面向改变学生看待学习、生活以及世界的观念，培养思维迁移的能力。相信在计算机教育改革的大背景下，儿童编程未来在我国的发展之路会更加畅通。

2. 编程课程被纳入国家核心课程之中，拥有完备的义务教育课程体系

英国编程教育的另一个鲜明特点就是其很好地将编程融入了基础教育的课程体系之中，并且对其阶段性教学内容进行了科学的界定与划分，这也为本著作之后编程教育的阶段性划分奠定了基础。儿童从 5 岁进入小学起就将开始学习如何编写程序，一直到他们 16 岁完成中学教育。虽然通过有意义的编程活动发展学生的计算思维和抽象逻辑思维是课程目标所期望的，但是思维能力的培育也要"循序渐进"。若要让学习之初 5 岁的儿童来学习高难度的编程技能可能会造成适得其反的效果，甚至让

儿童对这门课产生抗拒的情绪。计算课程的四个阶段不仅是学习方式的进阶，更是思维教学的进阶。在完成关键阶段一之后，学生将会创建和调试简单的程序，理解程序运行的最基本原理；关键阶段二完成后，学生将学会如何设计和编写实现特殊目标程序，并将使用逻辑推理来检测以及纠正错误算法；关键阶段三进入中学阶段后，更加注重思维抽象水平的训练；关键阶段四则将教学重点放在了实现更高水平的研究和职业生涯方面。我国信息科技新课标中也设定了信息意识、计算思维、数字化学习与创新和信息社会责任四个教学目标的学段目标。在计算思维和数字化学习与创新的学段的目标中都添加了利用编程等手段加以验证的相关内容。由此看来，编程学习和思维阶段性培养的意识在我国计算机教育中也在逐步渗透。

四 澳大利亚儿童编程教育政策内容及其实施

（一）澳大利亚儿童编程教育的政策背景及现状

澳大利亚儿童编程教育的渗透率位居全球第二，为 10.3%。澳大利亚计算机课程随着中小学教育系统的变化历经变革，编程教育作为澳大利亚国家计算机课程的重要分支，其形态与内容也在不断演变。重视"技术"是澳大利亚计算机科学教育的传统，这也是编程教育在澳大利亚的"外衣"。受美国"信息素养"（Information Literacy）教育的影响，1989 年澳大利亚各州、地区和联邦教育部长首次将"信息处理和计算技能"纳入了国家课程之中，中小学信息技术教育开始重视对学生计算机操作能力的训练。但此时，澳大利亚的信息技术课程并没有建立国家统一的框架，而是由各州分而治之。如维多利亚州学校教育司制定了《技术研究框架》，提出了将技术教育融入义务教育阶段，并对课程内容以及组织形式等做出了方向性指导。① 直至 1994 年，澳大利亚国家教育部发布了《国家课程声明（The National Curriculum）》，将技术课程纳入全国统一课程标准之中，并对技术课程的组织开展提出了详细的解释说明。在此基础之上，1995 年维多利亚州颁布了《技术：课程与标准框架》，并

---

① Garder, P. L., Technology Education in Australia-national Policy and State Implemention. Jerusalem International Science and Techociogy Education Conference, Israel: ERIC, 1996, pp. 1 – 37.

提出技术课程的教学目标是教授学生适应社会生活所必需的知识与技术技能，以此培养他们的创造力和问题解决能力。与此同时，各州也逐渐意识到在计算机课程中发展学生技术素养的重要性，并积极尝试在学校开展相关教育。1999 年，澳大利亚联邦教育局正式颁布了《关于二十一世纪国家教育目标的阿德莱德宣言》，明确提出：学生应在技术课程中学会"自信"且"创造性"地使用信息技术，并能够通过信息技术的应用造福社会。技术课程的教学重点呈现出由单一的信息技术知识和技术的传授，向综合性能力，如问题解决能力以及跨学科应用能力方向转移。

2008 年是澳大利亚编程教育发展的转折点。《关于澳大利亚青年教育目标的墨尔本宣言》出台，明确表示学校的技术课程应面向学生的未来工作和个人生活。2013 年，澳大利亚课程、评估与报告管理局（ACARA）发布了作为信息技术课程的指导方案——《澳大利亚课程草案：技术（Draft Australian curriculum：Technologies）》。[①] 自 2015 年起澳大利亚官方又相继发布了《立即采取行动，振兴学校的 STEM 研究》《青少年编程政策》等一系列文件，提出开展面向学校的编程教育。在此影响下，澳大利亚在学校中开设了《数字技术（Digital Technologies，DT）》课程，[②] 其将教学目标的重点放在了通过学习数字系统以及编程实现解决方案的知识以发展学生的计算思维能力之上。DT 课程标准中也明确规定，要求学校学生从 10 岁起就开始学习编程，12 岁左右要进行计算机编程实操训练，并增设了相应的等级考核。学生编程知识学习目标整合在此课程领域的教学目标之中，在国家政策的支持下，学生编程知识和能力的培养得到了保障。除此之外，澳大利亚校外教育编程教育的发展同样"齐头并进"。如澳大利亚最大的青少年编程教育平台 CodeCamp 吸引了来自 100 多个城市 45000 名青少年学习编程，为学校教育之外的编程学习提供了多元化的平台和资源。

---

① Australian Curriculum Assessment and Reporting Authority. （2013）. "Draft australian curriculum：Technologies". Retrieved from http：//www. acara. edu. au/curriculum 1/learning areas/technologies. html.

② Australian Curriculum Assessment and Reporting Authority. （2013）. "The australian curriculum：Technologies learning area". Retrieved from http：//www. austrailiancurriculum. edu. au/technologies/introduction.

（二）澳大利亚儿童编程教育的教学目标及实施内容

通过对澳大利亚编程教育的发展和演进历史我们可以看到：数字技术课程（DT）是澳大利亚编程教育的课程载体。澳大利亚中小学学生的计算机教育或称信息技术教育安排在"技术"课程之下，与一般的计算机课程不同的是，在技术课程中学生会真实地接触和操作一些数字系统或设备以及进行动手设计和制作，所以在这门课程中学生不仅是在面对虚拟的计算机程序进行操作，更多的可能是"摆弄"一些数字零件，这也正是澳大利亚官方设置这门课程的意义所在，即让学生真正地参与真实的问题解决过程中去。

技术课程将手工艺操作和数字技术相结合，在教师的引导下，学生将逐步了解问题解决的完整流程，如包括调查、设计、制作、交流和评估等，将基本的计算机以及编程技能与发展学生的问题解决能力明确结合起来。而中小学技术课程具体分为两个二级科目，包括《设计与技术（Design Technology）》和《数字技术（Digital Technology）》。在课程内容上，前者更多地注重知识的学习，而后者更多地注重实践操作；在课程目标上，前者更加注重设计思维，关注设计的过程，而后者更加强调对学生计算思维的培养，课程重点是利用数字系统、信息资源等针对特定问题设定解决的方案。① 而针对编程课程内容则更多地表现在《数字技术（DT）》课程中。

1. 教学目标

2014 年，澳大利亚课程评估和报告局（ACARA）发布了一系列针对国家课程的标准草案，该草案涉及对国家所有课程的新一轮课程改革。在此次改革中也是以进阶的形式将中小学课程进行了分级设定，包括基础阶段（Foundation）（即我们所说的幼儿园阶段）到 2 年级；3—6 年级；7—10 年级。ACARA 报告将数字素养作为一项关键能力，嵌入整个技术课程中。② 澳大利亚 DT 课程的设定以学生的计算思维培养为主要目的，DT 明确定义了计算思想以及数字系统和数据的使用、抽象、算法设计、基础编程和技术文化影响等问题。

---

① 李琪琪：《澳大利亚中小学生信息技术素养培养研究》，硕士学位论文，华中师范大学，2020 年。

② ACARA（2013）. Australian curriculum. Retrieved from https：//acara. edu. au/about – us.

2. 实施内容

DT 课程致力于教授数字系统知识，培养学生信息管理和创建数字解决方案所需的计算思想，其培养目标的核心是计算思维能力的发展：包括解决问题的策略以及技术设计和使用算法模型。《技术课程》描述了三个主要年份类别的学习者和课程的性质：F（Foundation，幼儿园）到二年级（5—7 岁）、3—4 年级（8—9 岁）、5—6 年级（10—11 岁）、7—8 年级（12—13 岁）和 9—10（14—15 岁）年级。根据不同年级的差别，教学方法和内容也有一定差别如表 2 - 5 所示。在 F - 2 年级中，编程教育活动围绕定向游戏展开，以帮助学生加深对现实世界与虚拟世界之间关系的理解；而在 3—6 年级中，将培养学生对技术影响的广泛理解，使其考虑到技术使用对家庭和社区因素的影响，并逐步能够处理更加复杂的问题。而在 7 年级到 10 年级中，学生会脱离原有的社区环境，利用抽象和表征，在更加广泛的道德和社会情境中解决问题。F - 10 的这种发展支持对技术实用性的理解，以及对问题解决能力，重点是计算思维的开发有重要的借鉴意义。

而在具体的课程设计中，包括了"知识与理解"与"过程与制作技能"两个维度。"知识与理解"旨在帮助学生建立对数字系统和数字信息的认知，包括数字技术对社会的影响、技术与社会之间的关系，以及从本土与全球角度探讨伦理和文化影响。在"过程与制作技能"维度中，重点放在学生如何通过探索解决计算问题，包括"制定和研究问题；解决问题的技能、分析和创建数字解决方案、代表和评估解决方案、并利用创造力、创新能力和企业技能来实现可持续的生活方式"。[①] 表 2 - 5 列出了 DT 课程中对学生编程学习内容的具体界定。

表 2 - 5　　　　　　　澳大利亚编程教育课程内容及其实施标准

阶段	知识与理解	过程与制作技能	成就标准
F - 2	识别并播放数据中的模式，并将数据表示为图片，符号和图表	遵循，描述，表示和运用解决简单问题所需的一系列步骤和决策	能够从一系列数据中识别简单的数据模式； 能够使用一系列的步骤和决策来设计简单问题的解决方案

①　ACARA（2013）. Australian curriculum. Retrieved from https：// acara. edu. au/about - us.

续表

阶段	知识与理解	过程与制作技能	成就标准
3—4	解释数字系统如何表示整数,作为表示所有类型数据的基础	使用用户输入和分支设计以实现简单的可视程序	能够设计一系列算法步骤来创建问题解决方案,包括使用可视化程序;能够针对各种不同的技术环境通过不断地调试设计生成不同的问题解决方案
5—6		遵循、修改和描述简单的算法,包括以图形和纯英文表示的步骤,决策和重复序列	能够使用恰当的技术术语以及图形化和非图形化的算法程序为特定的情境设计算法程序;能够计划、设计、调试、修改和建构完整的数字化程序方案,并能够与其社区中的他人交流探讨
7—8	解释文本、音频、图像和视频数据如何以压缩形式以二进制形式存储	使用通用编程语言、涉及分支、重复或迭代的用户界面以及子程序来开发和修改程序	能够独立、安全地规划、设计、测试、修改和创建一系列数字解决方案,以满足预期目的,包括编程语言的使用
9—10		以可视化,面向对象和/或脚本编写工具和环境协作开发模块化数字解决方案,应用适当的算法和数据结构	选修

（三）澳大利亚儿童编程教育政策的特征与影响

1. 在 STEM 教育体系下推动儿童编程教育的开展

澳大利亚编程教育渗透率排名世界第二,虽然远低于第一名的美国,但是也足见其在编程教育中的投入。澳大利亚致力于在 STEM 教育中推动儿童编程教育的开展。2016 年开始,澳大利亚正式将编程引入到了学校必修课程中,将编程教学渗透到数字技术教学之中。澳大利亚政府投入1200 万美元用以发展学校的 STEM 教学和课程。儿童在进入幼儿园起便开始接触并理解编程概念,到 10 岁左右开始学习编程设计和制作,12 岁左右就可以熟练掌握编程实操技能。STEM 教育的环境和理念为儿童编程营造了丰富且多元的发展环境。但这一现象也引起了我们的思考，儿童编程教育因其工具依附性和项目活动性的特点与 STEM 教育理念和形式等十分契合，有部分国家和地区将儿童编程放在了 STEM 教育之下发展，但同时从另一角度来看，大多数国家"自然而然"地将其放在了计算机课程之下，这与各国的教育现状和课程改革有着极大的关系。但各国到底如何看待并在本国合理推行儿童编程教育还需要根据实际情况仔细斟酌，充分考量。

2. 重视技术操作和实际问题解决能力的培养

澳大利亚编程教育更加注重"实操"性，使儿童在技术操作和解决实际问题的过程中培养数字素养和计算思维技能。如 DT 课程以实际的问题解决过程来引入编程，此外澳大利亚课程在较早的时候就引入了数字表示，更加注重于理解数据，课程重点是对抽象概念有更深入的了解，以及更高级的软件分解与设计方法。这一做法和编程教育的"实物感知"相呼应，与其让学生冥思苦想，不如动手去实践，用自己的身体去具身参与，在此过程中增进认知并发展内在的思维技能。并且，重视通过编程解决实际问题也是儿童编程教育之前、现在和未来的发展的关键所在。但澳大利亚重视技术的真正含义并不是要训练学生熟练的操作技能和高超的程序设计能力，而是将技术教学放在了数字素养和计算思维培养的背景下，重视学生在技术问题解决中的素养养成和自我建构的教学意义。由此看来，关注计算机和编程课程的思维教育旨趣已经成为全球教育发展的大趋势，我国也在计算机课程发展信息素养和思维能力的道路上不断开拓，信息技术课程成为信息科技课程是我国计算机教育史上从"0"到"1"的一次巨变，我们不再将计算机教育作为小群体受众的"专属"模式，也不再将其作为"浮于表面"的技能型课程。

五　爱沙尼亚儿童编程教育政策内容及其实施

（一）爱沙尼亚儿童编程教育的政策背景及现状

爱沙尼亚是位于东欧波罗的海沿岸的一个小国家，曾是苏联加盟共和国之一。爱沙尼亚信息科技的发展堪称"业界标杆"。曾有人这样形容爱沙尼亚数字信息技术的发展"奇迹"：1991 年，爱沙尼亚从苏联独立出来时全国只有一根电线杆，连独立的消息都是从邻国芬兰发布的。但在三十年后的今天，爱沙尼亚已经跻身全球数字信息技术发展前列，更有"欧洲硅谷"之称。这与爱沙尼亚对重视基础教育阶段科技人才的培养有着密切关系。2018年的PISA测试中，爱沙尼亚击败一些发达国家获得欧洲第一名的成绩。与欧洲许多国家相比，爱沙尼亚虽然社会经济不够发达，但是学生的数学、科学和阅读却表现突出，更为重要的是爱沙尼亚对学生的信息素养、媒体素养和信息与通信技术素养也尤为重视。[1] 计算机和信息技术已经融入学校教育的各环节层面，形成了数字化基础教育系统。重视计算机教育的推广和普及是爱沙尼亚自建国以来的教育传统和方针。自20世纪90年代起，爱沙尼亚教育官方就规定：从小学一年级起普及计算机科学教育，可以说是切实推行了"计算机教育从娃娃抓起"的教育方针。进入新千年爱沙尼亚所有学校就已经配备了计算机。时至今日，爱沙尼亚的部分幼儿园也开设了计算机课程，编程成为九年级学生的全国统考科目。

爱沙尼亚儿童编程教育的普及也离不开社会公众和团体的支持与推动，一些技术发展基金会和高科技公司在爱沙尼亚编程教育的普及中起到了不可替代的作用。如我们所熟知的社交和通信软件Skype和Hotmail均由爱沙尼亚高科技企业研发。1997年，"虎跃基金会"（Tiger Leap Foundation，TLF）成立，旨在借助技术发展该国的IT技术设施和教育质量。[2] 在政府和"虎跃基金会"的推动下，爱沙尼亚在20世纪90年代后期已经实现了编程教育的学校化普及。爱沙尼亚的儿童编程教育普及率高的另一个原因主要有赖于一项全国性的编程技术项目的实行。全球计算机课程改革和编程教育重启的时代背景下，2012年，爱沙尼亚教育信息技术基金会（HITSA）联合"虎跃基金"等在全国范围内启动ProgeTiger项目，由政府出资7万欧元，作为教材与师资培训之用，旨在将编程和机器人技术引入教育中。ProgeTiger项目面向幼儿园，小学和职业教育各阶段展开。因此，爱沙尼亚也被认为是第一个在学校开展编程教学的国家。但在当时全

---

① 王可佳、任亚杰：《基于爱沙尼亚数字化教育系统对我国教学的启示》，《数字通信世界》2021年第12期。

② Mägi, E.（2016）. "Tiger leap program as a beginning of 21 - st century education." Retrieved from http://www.ut.ee/eLSEEConf/Kogumik/Magi.pdf.

国 550 所中学只有 20 所参与，而目前爱沙尼亚已有 80% 的学校都参与其中。在这个项目中，10 岁的学生已经能够使用 Scratch 设计小游戏，或者排列通过智能程序块，指挥乐高机器人运动。2015 年，ProgeTiger 发布了2015—2017 年度计划指南（ProgeTiger Program 2015—2017），① 该计划将三个主题领域整合在一起，分别是工程科学，设计与技术以及 ICT，并具有不同的主题。如今，ProgeTiger 计划已发展成为一个广泛针对工程科学、设计与技术以及信息与通信技术（ICT）的技术计划。

（二）爱沙尼亚儿童编程教育的教学目标及实施内容

爱沙尼亚编程教育的普及和开展率高的原因主要归功于 ProgeTiger 项目的开展。这一模式也可以作为编程教育领域的行业标杆给全球儿童编程教育的发展以借鉴性启示。ProgeTiger 项目面向幼儿园，小学和职业教育各阶段展开，包括编程、机器人技术和 3D 打印技术，旨在让学生在学习编程和机器人技术的同时提高问题解决能力、发挥创造力以及协作和批判性思考的能力。在幼儿园阶段主要教授学生使用不同的机器来学习计算概念，如 Qobo、mTiny、Blue-Bot、Matata Lab、LEGO WeDo Set 等，基于移动终端的编程游戏或动画设计。在此阶段，通过寓教于乐的方式学习编程相关知识。在小学阶段的学习内容包括 Kodu 游戏实验室、Scratch、机器人、LEGO Spike Prime 或 MindstormsEV3 套装、移动应用程序创建程序，并且也要求学生在不同的科目（音乐、数学、物理、生物）中来开展编程活动以解决实际问题。而在高中和职业教育阶段，学生可以在不同的信息学选修课中学习编程语言（如 Python、JavaScript 等）、网络安全、3D 图形、机器人、制作游戏的程序、网页和应用程序等。以此为了解 IT 行业职位的多样性以及未来的职业选择做好准备。

1. 教学目标

ProgeTiger 项目也将教学目标定位在计算思维和问题解决能力维度。根据 ProgeTiger 项目的发起协会 HITSA 所描述的：ProgeTiger 项目在中小学阶段所赋予的学生能力包括：了解新技术的发展趋势以及技术与其他学科之间的联系能力；通过将思维与手工活动相结合以获得相应年龄创

---

① Information Technology Foundation for Education. (2017). ProgeTiger Programme. Retrieved from https：//hitsa. academia. edu.

造性和创新性地使用技术工具的技术素养；通过整合思维来解决问题并通过动手实践来有目的地执行想法的能力。

2. 实施内容

ProgeTiger 项目包括三个领域的内容：分别是"工程科学""设计与技术"和"ICT"。工程科学领域包括程序设计，电子学和机器人学，这些知识与构建特定的技术工具和与之相关的实践活动有关，也与逻辑思维和算法思维有关；而"设计与技术"则涵盖 3D 建模，图形，多媒体和动画等，旨在培养学生的设计思维；ICT 则专注于计算机网络和技术工具的使用，这与使用技术工具收集、保留和分析信息的能力有关。

同样，ProgeTiger 也将课程内容根据学习进阶性的差异划分为了三个水平，分别为基础、中级和高级，但是这三级水平并非与国家课程按照年级和年龄划分相对应，而完全是按照学生的学习能力来划分的。学生在基础阶段的编程学习主要以兴趣激发为主，通过游戏化的活动激发学生的创造力和逻辑思维能力；而中级阶段的学习则鼓励学生用编程的方式来解决作业和家庭中的问题，培养问题解决能力；高级阶段的学习致力于发展学生自主地设计方案并创造性地解决问题。具体如表 2－6 所示。

表 2－6　　　　　　　爱沙尼亚编程教育课程内容及其实施标准

阶段	目标群体	学习内容与材料	能力目标
基础阶段	专为没有编程学习经验，需要系统指导如何使用技术工具的学习者而设计	教师：为教师准备了关于如何将现有材料与教学过程相联系的理论指导材料，并提供了关于一线教学的技术工具的使用建议。此外，还编写了学习指南，其中包括学习和示例操作。 学生：在基础阶段提供的学习活动和使用的技术工具应该激发学习者的兴趣，鼓励他们的创造力、逻辑性和想象力。儿童的发展由不同的学习软件、互动工具、电脑游戏和移动应用程序支持，将编程与其他学习活动结合起来。 学习材料：MSWLogo、Kodu 游戏实验室、Scratch、乐高 WeDo 和 Kooliel 门户网站（www. koolielu. ee）上提供的材料	在基础学习阶段，学习者应能够制作和使用模型或简单的机器人来完成学习任务。 学习者应当理解较简单的程序语言流程（如技术是如何围绕他们工作的，是什么推动它运行或让它解决某项任务）

阶段	目标群体	学习内容与材料	能力目标
中级阶段	为已经理解技术流程并能独立进行技术操作，但在解决各种实际情境的问题时需要指导的学习者设计	教师：为教师准备了教学的方法和材料，并提出了适用于中级教学的技术工具的建议。此外，还编写了学习指南，其中包括学习和示例操作。 学生：学生在小组活动、研究性学习、主动学习和家庭作业中能够使用编程方式来解决。 学习材料：MSWLOGO、Kodu 游戏实验室、乐高头脑风暴、Scratch、麻省理工学院 App Inventor、Koolielu. ee 上提供的材料以及 3D 图形包的用户指南	学习者能够解决与学校学习内容相关的任务，发展批判性思维与问题解决能力。 学习者能够设计和实现一些简单的程序（如游戏、应用程序和动画等），已能够执行特定任务
高级阶段	为能够创造性地使用技术并使用技术解决更复杂问题的学习者设计	教师：为教师准备了教学材料，并给出了适合高级学习者教学的技术工具，侧重于教授工程科学、信息通信技术和技术设计。此外，还编写了学习指南，其中包括学习和示例操作。 学生：能够通过分析技术问题—调查、提问—提出假设—提供解决方案。 学习材料：学校中的微控制器和小型机、Scratch、Python 等	编程不仅是与课程成绩相关的学术性活动联系在一起，而是要解决一些更广泛的社会问题。 学生能够将自己的想法转化为产品（如游戏、应用程序、机器人等），并能够对其进行测试和评估，并不断地进行修订与改进

（三）爱沙尼亚儿童编程教育政策的特征与影响

1. 社会文化认同与全民性活动参与让儿童编程教育尽快落地

爱沙尼亚的编程教育发展政策同样值得我们深思，国家并没有出台官方强制的措施，但是国家敦促，机构执行，同时还有高校和科技公司各方的协调配合让编程教育在爱沙尼亚的实施"畅通无阻"。究其根本，这与爱沙尼亚对计算机教育的社会文化和公众认知有很大关系。爱沙尼亚当今信息科技的发达源于二十多年前对计算机和互联网建设和计算机人才培养的重视。2002 年，爱沙尼亚就建成了覆盖绝大多数居住地的免费无线网络，实现了诸如 Skype 等通信软件的免费通话。1995 年，爱沙尼亚就提出在全国学校实现全面互联网化，让全民在基础教育阶段都能够享受互联网资源。因此，计算机、互联网和编程等已经是爱沙尼亚人民深深的社会认同，这对于在全国范围内实施儿童编程教育是具有绝对影响力的前提；同时，爱沙尼亚许多高科技企业也积极承担技术责任，为编程学校必修化提供技术和教学上的支持。这也正是爱沙尼亚儿童编程教育成功的秘诀所在。我国儿童编程教育的开展同样也需要得到社会的认同和支持，形成编程与学科内容融合教学的氛围与态势，这一理念我们将在之后的编程教学模式设计和实践环节展开详细的讨论。

2. 教学规划详尽、各方协调配合是爱沙尼亚编程教育有效实行的关键

爱沙尼亚在编程教学实施中全面系统性设计做到了极尽细致。ProgeTiger 项目面向幼儿园、小学和职业教育各阶段开展，其教学目标在于提升中小学生通过整合思维来解决问题并通过动手实践来有目的地执行想法的能力。在具体的教学中，项目为不同阶段师生提供了详细的学习内容与平台使用指导。在幼儿园阶段以教授和使用机器人为主，图形化编程为辅，开展游戏化教学；小学阶段同样以图形化和机器人编程为主并要求学生在不同的科目中开展编程活动以解决实际问题；而在初高中和职业教育阶段，学生可以在不同的信息学选修课中学习编程语言、3D 图形、机器人、制作游戏程序、网页和应用程序等，为未来计算机职业选择与发展做好准备。教师的教是编程教育落地的关键之举，ProgeTiger 项目为教师准备了详细的教学指南与各类工具的操作方法，其教学目标与内容紧扣学科国家课程标准要求。并且，全方位的在职教师培训体系保证了教学的有序开展，通过展示示例成果与标准化教学流程让教师能够更快在课堂中展开教学。爱沙尼亚编程教育在政府组织、社会团体、研究机构以及学校主体的各方协调配合之下得以有序开展。

六　芬兰儿童编程教育政策内容及其实施

（一）芬兰儿童编程教育的政策背景及现状

芬兰的儿童编程教育也独具国家特色，主要表现为编程跨学科整合教学，即将编程知识、技能与其他学科融合教学。芬兰是全球第一个以

跨学科的方式推行编程教育的欧洲国家。[①] 同大多数的欧盟国家一样，芬兰的计算科学教育最开始也被称为信息技术课程。在 20 世纪 80 年代时，信息技术课程就已进入高中阶段的课程体系之中，其中编程语言是当时学生们学习的内容之一。1987 年开始，信息技术课程又以选修课的形式进入芬兰的初中阶段课堂教学中。但自 1994 年起，芬兰便不再将信息技术作为一门独立的课程形式，而是将其融入其他的学科之中。[②] 可以看出，编程跨学科融合教学是芬兰一直以来的传统，并且这一教育模式也深刻影响了欧盟其他成员国，如波兰、瑞典等国。其实，日本推行的小学编程教育必修化也深受芬兰儿童编程教育的影响。

　　2014 年是芬兰编程教育的转折点。欧洲 IT 人才短缺和数字化社会进程的不断加快使得各国开始反思当时计算机教育的培养弊端，并逐渐开始尝试在基础教育阶段推行计算机课程改革。2014 年，欧洲委员会推出了"编码周"（Code Week）活动，旨在号召公众理解技术、掌握技能，并通过编程来创造性地解决问题。紧随着欧盟课程改革的浪潮，芬兰也启动了国家核心课程的改革计划。2014 年，芬兰国家教育委员会（Finnish National Board of Education）发布了《基础教育国家核心课程（National core curriculum for basic education 2014）》，并计划于 2016 年开始生效实施。[③] 课程改革覆盖 K－12 整个阶段，新课程标准相比于以往课程的最大特点就是所有学科课程标准都注重对学生数字能力的培养，将编程作为一种跨学科的手段引入各学科教学之中，尤其是数学学科，如在数学学科中鼓励学生使用图形化编程设计创造程序以解决实际问题。[④] 2015 年，芬兰教育部与社会科技公司合作推出了 Code. Alphabet 项目，希望能够借助科技企业中具有编程专业素养的技术人员为学校在职教师提供免费的编程培训；2016 年，芬兰发布《国家核心课程大纲》，正式开始推行跨学

---

　　① 石晋阳：《儿童编程学习体验研究》，博士学位论文，南京师范大学，2018 年。

　　② 康建朝：《芬兰中小学编程教育的缘起、实践路径与特征》，《电化教育研究》2021 年第 42 卷第 8 期。

　　③ Finnish National Board of Education（FNBE），"National core curriculum for basic education 2014（English version）"，Retrieved from http：//www. oph. fi/english/education_development/current_reforms/curriculum_reform_2016.

　　④ Halinen，I.，"Curriculum reform in Finland"，Retrieved from http：//www. oph. fi/english/education_development/current_reforms/curriculum_reform_2016.

科融合编程教育，并从小学一年级开始教授，编程作为像"阅读""书写"和"计算"一样的学习工具以帮助各学科教学的展开。在芬兰，编程被认为是一种使用数字设备和编程语言进行的技术过程或任务。因此，编程只是计算思维或算法思维的一部分。它可以包括分解问题、识别和处理模式或公式、编程和自动化。全国政府、企业和学校"上行下效"，努力将编程教育推向学校课堂。计算机从业者和志愿者教师联合，成立编程俱乐部，为教师和学生提供免费的操作平台和学习资源；此外，芬兰的一些大学和高等教育研究机构也开发了 MOOC 编程课程，面向有编程学习需求的社会公众免费开放。随着编程教学模式的不断深入和实践积累，芬兰的儿童编程教育已形成了较为成熟的体系，这一模式也深刻影响了日本、韩国等亚洲国家的编程课程改革。

（二）芬兰儿童编程教育的教学目标及实施内容

芬兰可以说是编程教育整合程度最高的国家，编程并没有自己的课程标准，对其教学目标和效果的界定存在于核心课程标准的表述之中。也就是说，芬兰并不是每一门课程都有其对应的学科能力素养要求，而是在综合的核心素养能力之下，每门学科教学贯彻和践行不同维度的核心能力。

1. 教学目标

国家核心课程标准中提出了七个能力领域的核心素养，包括"思考与学会学习"（Thinking and Learning to Learn）、"文化素养与沟通表达"（Cultural Competence, Interaction and Expression）、"日常管理与安全意识"（Taking Care of Oneself and Others, Managing Daily Activities, Safety）、"多元识读"（Multiliteracy）、"ICT 素养"（ICT Competence）、"创业能力与企业家精神"（Competence for the World of Work, Entrepreneurship）、"社会治理与可持续发展"（Participation and Influence, Building the Sustainable Future）。作为学生发展的总目标，其中之一便是 ICT 素养，而编程能力和计算思维是 ICT 能力的重要组成部分，重点培养学生基于现实生活背景下的解决问题能力。[1]

---

[1] Finnish National Board of Education, *National Core Curriculum for General Upper Secondary Schools 2015*, Helsinki: Next PrintOy, 2016.

2. 实施内容

编程已成为芬兰小学教育中不可分割的一部分，与小学各类基础课程内容整合教学；中学阶段也没有单独提及计算机科学的相关内容，而是出现在一些学科的教学大纲中。在小学阶段，在1—2年级的数学中明确提到了编程，在3—9年级的数学和手工中明确提到了编程。尤其是在数学学科领域，可以说芬兰将编程引入学科的目的就是提升学生的数学成绩。如1—2年级的数学中要求学生初步了解和熟悉编程基础，理解简单的命令语言；① 3—6年级"鼓励学生在图形化程序设计环境中创建操作说明"②；7—9年级，引导学生在运用数学和编程解决问题的过程中，发展与提升算法思维与能力；10—12年级，学会用计算工具来理解、设计和评估算法，辅助学习高难度的数学原理，③ 具体如表2-7所示。

表2-7　　芬兰基础教育阶段数学和手工课程中的编程教育目标

科目	学段	教学内容与标准
数学	1—2年级	在游戏化学习中初步了解编程知识，理解并掌握最基本的指令语句
	3—6年级	能够使用图形化编程软件进行指令操作并编写计算机程序；利用计算机程序来表示和解决简单的数学问题
	7—9年级	通过应用数学知识和程序命令来解决问题，训练算法思维与问题解决能力；在模仿演示案例的基础上能够达到自主编程的水平
手工	3—6年级	能够使用机器人等自动化技术设计并完成相关手工作品；在手工制作的过程中能够合理地利用信息和通信技术
	7—9年级	能够利用嵌入式系统编写并设计手工图纸，并制作工艺品

（三）芬兰儿童编程教育政策的特征与影响

1. 将"编程助学"的思想发挥到极致并成为全球儿童编程教育的

---

① 康建朝：《芬兰中小学编程教育的缘起、实践路径与特征》，《电化教育研究》2021年第42卷第8期。

② Finnish National Board of Education, *National Core Curriculum for Basic Education 2014*, Helsinki: Next Print Oy, 2016.

③ Finnish National Agency for Education, Curriculum for General Upper Secondary Schools in a Nutshell, 2021.

标杆

芬兰将编程看作一种"助学"的工具，这一理念贯彻在芬兰教育的各个层面。曾在芬兰驻美国大使馆中，一群外交官和教育专家围绕："美国应不应该在每间教室配备一台 iPad"的问题讨论时，芬兰教育专家对此非常不解。他们认为，如果 iPad 能够增强儿童的学习能力，那么就可以使用，如果不能，那么就忽略此项，继续寻找能够增进学生学习的方式。总之，问题的关键不在于用不用 iPad，而在于如何通过 iPad 增进学生的学习能力。这一观点也映射出芬兰对于儿童编程教育的态度，即不论是何种形式的编程工具都只是一种学习实践的辅助，是作为学习其他学科内容的载体。跨学科教学是芬兰学校课程的特点，新课改中首创"现象"教学形式，即从学生生活和学习中的某一问题或现象入手，围绕这一现象融合不同学科知识生成新的课程模块，形成跨学科课程主题，如小学一至四年级的"环境与自然课程"融合了物理、生物、化学以及地理等不同学科知识。编程同样是作为一门学科内容可以与各学科的学习主题融合。钱颖一指出：我国教育体制中培养的学生缺乏创造性人才的第一个原因是学生的知识结构问题。① 因为我们的学生过多局限于专业知识，而缺乏跨学科、跨领域、跨界知识，而这往往是具有创造力人才的典型特征。跨学科教学可以说是未来编程教育的最终所指，"用编程学""编程助学"正是我们在探索儿童编程教育之路的真正价值所在。但是编程以跨学科的方式在我国基础教育课程中开展教学的形式仍有很长的一段路要走，不论是教育政策、学校、教师、教材以及学科课程标准等都需要进行系统性的改变与调整，甚至需要我国教育系统做出"颠覆性"的改革，但现阶段我国不论是信息化程度的普及还是数字素养教育的实践可能都还未达到这一层面，编程与学科融合教学的历程在我国仍然任重而道远。

2. 线上线下混合形式的师资培训是开展儿童编程教育的核心环节

编程与学科融合教学的模式势必对师资培训提出了更高要求，芬兰在儿童编程教育开展之前就已经意识到这一点：如果让教师在学科教学

---

① 钱颖一：《批判性思维与创造性思维教育：理念与实践》，《清华大学教育研究》2018 年第 39 卷第 4 期。

中渗透并运用编程原理，那么他们对编程也要有深入的理解。芬兰教育部部长也指出："这么做很难，但是从长远角度考虑，其价值值得我们冒险和努力。"在芬兰，教师的专业发展与成长职业主要由大学、非营利性服务行业以及科技公司等联合组织。教育部通过竞争性拨款资助课程的开发和管理，这种方式鼓励了各方机构的工作热情和积极性，保证了培训举措和机会的多样性和广泛性，能够满足受训教师的具体需求。芬兰对各学段教师的培养总是"毫不吝啬"的，幼儿教师也需要接受五年的大学教育，中小学教师则一般需要研究生起步。芬兰教师每年需要完成12—18 小时的专业发展培训，但这是针对所有学科领域，而不仅仅是编程。无论是从技术层面还是从自我管理能力，芬兰教师的专业能力都是令人信服的。对教师的编程培训采用线上线下混合的形式，除线下的职前教师和在职教师的编程培训外，许多在线培训课程也发挥着重要的作用。如"ABC 编程慕课"（Coding ABC MOOC）是典型的面向中小学教师的线上培训项目，课程培训依托于奥尔托大学开发的慕课学习平台实施。此类项目多由大学和科研院所开发并支持，并借助多方合作得以在全国范围内推广。芬兰的编程教育师资培训形式也为我国职前教师与在职教师专业发展带来了可借鉴性的有益经验和启示。

七　小结

世界儿童编程教育的发展呈现出"丰富多彩"之姿，在形成共同的研究趋势和倾向的同时也发展出了国家特色与本土化特征。我们通过对全球六个典型国家的编程教育实施内容和过程的深入梳理、剖析与解读，总结出了这六个国家的编程教育在政策文件、课程形态和师资培训支持等方面的共同点及特色之处。从历史和国际经验中汲取儿童编程教育发展的养分，顺应国际竞争格局，把握时代教育潮流，儿童编程教育在我国的高质量发展应从制定顶层宏观的战略规划处入手，逐步将其引入国家课程体系和学校教学体系之中，推动编程教学实践的落地见效。

（一）世界儿童编程课程的必修化演进路径

纵观各个国家编程教育必修化的进程，主要有三个时间阶段的标志点，计算机教育大多始于 20 世纪 70—80 年代，一般在高中阶段首先展开编程课程，之后逐步向更低学段普及。第二个标志点出现在 21 世纪初期，编程教育延伸到小学高年级（4—6 年级），并且课程内容和教学目标更加符合低龄阶段儿童的学习特点。这时候的编程教学开始倾向于提倡让学生在计算机操作和实践活动参与中发展问题解决能力，培育素养和思维技能。第三阶段的发展节点出现在 2012—2016 年间，这一时段被称为西方编程教育元年，编程教育必修化并且提前至小学一年级甚至学前阶段，通过合适的编程工具以及情境活动让学生掌握编程知识，培养计算思维能力，编程教育逐渐向低龄化普及，编程不再是简单的计算机操作，将编程原理与学习内容相结合，用编程知识解决生活与学习中的问题成为儿童编程教育的主题。

（二）世界主要国家编程教育政策文件整理

进入 21 世纪，世界儿童编程教育的发展异彩纷呈，尤其自 2006 年周以真提出计算思维以后，大部分国家都在基础教育课程改革中制定了相关政策推进编程教学在学校的实施。通过对上述六国儿童编程教育开展背景与实施内容的讨论，我们梳理了这些国家在推动儿童编程教育实施过程中具有标致性节点意义的文件，如表 2-8 所示。

表 2-8　　　　　　世界主要国家儿童编程教育政策汇编

国家	政策制定者	政策文件及来源
1. 美国	美国计算机学会（ACM）& 计算机科学教师协会（CSTA）	《K-12 计算机科学框架（K-12 computer science framework）》
2. 日本	日本文部科学省	《小学学习指导纲要（小学校学習指導要綱)》
3. 英国	英国教育部（British Ministry of Education）	《英国国家课程：计算机学习计划（National curriculum in England：Computing programmes of study）》
4. 澳大利亚	澳大利亚课程评估和报告局（Australian Curriculum Assessment and Reporting Authority）	1. "《澳大利亚课程草案：技术》（Draft Australian curriculum：Technologies)" 2013. 2. "《澳大利亚课程：技术学习领域》（The Australian curriculum：Technologies learning area)" 2013

续表

国家	政策制定者	政策文件及来源
5. 爱沙尼亚	教育信息技术基金会（HIT-SA）	ProgeTiger program：http：//www. hitsa. ee/it - education/educati - onal - programmes/progetiger
6. 芬兰	芬兰国家教育委员会（Finnish National Board of Education）	2014 年基础教育国家核心课程［National core curriculum for basic education 2014（English version）. Finnish National Board of Education 2016］

（三）世界主要国家儿童编程课程形态总结

通过对六国儿童编程教育政策及其实施的讨论即总结发现：编程（Programming Or Code）存在于不同国家的课程主题之中，目前主要表现为三种课程形态，即课程依附、课程独立和课程整合。课程依附主要指编程课程存在于计算机学科之中，或者是计算机（信息技术）课程的某一个教学单元，但还没有形成一门独立的课程。如编程是澳大利亚DT课程的重要内容和组成部分，DT课程致力于让儿童在操纵元件的过程中开发数字系统知识、信息管理和创建数字解决方案所需要的计算思想，其核心教育目标是发展儿童计算思维能力以及问题解决策略。课程独立指编程作为一门单独的课程设置于学校课程体系之中，如编程教育最早开始的美国，都在中小学开设有独立的编程课程。与此同时，儿童编程跨学科课程整合已成为一种重要的发展趋势，将编程作为学习其他学科知识的方式，以跨学科的方式开展编程教学，芬兰便是编程课程整合最具代表性的国家之一。编程教育与学科整合已在各个国家中得到了验证，尤其在低年级阶段这种现象尤为普遍。具体信息整理如表 2 - 9 所示。

表 2 - 9　　　　　世界主要国家计算机（编程）课程信息汇总

国家	（编程）课程术语	选修/必修	独立/整合	能力培养
1. 美国	《计算机科学》Computer science	小学：必修 中学：选修	独立学科	计算思维 问题解决能力

续表

国家	（编程）课程术语	选修/必修	独立/整合	能力培养
2. 日本	《编程》Programming	小学：必修	学科整合	编程思维（逻辑思维、创造力、问题解决能力）
		中学：必修		
3. 英国	《计算》Computing	小学：必修	课程模块	数字素养
		中学：必修		
4. 澳大利亚	《数字技术》Digital Technology	小学：必修	课程模块	数字素养 计算思维
		中学：必修		
5. 爱沙尼亚	《编程》Programming	小学：必修	学科整合	技术素养 数字能力
		中学：必修		
6. 芬兰	《编程》Programming	小学：必修	学科整合	数字能力 算法思维
		中学：必修 + 选修		

注：部分信息资料来源于 Heintz, et al. （2016）①。

（四）各国儿童编程教育教师培训与发展

编程教学低龄化以及跨学科教学形式也对各学科教师提出了新的要求，专业的计算机（编程）教师和"通才"教师成为各国的教育需求和培养目标。欧盟 2022 年对欧洲各国义务教育阶段计算思维教育情况的调查报告显示，学校和教师反映最多的就是缺乏系统的培训以帮助教师将计算思维和编程整合到学校课程之中。因此在编程教育跨学科的课堂上，教师需要"教什么？怎么教？"的问题在编程教育引入课堂的进程中也要得到相应解决。英国在计算课程实施之初面临着严峻的教师缺口和教师无法胜任授课要求的问题，对此英国从官方到民间都做了积极的努力。如英国的"计算"课程所衍生出的"学校计算"（CSA）项目（http：// computingatschool. org. uk）是一个推广计算科学的开放社区，为教师提供超过 3500 个教学资源，并且教师也可以分享讨论教授计算机的想法，让教师们沟通更加流畅便捷。除此之外，"赤脚计算"（Barefoot）（http：//

① Heintz, F. , Mannila, L. , & Farnqvist, T. （2016）. A Review of Models for Introducing Computational Thinking, Computer Science and Computing in K – 12 Education. Retrieved from https：// www. ida. liu. se/divisions/aiics/publications/FIE – 2016 – Review – Models – Introducing. pdf.

barefootcas. org. uk）、"教授初级计算"（Teach Primary Computing）以及面向小学和中学的"快速入门计算"（quickstartcomputing）（http：//quick-startcomputing. org），并且还有教师分享交流教材的（http：//code – it. co. uk）项目等都为教师培训和自主学习提供了丰富的资源。除教师培训资源之外，CAS 也为计算机教师提供认证，提供英国计算机协会的专业认可。证书包括三个部分：①专业发展反思，②编程项目，③课堂调查。专业人才的支持也是助力英国编程教师发展的重要方面。CAS 也开着了计算机科学卓越教学网站，这里聚集了 CSA 硕士教师和经验型教师，同时教师与计算机科学家门致力于开发支持教师知识和教学法的更加专业化的资源平台，例如，"学校计算机"（http：//www. computingatschool. org. uk/）和"教学伦敦计算"（http：//teachinglondoncomputing. org）。线上丰富的教学资源和开放自由的交流平台以及专业科学的精准化引导夯实编程教师培训和发展。教师对计算思维概念和原理认识不够深刻，不知如何将编程和计算思维与学科知识相联系的问题也是阻碍学校编程课程开展的现实障碍之一。如爱沙尼亚为将"ProgeTiger"项目落地，帮助不同类型不同学段的教师了解技术领域以及如何使用新技术和工具展开教学，教学内容和标准紧扣教育和研究部制定的教师和教育机构负责人在职培训概念一致。通过为教师准备课程的方法和材料，展示示例成果与标准化教学流程以及对上提供的材料以及 3D 图形包的用户指南以及学习指南，如包括 MSWLogo、KODU、LEGO Mindstorms、Scratch、MIT App Inventor、koolielu. ee 在内的教学指南。丰富的教学案例和课程指南帮助教师更好地适应和掌控学校课堂中的编程教学。

　　基于对世界主要国家计算机和编程教育的政策分析，为我们展现了儿童编程教育在全球教育改革和课程体系中的发展和改革历史。同时也使我们又一次深刻体悟到各国在践行编程教育中先进思想的碰撞与理念的迸发。或许正如雷斯尼克所说，我们正处在难得的机遇时刻，从智利到英国，从南非到日本，各个国家都已经开展了编程教学；但同时我们也处在非同寻常的关键时刻，传播编程的教育价值观念要比将编程带到世界各地儿童的面前难得多。从国家政策层面的全局规划和统一部署奠定了该国儿童编程教育的实践基准，也深刻影响着儿童编程教育教学研究的设计与发展。

第三节　国际儿童编程教育实践
现状及研究趋势

儿童编程教育自创生以来研究者在各类正式及非正式环境中开展了一系列实践活动，以多形式、多角度探索了如何将儿童编程工具引入课堂以及如何在课堂实践中开展适合儿童发展的编程活动，以此来探究多样化的儿童编程课堂应用形式对儿童认知和思维技能发展的影响。国际儿童编程教育教学实践现状及其研究发展至今已形成数量繁多，类目庞大的研究体系。梅耶（Mayer）提出的教育游戏研究的三类主题（认知结果类、媒介比较类、教学增值类）为我们提供了很好的分类框架。①

认知结果类研究主题更关注学习者可以通过教育游戏学到什么，也就是儿童通过编程活动发展了哪些能力。媒介比较类研究主题主要探讨"用不用某种技术"和"新兴技术与传统技术的比较"以此来明确各类游戏平台教学的有效性，于儿童编程教学而言则表现为各类编程形式和工具的教学优劣比较研究；教学增值研究主题原意指在游戏化教学中增加或改变某种教学条件是否会影响学生的表现。编程教育发展至今，"教学增值"研究已发展成为目前最有价值的研究类型。编程教育的真正意义并非在"编程"，而在"教"与"学"，如何设计编程教学以发挥其最大效用是目前和未来的重要研究指向。在此框架之下，我们对目前国内外儿童编程教育的相关实践研究展开了梳理与总结，以更好地展现儿童编程教育教学研究的现实动态与发展趋势。

一　"认知结果"类：编程学习与儿童认知能力

儿童在编程学习过程中的认知与思维能力的发展是编程教育的最大意义所在。编程能力（Programming Ability）是编程干预效果的代名词，综合"编程"和"能力"的概念，编程能力是指个人在使用适当的语

---

① Mayer, R. E., "Multimedia Learning and Games", In S. Tobias & J. D. Fletcher (eds.), *Computer Games and Instruction*, Greenwich: IAP Information Age Publishing, 2011b, pp. 281 – 305.

言和算法编写代码的过程中，通过操作计算机运行而解决一般问题时所具有的稳定的人格和心理特征。① 从心理学"能力"的角度划分，能力可划分为四种类型，即元认知、认知、操作能力和沟通能力。② 基于此框架，我们将儿童编程能力划分为编程认知能力、元认知能力、操作能力和沟通能力。编程认知能力是个体在编程过程中接收、处理和使用相关信息的能力，主要包括计算思维能力、创造力思维、逻辑推理能力等；编程元认知能力反映了个体编程中的自我反思活动，即在编程学习中所表现出的批判性思维、自我调控等能力；编程操作能力是个人对计算机进行操作和编写相关程序的能力，如动手能力、执行功能、计算实践等；而沟通能力则是个人参与编程活动以与老师和同伴合作互动的心理状态。

（一）认知能力

编程对儿童认知能力的影响作用研究最为广泛。美国作为儿童编程教育最发达的国家，其有关儿童编程教育的研究也领先世界。编程教育发展伊始便关注 Logo 对儿童认知能力的影响，但随着研究的不断发展，认知能力的内涵也在不断扩展。按照心理学的解释，认知能力是指人脑加工、储存和提取信息的能力，即人们对事物的构成、性能以及与其他事物之间的关系、发展的动力、发展方向以及基本规律的把握能力，是人们成功完成活动最重要的心理条件。知觉、记忆、注意、思维和想象的能力都被认为是认知能力。通过对国际上 Logo 语言编程的研究分析发现，研究者们关注的重点大都在使用 Logo 编程语言对儿童认知能力的提升方面。Logo 与儿童认知能力关系的研究进行的比较系统和深入的是美国学者 Clment，他也是早期儿童编程领域比较著名的研究者。Clment 曾比较过在 Logo 环境进行编程教学和计算机辅助教学（CAI）对特定的认知技能（分类和串行操作）、元认知技能、创造力和成就（阅读、数学和描述能力）的影响，结果发现：编程组在操作能力、元认知能力、创造

---

① Sun, L., Guo, Z., & Zhou, D., Developing K－12 Students' Programming Ability: A Systematic Literature Review. Education and Information Technologies, 2022.

② Rubie-Davies, C., *Educational Psychology: Concepts, Research and Challenges*, New York: Routledge, 2010.

力和描述能力三个方面的得分都明显较高，但在阅读和数学成绩方面没有发现显著性差异。[1] 并且，Clment 也曾做过这样一个研究：对一年级学生进行 Logo 编程环境干预并在三年级对这些儿童进行认知发展能力的评估，结果发现：编程组的认知评估分数较高，说明 Logo 编程对小学儿童认知能力和学习成绩有延迟影响效应；[2] 并且他也试图在理论层面解释 Logo 编程环境与相关认知能力的关系，提出了一个以斯腾伯格（Sternberg）智力成分理论来研究 Logo 环境的认知效应（包括预期这种效应的理论基础），回顾与验证了与该基础有效性相关的研究，并还建议那些负责 Logo 环境实施和调查的研究人员考虑使用斯腾伯格的智力成分理论作为 Logo 研发的理论基础。[3] Logo 与认知能力提升的关系究其原因可能是 Logo 创设的编程环境使儿童在进行编程活动时需要对自己的行动有一个预设以及全景掌握，了解自己上一阶段或者下一阶段以及各个步骤之间的关系如何，以期能够有效地计划安排、解决问题，而这正是儿童认知技能的体现。

排序是一项重要的认知技能，也是在儿童课程框架和学习评估中的一个重要发现。排序是计划的一个组成部分，包括将对象或操作按正确的顺序排列。[4] 比如按照逻辑顺序复述一个故事，按照正确的顺序排列数字，理解一天的活动顺序等这些都是儿童在幼儿园和小学时必须要训练和掌握的基本技能。我们通过对国际上关于有形编程的研究发现，有形编程在提升儿童排序能力方面有着突出的作用，尤其是塔夫斯茨大学的相关研究在探究有形机器人编程技术对早期儿童排序能力提升方面更加具有系统性和创新性。以贝斯为首的儿童学习和人类发展小组在 2011—2014 年间采用不同的研究方式在此方面做了相关研究，他们采用计算机编程和机器人课程（TangibleK）探究其对幼儿测序能力的影响，34 名年

[1] Clements, D. H., "Effects of Logo and CAI Environments on Cognition and Creativity", *Journal of Educational Psychology*, No. 4, 1986, pp. 309–318.

[2] Clements, D. H., "Longitudinal Study of the Effects of Logo Programming on Cognitive Abilities and Achievement", *Journal of Educational Computing Research*, No. 1, 1987, pp. 73–94.

[3] Clements, D. H., "Longitudinal Study of the Effects of Logo Programming on Cognitive Abilities and Achievement", *Journal of Educational Computing Research*, No. 1, 1987, pp. 73–94.

[4] Zelazo, P., Carter, A. S., & Reznick, J. S. et al., "Early Development of Executive Function: A Problem-solving Framework", *Review of General Psychology*, No. 2, 1997, pp. 198–226.

龄在 4. 5—6. 5 岁的儿童通过 CHERP（混合语言图形用户界面）参与了计算机编程活动，结果发现：与编程干预前的分数相比，干预后的分数有显著提高；① 紧接着此团队又研究了机器人编程对幼儿排序能力的影响，以及排序技能、班级规模、教师舒适度和技术经验之间的关系，所有参与者的排序技能在干预前和干预后使用图片故事排序任务进行评估，结果发现小组作业与测试结果之间存在显著的交互作用，即编程组的排序能力有更大的提高；② 通过对以上研究案例的列举和分析发现，有形编程对儿童排序能力的发展有更加明显的训练效用，这可能是因为有形编程的主要形式就是让儿童按照预定的目标在物理空间内正确地排列程序块，以使目标对象能够产生预设行为，从而发展序列意识和能力有关。

　　自 2006 年周以真重新赋予计算思维以新的理解以来，计算思维便成为了编程的落脚点，也是当前和今后儿童编程教育研究的重中之重。尤其是图形化编程工具的流行使得编程之于计算思维的研究热情不断高涨。我们通过分析国际上关于 Scratch 的调查研究发现，Scratch 与计算思维能力经常进行不同形式的捆绑研究，如利用 Scratch 编程工具来学习计算概念以促进计算思维能力的提升。在教学形式上，曾有研究者提出了一种新的评估儿童计算思维学习的方法，让三个二年级的学生使用 ScratchJr 学习基础计算思维概念，并将所学知识应用到创建拼图动画、故事和游戏中。然后，他们用 iPad 摄像头对彼此进行基于手工制作的视频采访，这项技术可以显示出孩子们在课堂干预中使用 ScratchJr 而不是更传统的评估技术所学习到的计算思维的广泛内容；③ 此外还有针对在 Scratch 环境下进行编程训练后如何评估计算思维能力的研究，有研究者设计了一款自动分析 Scratch 项目来评估和培养计算思维的程序系统——

---

① Kazakoff, E. R., Sullivan, A., & Bers, M. U., "The Effect of a Classroom-based Intensive Robotics and Programming Workshop on Sequencing Ability in Early Childhood", *Early Childhood Education Journal*, No. 4, 2013, pp. 245 – 255.

② Kazakoff, E. R., & Bers, M. U., "Programming in a Robotics Context in the Kindergarten Classroom: The Impact on Sequencing Skills", *Journal of Educational Multimedia and Hypermedia*, No. 4, 2012, pp. 371 – 391.

③ Portelance, D. J., & Bers, M. U., Code and Tell: Assessing Young Children's Learning of Computational Thinking Using Peer Video Interviews with ScratchJr. The 14th International Conference on Interaction Design and Children, New York: ACM, 2015, pp. 271 – 273.

Dr. Scratch，检查儿童的编程过程是否正确，并能够发展和评估儿童的计算思维技能。[①] 同时，塔夫茨大学的 Bers 分别在 2010[②] 和 2014[③] 年时做了 TangibleK 机器人课程与早期儿童课堂应用计算思维能力方面的研究。Asbell 等利用一种名为 Zoombinis 的编程平台对美国学校（3—8 年级）的45 个班级进行的研究，通过对游戏数据日志的教育数据挖掘、对教师课堂活动日志的聚类分析和多层次建模等，考察了其对儿童计算思维的影响作用。[④]

除此之外，编程对儿童问题解决能力、创造力思维、规划能力影响的研究也不断涌现。

意大利研究者 Arfé 等人进行了一项随机对照试验检查了一年级儿童在教学干预后获得的编码技能如何转移到两个重要的执行功能：计划和反应抑制。来自 5 所学校和 10 个班级组的 179 名一年级学生被随机分配到实验组（编码，5 个班级）或对照组（常态化 STEM 教学，5 个班级）教学条件。编程教学通过 Code. org 平台进行，共计 8 小时编码活动（每周两节课，历时 4 周），并在后测 5 周之后对实验组 44 名儿童进行了保留率评估，结果表明，通过 Code. org 进行编码练习不仅显著提高了儿童解决编码问题的能力，而且还提升了他们的计划和反应抑制能力。[⑤] 欧洲儿童编程教育政策的统一趋势也催生了编程教育学术研究的发展。西班牙研究者 Peralbo 等人则基于方格纸编程结合数字化平台比较探究了其对儿童认知灵活性、抑制控制和基本数字技能等编程迁移能力的影响作用，

---

① Morenoleon, J., Robles, G., & Romangonzalez, M., Dr. Scratch: Automatic Analysis of Scratch Projects to Assess and Foster Computational Thinking. Revista de Educación a Distancia, 2015, pp. 21 – 23.

② Bers M. U., "The TangibleK Robotics Program: Applied Computational Thinking for Young Children", *Early Childhood Research and Practice*, No. 2, 2010, pp. 1 – 20.

③ Bers, M. U., Flannery, L. P., & Kazakoff, E. R., et al., "Computational Thinking and Tinkering: Exploration of an Early Childhood Robotics Curriculum", *Computers & Education*, Vol. 72, 2014, pp. 145 – 157.

④ Asbell, C. J., Rowe, E., & Almeda, V., et al., "The Development of Students' Computational Thinking Practices in Elementary-and Middle-school Classes Using the Learning Game, Zoombinis", *Computers in Human Behavior*, 2021, 115106587.

⑤ Arfé, B., Vardaneg, T., & Roconi, L., "The Effects of Coding on Children's Planning and Inhibition Skills", *Computers & Education*, Vol. 148, 2020, 103807.

并验证了该形式对学生认知能力发展的作用效果。① 我国学者耿凤基等②
则从心理学视角出发探讨了编程学习对儿童认知发展的影响及其内部机
制。根据已有文献的分析发现，编程学习可以显著提升儿童的认知控制、
工作记忆等基础认知能力以及问题解决、创造力等高阶认知能力。编程
教育对儿童认知能力的影响效果的关注由来已久。随着研究的深入，认
知能力的内涵也在不断地扩充与发展。

（二）元认知能力

元认知就其表层意思而言，即对自我认知的认知，对思考的思考。
表现为个体对自身思维过程的监测与调整。元认知同样是编程学习中高
阶思维能力的具体表现。儿童在编程学习中是否可以发展自身元认知能
力，在编程教育发展之初便引起了广泛探讨。如 Lehrer 等在 1986 年的一
项研究中对比评估了 Logo 编程环境中二年级和五年级学生的反思性教学
实践与传统探究式教学实践对学生编程知识的获取和和认知转移的影响，
反思活动具体包括：使学生总结出自己在编程学习中的体验；反思操作
过程并总结自己应改进之处等。在教学干预后测量了 Logo 编程知识的多
个层次：句法、语义、图解、战略和信念。结果显示：重复测量的组间
差异始终表明反思性教学组更加有利于学生编程知识和能力的获得。③
Bergin 等则调查了学生的自我调节能力（Self-regulated）与其编程表现之
间的关系，自我调节能力的调查维度包括：动机和学习策略（认知、元
认知和资源管理策略），结果显示：在编程方面表现良好的学生比表现不
佳的学生使用了更多的元认知和资源管理策略。④ Ricker 等人则调查了
6—10 岁儿童的元认知能力与编程游戏间的关系，通过对五种不同类型的

---

① Peralbo-Uzquiano, M., Fernández-Abell, R., & Durán-Bouza, M., et al., "Evaluation of the Effects of a Virtual Intervention Programme on Cognitive Flexibility, Inhibitory Control and Basic Math Skills in Childhood Education", *Computers & Education*, Vol. 159, 2020, 104006.

② 王琳、耿凤基、李艳：《编程学习与儿童认知发展关系的探讨》，《应用心理学》2021 年第 27 卷第 3 期。

③ Lehrer, R., "Logo as a Strategy for Developing Thinking?", *Educational Psychologist*, Vol. 21, No. 1, 1986, pp. 1 – 2.

④ Bergin, S., Reilly, R., & Traynor, D., "Examining the role of self-regulated learning on introductory programming performance", Retrieved from https://mural.maynoothuniversity.ie/8211/1/RR – Examining – 2005. pdf.

15 款编程游戏交互性特征的编码，以及学生元认知水平测量（控制水平、反馈和适应性）和父母对孩子游戏投入的报告结果发现：接触互动功能高的游戏与儿童的元认知意识呈正相关。然而，接触互动功能较少的游戏与元认知意识无关，且游戏偏好不因年龄或性别而异。① 编程干预对儿童元认知能力的发展仍将是未来研究和关注的重点。

（三）操作能力

儿童对编程软件、平台或工具的熟练操作是编程学习的基本技能，却不会是全部。这句话的意思其实从另一个层面也表明了编程教育的目的所在，即注重儿童在编程学习中的"整全性"的发展。因此，在现有的研究中，很少有研究单独关注儿童控制、操作和设计编程工具的学习效果，在一项研究中的操作能力多与其他教学影响受到共同关注。如Grover 等人开发了相关评估项目，用以衡量中学生对编程计算实践的理解与应用，主要包括变量、循环和表达式等的使用情况。研究结果表明学生在循环以及布尔运算符操作中遇到的困难较多;② 韩国学者 Nam 等人对 53 名 5—6 岁的幼儿园学生开展了为期 8 周的 TurtleBot 机器人卡片编程，以检验学生的动手能力、排序和问题解决能力的变化。研究结果显示：参与卡片编码机器人课程的实验组的排序和问题解决能力表现较好，并且幼儿在操作中的操作熟练程度和规划后的执行能力在其中起到了关键作用。③

（四）沟通能力

儿童编程学习多是交互性的活动，无论是线上还是线下，都离不开"同伴"（Peers）的作用，而同伴一词在这里的意思不仅指的是同年龄段的伙伴，还包括学生与教师的协作以及学生与编程环境的交互。在目前的研究中，编程教学中的协作沟通分别作为一种教学"方式"以及一种

---

① Ricker, A. A. & Richerta, R. A. , "Digital Gaming and Metacognition in Middle Childhood", *Computers in Human Behavior*, Vol. 115, 2021, 106593.

② Grover, S. , & Basu, S. （2017）. Measuring student learning in introductory block-based programming: Examining misconceptions of loops, variables, and Boolean logic. Retrieved from https://dl. acm. org/doi/abs/10. 1145/3017680. 3017723.

③ Nam, K. W. , Kim, H. J. , & Lee, S. , "Connecting Plans to Action: The Effects of a Card-coded Robotics Curriculum and Activities on Korean Kindergartners", *The Asia-Pacific Education Researcher*, Vol. 28, 2019, pp. 387 – 397.

教学"工具"存在。协作编程方式在编程教学中得到广泛应用，如 Ke 等人考察了具有不同能力的儿童进行基于团队合作的编程游戏设计活动，以探索他们的团体合作设计行为和认知过程的变化。为期 6 周的项目活动干预后发现，编程游戏中联盟和团体任务执行期间，学生团队与教师以及编程环境的角色履行与学生的认知发展密切相关，研究结果证明了协作编程游戏设计过程中关注各学习主体角色责任的重要性;[1] 同时，魏雪峰等人通过一学期的编程课程验证了结对编程对四年级学生计算思维自我效能感的有效影响，基于课后的教师访谈探索了设计和开展结对编程的策略，研究结果也证明了结对编程可以作为一种编程课堂的新型教学模式以发展学生的计算思维技能、编程自我效能感等，该研究结论再一次证实了编程学习中合作的作用;[2] Cavus 等人的研究同样也表明：在基于 Web 环境中教授编程语言时使用协作学习的策略的成功率更高。[3]同时，也有研究者致力于开发协作编程的工具形式，Katterfeldt 等人则利用物理计算工具包（Physical computing toolkits），即一种实体编程形式，帮助教师教授协作编程活动。该工具包包括带有物理计算即插即用模块和可视化编程环境的 Talkoo 工具包，研究结果却表明34 名 14—18 岁样本学生对工具包的使用具有很高的积极性，但对使用工具包的协作学习缺乏信心，研究建议同时讨论了将协作学习视为物理计算活动的一个重要方面进行教授的意义。[4] Martín-Ramos 等开发了基于低成本 Arduino 平台的 STEM 协作实践项目，研究结果进一步支持此类协作编程学习方法的积极作用，同时年龄的差异化分析也表明年龄较小的学生更加倾向于以同

① Ke, F., & Im, T. A., "A Case Study on Collective Cognition and Operation in Team-based Computer Game Design by Middle-school Children", *International Journal of Technology and Design Education*, Vol. 24, 2014, pp. 187 –201.

② Wei, X, Lin, L., & Meng, N., et al., "The Effectiveness of Partial Pair Programming on Elementary School Students' Computational Thinking Skills and Self-efficacy", *Computers & Education*, Vol. 160, 2021, p. 104023.

③ Cavus, N., Uzunboylu, H., & Ibrahim, D., "Assessing the Success Rate of Students using a Learning Management System Together with a Collaborative Tool in Web-based Teaching of Programming Languages", *Journal of Educational Computing Research*, Vol. 36, No. 3, 2007, pp. 45 –68.

④ Katterfeldt, E., Cukurova, M., & Spikol, D., "Physical Computing with Plug-and-play Toolkits: Key Recommendations for Collaborative Learning Implementations", *International Journal of Child-Computer Interaction*, Vol. 17, 2018, pp. 72 –82.

伴协同的方法开展学习。① 编程学习中同伴间"交互"与"协作"的影响力作为一个重要的话题在此后的研究中值得我们更进一步关注。

纵观儿童编程教育认知比较类相关研究，我们可以发现其呈现出了多元化，交互化和跨学科的特征和趋势。多元化体现在编程对儿童各种认知与思维能力发展的影响研究不断涌现。并从心理学能的视角切入，不断扩充编程认知能力的边界和内涵；交互性则体现在编程干预中创生的"关系场域"，教师—学生—技术之间的和谐互动关系对学习效果影响的问题不断得到探讨；也由此导致了认知比较类研究的跨学科性，教育学、计算机学和心理学领域内容不断交叉碰撞，交流融合，不断为编程教育注入新的活力和生机，相信未来儿童编程教学的相关研究会朝着更加科学、丰富以及多元的方向发展。

二 "媒介比较类"：各类编程工具与教学效果

儿童编程教育本身带有鲜明的"工具附庸"特征，编程工具作为一类"媒介"，承载着活动的组织与开展。因此在众多的研究中，对编程工具的操作性能和使用效果的比较也成为儿童编程教育研究的重要分支。总结已有研究发现，该类型研究主要有两大方向，一方面是"用还是不用"的问题，即不断研发改进编程系统性能或添加功能以验证其教学有效性；另一方面则表现为"用哪个更好"的问题，也就是主流编程形式的教学比较研究，后者在当前的研究中是比较普遍的。

（一）"用还是不用"

编程自产生以来就被认为是一项专业性极高，技能性很强的一项活动，尤其是在儿童阶段引入编程学习，编程的有效性和趣味程度则是首要需要考虑的外在因素。② 儿童编程工具的出现就是为了让编程更加容易被儿童接受，并且享受特定方式的编程工具对编程知识学习所带来的乐

---

① Martín-Ramos, P., JoãoLopes, M., & Silva, M., "First Exposure to Arduino Through Peer-coaching: Impact on Students' Attitudes Towards Programming", *Computers in Human Behavior*, Vol. 76, 2017, pp. 51 –58.

② Papadakis S, Kalogiannakis M, & Orfanakis A, et al., Novice Programming Environments. Scratch & App Inventor: A First Comparison. The 2014 Workshop on Interaction Design in Educational Environments, New York: ACM, 2014, pp. 1 –7.

趣，提高学习编程的兴趣，增强自我效能感。用编程工具产生的学习优势效果是编程系统研发者和研究者的共同追求，如 Wilson 和 Moffat 指出一个理想的编程教育系统应当如关注儿童在此过程中的知识获得一样注重他们参与活动和使用平台的情感体验，在他的一项用 Scratch 向儿童介绍编程知识的研究中，他们从认知和情感两个角度来评价儿童编程基础知识的获得，为了测量儿童在课上使用 Scratch 感兴趣程度，或者他们是否觉得无聊沮丧，在上完每节课之后都要用三个小表情（悲伤的/中立的/微笑的）填写一个简短的心情日志表，说出他们在课上做了什么，以及学生对学习的感受，结果表明：儿童在编程认知上没有特别明显的进步，但最大的收获是学习编程能够为他们带来很多乐趣，使得学习成为一次积极的体验，这和以往看起来具有挫败和焦虑特点的学习形成了鲜明对比，最后他们总结道：编程学习所衍生积极的情感是最有价值的，而不仅仅是作为成绩的伴奏，这也是使用编程这一形式教学的意义所在，[①] 其中关于幼儿编程学习态度的测评也为我们的教学提供了参考和借鉴；Filiz 和 Yasemin 也曾做过类似的探究，探讨 Scratch 编程对 49 名小学五年级学生问题解决能力的影响和他们对使用 Scratch 编程的看法，从定量结果来看，Scratch 环境编程对小学生的解决问题能力并没有造成明显的差异，但"对自己解决问题的能力有信心"这一因素的平均值出现了不显著的增长，并且大多数学生认为 Scratch 平台很容易使用，[②] 说明儿童在使用 Scratch 学习编程活动时并没有觉得困难重重而产生无能感，而是增强了编程的信心。

使用编程工具所产生的兴趣、动机和积极体验是否是短暂的感受，其能够成为可信赖的教学参考吗？对此，西班牙国立远程教育大学的研究者做了一项为期两年的图形化编程的追踪研究。研究者们在西班牙五所小学对 107 名五、六年级的学生进行了持续两学年的 Scratch 编程干预，以分析这五所不同学校 107 名五、六年级小学生的学习成果和态度，通过

---

① Wilson, A. , & Moffat, D. C. , Evaluating Scratch to Introduce Younger School Children to Programming. The 22nd Annual Psychology of Programming Interest Group, Madrid: PPIG, 2010, p. 7.

② Kalelioglu, F. , & Gulbahar, Y. , "The Effects of Teaching Programming Via Scratch on Problem Solving Skills: A Discussion from Learners' Perspective", *Informatics in Education*, No. 1, 2013, pp. 33 – 50.

与常态化学校课堂教学的对比发现,通过使用可视化编程可以为学生提供乐趣、动力、热情和承诺,在干预过程中进行的基于项目的学习使得主动学习成为可能。通过这种教学方法,学生积极的情感体验在结果分析中得到了体现,学生们完全赞成这种教学设计方法。[①] 为此,作者建议教育当局应当在小学五年级和六年级的教育环境中实施编程教学,建议编程教育在所有领域交叉实施,特别是在社会科学和艺术领域,并且要考虑到学科领域所呈现的视觉内容的特点,从积极的角度创建丰富多彩的、动态的和鼓励性的项目。

(二)"用哪个更好"

随着编程软件、平台和系统的种类不断增加,不同种类编程工具间教学效果的比较研究已成为了普遍研究趋势,主要包括图形化编程与文本编程形式的比较、机器人编程与图形化(可视化)编程的比较以及不插电等非计算机化的编程形式与图形化编程比较等。如两大经典的编程软件"Logo vs Scratch"的较量,Lewis 等人以六年级学生为实验对象,教学对比学生在这两种编程环境中的编程态度和学习效果,研究假设是基于可视化编程 Scratch 的优势而提出的。由于 Scratch 的算法简化、交互性更强的实践特征,研究者认为学生可能会在解释循环和条件语句方面表现出更强的能力,并展现出更加积极的态度。但研究结果却与之相反,Logo 组学生的学习表现则更好,并且表现出了更明显的信心。[②] 由此可见 Logo 环境的文本编程背景对于年龄较小的学生而言在其理解上可能会造成阻碍,但是当学生认知发展到一定程度能够适应这种编程方式时,使用这一方法对学生算法逻辑的训练效果则比图像化编程效果更好。Weintrop 等人对这一问题也进行了深入分析,他指出随着编程软件开发的不断更新,越来越多的图形化编程等此类基于块的编程环境代替了传统的基于文本的编程语言,图形化编程针对不同学段学生的教学可信度问题也有待进一步验证,因此他们开展了一项为期 5 周的准实验研究,同构比

---

① Saez-Lopez, J. M., Roman-Gonzalez, M., & Vazquez-Cano, E., "Visual Programming Languages Integrated Across the Curriculum in Elementary School: A Two Year Case Study Using 'Scratch' in Five Schools", *Computers & Education*, 2016, pp. 129 – 141.

② Lewis, C. M. (2010). How programming environment shapes perception, learning and goals: Logo vs. Scratch. Retrieved from https://dl.acm.org/doi/10.1145/1734263.1734383.

较了高中编程课程中基于块的编程和基于文本的编程教学的效果。结果表明，两种条件下学生的成绩都有所提高，但是学生对基于块的编程则表现出了更高的兴趣，但文本编程环境下的学生编程专业认同感则较强，并且编程能力提升较快。他们认为自己的编程行为更类似于专业的程序员，所做的活动更有意义。[①] 这一发现也对未来图形化编程设计和基于文本的编程设计提供了工作的方向和灵感，编程工具并不是越"新"就越好，而针对不同认知发展阶段和学习需求的学生合理使用编程载体才能最大程度发挥编程工具载体的教育价值。

对比并不是为了要产生绝对的对立，而是要形成一种更适宜两者存在的相宜状态。因此，在考虑不同种类工具教学优劣的同时研究者们也不断探索各种工具间的教学衔接效果，如 Grover 等人在一门初中计算机科学导学课中探索了从基于块的编程转移到基于文本的编程的教学策略，该课程名为"推进计算思维的基础"（FACT），旨在为中学生未来参与算法问题解决做好准备。在对课程学习之后的结果进行调研分析发现，不论在哪种环境中，学生们的算法思维技能均取得了实质性的学习进步，并且学生们能够将他们在 Scratch 中学到的算法概念和操作技能迁移到基于文本的编程环境中，即学生在学习文本编程前先学习图形化编程会更加有助于其计算概念的习得；[②] Weintrop 等人也指出使用基于块的图形编程环境能够为学习者使用传统的基于文本的编程语言做好准备。[③] 孙立会等人则探究了"插电"和"不插电"编程形式对学生计算思维等的影响，实验设计采用四种形式开展，一是单独的插电编程活动；二是单独的不插电编程活动；三是先插电后不插电形式；四是先不插电后插电活动。教学干预后以计算思维试题测量进行评价，发现在插电活动之前进行不

① Weintrop, D., Wilensky, Uri., "Comparing Block-Based and Text-Based Programming in High School Computer Science Classrooms", *ACM Transactions on Computing Education*, Vol. 18, No. 1, 2017, pp. 1–25.

② Grover, S., Pea, R., & Cooper, S., "Designing for Deeper Learning in a Blended Computer Science Course for Middle School Students", *Computer Science Education*, Vol. 25, No. 2, 2015, pp. 34–46.

③ Nam, K. W., Kim, H. J. & Lee, S., "Connecting Plans to Action: The Effects of a Card-coded Robotics Curriculum and Activities on Korean Kindergartners", *The Asia-Pacific Education Researcher*, Vol. 28, 2019, pp. 387–397.

插电活动更加有利于学生的计算思维获得,[①] 也就是说不插电活动是一种衔接技术学习的有效形式。

综上,媒介比较类的编程教学研究问题从表面上看在"工具",但其根源却在"教学",编程工具的不断更新迭代是为更加贴合低年段学生的学习需求,同时增加教学的趣味性体验,而工具的使用并不是越简洁越好,在保证易操作性的同时还应当考虑教育性,始终应当以教育性为准绳,而并非一味地求新。图形化编程环境在当前的教学中应用最为广泛,文本编程在其程序逻辑性方面具有相当的优势,可以为认知发展达到一定阶段的学生提供更加专业的编程训练,而不插电活动具有优越的思维训练优势,使学生能够更加深刻地体会到编程以及算法运演的本质。因此,未来儿童编程教育媒介工具的比较研究在不断追求技术精准的同时还应考虑研究不同类型的编程工具各学段教学的适应性问题,这一思考也为我们的教学实践设计提供了更多灵感。

三 "增值研究类":不同编程教学条件与方法

所谓"增值"原意指资产或商品价值的增加,儿童编程教育研究中"增值研究"重在对编程教育教学层面的优化。台湾科技大学黄国桢教授在一次讲座中提道:"现在儿童编程教育研究不应该还停留在用哪种平台或技术能达到如何的教学效果了,关注研究中某一教学要素或变量的添加和调整对学习者的认知影响是未来编程教育研究的主要趋势。"我们根据已有研究内容,从两方面来探讨编程实践中如何改变教学条件和方法来实现更好地促进学习者的认知发展的目的:一方面是教学方法的运用,另一方面则是教学主体教师在此过程中的作用。

(一) 多元的教学方法

在教学方法方面,基于已有研究的梳理发现:基于项目的学习、基于问题的学习在编程教学中应用最为广泛,而游戏化学习、协作学习、混合学习、脚手架等学习方法在也已成为编程教育研究的主要趋势,尤

---

① Sun, L., Hu, L., & Zhou, D., "Single or Combined? A Study on Programming to Promote Junior High School Students' Computational Thinking Skills", *Journal of Educational Computing Research*, Vol. 59, 2021, pp. 1 – 39.

其是游戏化学习、协作学习等在最近的研究中应用逐渐增多。其中基于项目的学习（Project-based learning）和基于问题的学习（Problem-based learning）是编程教学中应用最广泛的教学方式，但两者存在本质性的区别，其中项目式学习以最终的项目作品为导向，强调学生运用多学科知识，积极探索挑战以发展其综合学习能力；而基于问题的学习一般具有学科背景，教学活动以课堂情境中的结构不良问题为导向，在教师的指导下探索问题结构以解决具体的学习问题。如 Clements 等通过基于问题的学习方法探索了编程对学生进行图形化面积测量知识的教学干预效果。[1] 同样，Psycharis 等以 66 名高中生为对象验证了编程干预对高中生推理能力、问题解决能力和数学自我效能感的影响。[2] 基于游戏的学习（或称游戏化学习）在近来的研究热情高涨，主要指学生通过制作编程游戏或参加游戏化的编程活动来发展其自身能力，通过引人入胜的"游戏"场域教学情境设计，使得编程教学活动既富有挑战性又有趣。如 Hooshyar 等开发了一款名为 AutoThinking 的自适应计算机游戏对小学生展开实验干预，结果证明了游戏化学习方式对提升学生计算思维技能和概念的有效性。[3] Papastergiou 等则调查了游戏学习对计算机记忆概念的学习效果和激励作用，并分析了其中的性别差异。结果表明，与非游戏方法相比，游戏化学习的方法更加能够促进学生对计算概念的记忆，并且男生和女生在通过游戏获得学习收获是没有显著差异的，也就是说男生和女生在游戏化教学中都能有效发展其自身能力。[4] 混合学习方法在媒介比较研究中也有提及，即在同一主题的编程活动中，使用两个或两个以上的编程形式以检验这种方式对

---

[1] Clements, D. H., Saram, J., & Dine, D. W., et al., "Evaluation of Three Interventions Teaching Area Measurement as Spatial Structuring to Young Children", *The Journal of Mathematical Behavior*, Vol. 50, 2018, pp. 23–41.

[2] Psycharis, S., & Kallia, M., "The Effects of Computer Programming on High School Students' Reasoning Skills and Mathematical Self-efficacy and Problem Solving", *Instructional Science*, Vol. 45, 2017, pp. 583–602.

[3] Hooshyar, A. D., Malva, L., & Yang, Y., et al., "An Adaptive Educational Computer Game: Effects on Students' Knowledge and Learning Attitude in Computational Thinking", *Computers in Human Behavior*, Vol. 114, 2021, 106575.

[4] Papastergiou, M., "Digital Game-based Learning in High School Computer Science Education: Impact on Educational Effectiveness and Student Motivation Marina", *Computers & Education*, Vol. 52, No. 1, 2009, pp. 1–12.

学生思维迁移的影响，比较常见的研究主要涉及可视化编程与文本编程、插电编程与不插电编程、纸笔编程与计算机编程、基于块的编程与文本编程之间的混合教学优化设计等主题。如 Weintrop 等通过为期 5 周的教学干预活动发现，在学生学习文本编程之前先学习基于块的编程对其编程能力的影响效果是最大的；[①] 脚手架教学则指在教学中采用多种技巧，帮助学习者获得更大的独立性，逐步加深理解。如 Sun 等探究了在 C 语言课程中利用智能眼动追踪反馈技术的脚手架方法提高小学生的自我效能感和课堂表现。[②] 由此看来，不断深入探索编程教育系统性教学设计对学习者编程学习认知发展的深层机制是未来儿童编程教育实践研究的重点所在。

（二）教师的角色差异

虽然儿童编程教育的核心是以学生为主体的体验，但编程教育实践应用能够在课堂中有效地开展，教师的影响作用不可忽视。国际上早期关于儿童编程教育课堂应用的研究案例一大部分是研究人员充当教师的角色，指导教学活动的开展，但目前研究者更加关注在真实的课堂环境中，由真正的任课教师使用编程工具来指导教学活动和进行课堂管理，而研究人员只作为一个背后的设计和辅助者，这也是当前以及未来的一种研究趋势，所以关注研究中教师对新技术的态度、教学经验、教学风格以及技术使用的舒适程度等都是课堂实践中所应考虑的内容。塔夫茨大学儿童发展中心的研究者提出了一种将技术融入课堂的职前教师教学方法，将教师视为儿童"强大的"想法以及课堂管理的设计者，指导儿童使用乐高头脑风暴与 ROBOLAB 设计属于自己的机器人程序，并且通过介绍四个学习故事展示了教师应如何识别儿童强大的想法，使他们能够设计自己的项目，同时如何因儿童能力和发展的可能性差异，为年幼的学生提供通过参与设计体验学习的机会。[③] 这项研究对机器人编程进入幼

---

① Weintrop, D., & Wilensky, U., "Comparing Block-Based and Text-Based Programming in High School Computer Science Classrooms", *ACM Transactions on Computing Education*, Vol. 18, No. 1, 2017, pp. 1 – 25.

② Sun, J. C., & Hsu, K. Y., "A Smart Eye-tracking Feedback Scaffolding Approach to Improving Students' Learning Self-efficacy and Performance in a Cprogramming Course", *Computers in Human Behavior*, Vol. 95, 2019, pp. 66 – 72.

③ Bers, M. U., Ponte, I., & Juelich, K., et al., "Teachers as Designers: Integrating Robotics into Early Childhood Education", *Information Technology in Childhood Education*, Vol. 1, 2002, pp. 123 – 145.

儿园课堂有一定指导意义。Fessakis 和 Mavroudi 对 5—6 岁儿童使用计算机编程解决问题的维度进行了探索性案例研究，经过简短的介绍性体验游戏，之后让孩子们在 Logo 环境的交互式白板上，参与解决一系列类似计算机编程问题。通过对干预录像的观察，以及对教师访谈和研究者笔记的分析，对其可行性进行真实评价。该研究证据表明：儿童喜欢参与这种编程学习活动，并能借此机会发展其数学概念、解决问题能力和社交技能，该实验中对教师角色、态度以及对计算机编程活动的可行性以及教学附加值的看法也进行了有特点的探索，教师以积极的态度，协调和促进者的身份对学生课堂编程活动的有效进行有着重要的作用。总之，教师在编程学习活动中的作用至关重要，他们能鼓励并支持孩子们克服困难，控制和协调教学活动中出现的各种问题；① 塔夫茨大学的 Kazakoff 等人研究了机器人编程对儿童早期的编程排序能力的影响及排序能力、班级规模、教师的舒适程度和技术使用经验之间的关系，这个测验在两个不同环境的学校进行，这两个学校的班级规模、教师对技术的熟练程度都不相同，一位教师已经使用技术教学很多年，而另一位教师则没有使用过。教学分实验组和对照组进行，实验组的孩子们在课堂教师的指导下，接受了 20 个小时的 TangibleK 编程课程。54 名参与者的测序技能都在干预前后通过图片故事测序任务进行评估，并使用重复测量方法进行分析。实验—控制分组和测试结果之间发现了显著的交互作用。在学校分组中没有发现显著的交互作用，结果讨论考虑了班级规模、教师经验、教师舒适水平与技术，发现在较小规模班级中进行实验干预更为有效；教师经验和教师技术使用的舒适度并无对实验结果产生显著性差异，只是在平均分数上有变化。②

综上，国内外儿童编程教育课堂应用实践研究呈现出"百花齐放"之态。我们将当前儿童编程教育的相关研究分为三类，一是聚焦编程干

---

① Fessakis, G., Gouli, E., & Mavroudi, E., "Problem Solving by 5–6 Years Old Kindergarten Children in a Computer Programming Environment: A Case Study", *Computers & Education*, Vol. 63, 2013, pp. 87–97.

② Kazakoff, E. R., & Bers, M. U., "Programming in a Robotics Context in the Kindergarten Classroom: The Impact on Sequencing Skills", *Journal of Educational Multimedia and Hypermedia*, No. 4, 2012, pp. 371–391.

预效果的认知发展类研究，二是重在编程工具形式的媒介比较类研究，三是关注编程教学设计中条件或方法变化的增值研究类研究。教师和学生作为课堂不可或缺的两个研究主体，教学活动的设计与实施都是围绕两者执行的。未来编程教育课堂不应只关注儿童编程知识的获得，也应将目光转向儿童编程学习的情感过程，学习兴趣、学习动机和自我效能感的提升，并且也更能体现编程教育的理念精髓，降低编程学习难度，使儿童自己去体验，享受学习的乐趣，提高学习动机，增强信心；同时，教师作为教学活动的协调者和促进者在儿童编程课堂中发挥着重要的作用，教师对新技术的适应和对编程工具的积极评价能够促进编程活动尽快融入课堂。根据学生特点在不同的教学情境中采用适合学生的教学风格，有效地组织和管理课堂活动，是编程教学活动有序开展的基础；课堂编程活动的引入和开展需要更加多样化的形式，研究者设计多种技术支持和互动开展方式，给儿童课堂编程教学以有力的外部辅助和并注入了发展活力。

同时，纵览儿童编程教育的研究，无论是编程教学设计还是编程工具的比较，其最终研究归宿都将落脚在儿童的认知发展与思维能力迁移上。由于编程干预对儿童认知能力影响的研究主题过于宽泛，我们在研究初期也一直在寻找编程教育的教学落脚点。最终，综合考量多方面因素，我们将研究重点放在了编程教育对儿童计算思维能力发展的影响效果上。通过对计算思维定义内容的探讨、计算思维与编程教学关系的内在机制研究以及编程教学中计算思维的评价研究等方面的探索，希望能够为计算机化与非计算机化儿童编程教学实践的设计与实施夯实理论根基。

第三章

计算思维现状调研及其教学与评价

　　计算机化与非计算机化儿童编程教育最终选择以计算思维为教学落脚点，这也是基础教育课程改革数字化转型过程中数字能力培育超越了基本的数字技能训练的重要体现。计算思维作为一种人工智能时代的通用能力对学生的未来发展极为重要。计算思维概念虽由来已久，但在此后的演进中并未得到应有的重视，直到周以真重启计算思维概念，计算思维便成为一种基础教育改革的"社会运动"，而经过大量的实证研究也发现编程教育是提升学生计算思维能力的最有效方式，更使得编程与计算思维两者成为不可分割的整体。不可否认，计算思维的出现为儿童编程教育打开了新的发展境视界，同时编程教育也成为计算思维繁荣与孵化的重要领域。编程和计算思维深深地交织在一起，它们的双重关联在文献中被充分体现。编程支持计算思维的发展，而计算思维为编程提供了新的通用目的指向。两者之间的区别在原则上是很微妙的：计算思维不一定需要编程，其重点在于问题解决以及促进编程学习体验感。本章主要遵循计算思维"是什么—怎么样—怎么教—怎么评"的研究逻辑，对编程教育中的计算思维展开深刻具体的探讨，以此为儿童编程教学的设计与实施奠定教学理论和实践基础。

第一节　是什么——计算思维定义沿革

　　有关计算思维定义问题的探讨自其出现以来就没有停止过，但直到今日也没有获得明确的结论，其实这与现在许多"热炒"的教育名词是一样的，但没有确切的定义并不会阻挡人们的研究热情，反而更加丰富了其研究的内容范畴。学者们根据自己的研究需求倾向于从不同的层面理解计算思维，正如怀特海所言，人们所能达到的一切就是强调少数几个范围广泛的概念，同时注意其他各种不同的观念，这些观念是在展示这些选择出来优先强调的概念时出现的。① 概念出现之初，计算思维被视为一种"思想"而存在，研究者们热衷于将计算思维"上位化"使其成为一种普适性的教育指导理念；为将计算思维推向教学实践，研究者们也不断探索解构计算思维的定义内涵，使其具有更强的操作性，但无论是上述哪种定义类型，其最终都指向将计算思维视为一种情境化的问题解决能力，以及学习者在此过程中所衍生出的各种思维、能力与情感等。我们的观点是：从结构主义去认识计算思维，从解构主义去培养计算思维。基于此，我们也面向之后的编程教学设计与实施讨论了计算思维的定义边界，并提出了计算思维的结构性定义以指导我们的教学设计和实施。

一 计算思维概念的思想理论视角

"计算思维"的思想最早可见于首届图灵奖获得者艾伦·佩利（Alan J. Perlis）提出的"计算理论"（ComputationTheory）。早在 1960 年，艾伦就曾坦言："计算理论是面向所有人的，而非计算机科学家。"随着技术的进步，计算机在生活和学习中的普及程度越来越高，而编程语言的语法和句法仍然是难以被理解和操作。但计算理论的普适化的想法逐渐被越来越多的人所接受；如若追踪"计算思维"概念出现，其雏形最早可溯源至派珀特在 1980 年出版的《Mindstorms：Children，Computers，and Powerful Ideas》一书，用以描述儿童在与计算机交互中所训练与发展的思维技能，② 但此时的计算思维还仅仅停留在一种"形容词"的层面，他并没有对该词进行特别的解释，甚至并没有出现"计算思维"这个概念术语本身；直至 1996 年，派珀特第一次正式将计算思维作为一个专业的"名词"表述，但他也并没有给计算思维一个规定性定义。派珀特所有关

---

① 怀特海：《思维方式》，刘放桐译，商务印书馆 2010 年版。
② Papert, S., *Mindstorms：Children，Computers，and Powerful Ideas*, New York：Basic Books, 1980.

于计算思维的理念都附着在其"技术助学"的思想之中，而 Logo 编程语言是他技术助学的思想的主要载体。Logo 不仅是一种编程软件，而且是他对儿童学习方式的一次全新定义与尝试，这可以说是计算思维引入 K-12 编程教育的首站。

　　计算思维发展史上真正起到"转折"与决定作用的人物当属周以真（Jeannette M. Wing），她在计算思维发展史上有着特殊的贡献与地位。虽然计算机领域多以男性为主，但她以女性特有的柔和与包容的视角提出了计算思维这一理念，相较于计算机科学操作与实践的"硬技术"，她更倾向于计算机科学领域的"软思想"。2006 年，周以真教授在美国计算机权威杂志《Communications of the ACM》发表了《Computational Thinking》一文，以颠覆性的视角给计算思维以全新的定义，并奠定了之后计算思维研究与实践的基调。周以真教授将计算思维定义为运用计算机科学基础概念求解问题、设计系统和理解人类的行为，并描述了计算思维具有概念化、基础化、以人类为思维主体、强调数学与工程思维的互补融合、强调思维特点及面向所有人及所有领域六大特性。[①] 这为计算思维赋予了思想高度的灵魂，由此引发了计算思维研究的热潮，她认为计算思维是概念化而不是编程，是人类而不是计算机思考的方式，是思想而不是工件，它应当消失在生活中成为一种"哲学"层次的存在指导人们的行为规范和价值观，而不仅仅限于计算机科学领域；在这里她将计算思维解释为一种递归思维，包括并行、抽象与分解。这一定义将计算思维带入了 K-12 教育的广阔领域，因为在此之前计算思维更多地存在于高等教育的计算机课程的讨论中。

　　之后，周以真教授基于时代背景的更新及教育需求的变化不断丰富与深化计算思维的理论及实践内涵；2008 年，她将对计算思维的认识整合到科学、技术与社会三方驱动的背景之下，对计算思维内涵的主要组成（如抽象与自动化等概念）进行了详细探讨，列举了相关应用领域的实施案例，体现出计算思维的"无所不在"性，并厘清了计算、计算技术以及计算思维的概念边界。计算思维是希望学习者像计算机科学家一

---

① Wing J. M., "Computational Thinking", *Communications of the ACM*, Vol. 49, No. 3, 2006, pp. 33-35.

样思考而不是像计算机一样思考，应该在利用好计算工具的同时更好地理解与践行计算思维理念。① 在这里周以真又提出计算思维是一种分析性思维，其本质是抽象。计算思维可能不需要计算机工具的参与，重要的部分是概念，但是在我们的计算领域存在这样一种情况，那就是不仅有一种计算工具（计算机）可以教授，还有计算概念可以教授，现在的重点是厘清计算思维教学中工具与概念的重点。在这一解释中，她提到了将计算思维的培育重点放到中小学教育层次上来，因为这种思维方式最好是在儿童早期就形成，并且计算思维会影响到学生之后的生活与学习。

2010 年在智能人机协作时代前奏之下，周以真将计算思维阐述为制定问题及其解决方案所涉及的思维过程，以便于解决方案以一种可以有效地由信息处理代理执行的形式来表示。这些解决方案可以由人、机器或人与机器结合的方式执行。② 在这里，周以真将计算思维定义为形成问题和解决方案的一种思维过程，包括算法思维和并行思维，并且也强调了计算思维与数学思维、工程思维以及逻辑思维的重叠和包含性问题。

然而，与周以真不同的是丹宁（Denning）从计算以及计算机科学的发展史的角度提出了一些新的想法。综合当前计算思维的一些主流定义，丹宁也给出了自己的定义：计算思维是一种心理技能与实践技能，以及为了"设计能让计算机为我们工作的计算；解释世界是一个复杂的信息过程"。首先，丹宁认为计算思维并非来源于计算机，大约在公元前 1800 年到 1600 年，巴比伦人记录了作为计算方法的计算思维的原始形式，现代计算机科学只是计算思维历史时间线的最后 1% 而已。其次，他认为计算思维不是关于计算机科学家是如何思考的，它存在于生活的广大领域之中，是一种后天学习而来的技能，并不是天生的以及带有某种职业属性群体的"领域性"思维方式。最后，丹宁提到：就像希腊两面神贾纳斯（Janus）一样，计算思维也有两张面孔，一张是着

---

① Wing J. M., "Computational Thinking and Thinking about Computing", *Philosophical Transactions of the Royal Society A*: *Mathematical*, *Physical and Engineering Sciences*, Vol. 366, No. 1881, 2008, pp. 3717 – 3725.

② Wing J. M., "Computational thinking: What and why?", Retrieved from http://www. cs. cmu. edu/ ~ CompThink/resources/TheLinkWing. pdf.

眼于背后并解释所有发生的事情，另一张是展望可以设计的东西。① 也许在人工智能时代我们赋予计算思维太多负担了，它一边承担着自身计算机教育领域的重担，另一边还肩负着其他领域突破性发展的期许，希望计算思维的引入能够补充和改变本领域的问题。计算思维是强大的计算机概念基础的聚合体，但它不是万能的。丹宁对与计算思维的思考无疑有其理性且冷静的一面，让我们在当前计算思维"热"势头下多了一些"冷"思考。

二 计算思维教学的实践性定义探索

计算思维如果仅有思想层面的探讨是无法真正地深入教学中的，因此研究者和实践者们也开始尝试"解构"计算思维，赋予其更加具体化、可操作性更强的实践性定义。2011 年，国际教育技术协会（ISTE）和计算机科学教师协会（CSTA）等给出了 K – 12 教育中计算思维的操作性定义。定义认为计算思维作为解决问题的过程，具备但不限于以下特征：能够使用计算机和其他工具来帮助解决问题；逻辑地组织和分析数据；通过模型和模拟等抽象来表示数据；通过算法思维自动化解决方案；确定、分析和实施可能的解决方案，实现步骤和资源最有效的组合；概括问题解决过程，并用于各种各样的问题。相对于其他的定义，操作性定义指出了培养计算思维的倾向性态度，包括：处理复杂性的信心；坚持不懈地处理困难问题；对歧义的容忍；处理开放式问题的能力；与他人沟通与合作以实现共同目标或解决方案的能力。② 从计算思维操作者的角度出发，不仅将计算思维的聚焦点放在问题解决的过程，也关注了学习者的情感态度以及思维中的"人"性层面，为理解计算思维提供了不同的维度。

在此基础之上，计算思维教育实践逐步走向落地，各研究者对计算思维的教学框架与实践进行了诸多探讨，其中最具影响力的当属伯南与

---

① Denning, P. J., & Tedre, M., *Computational Thinking*, Cambridge：MIT Press, 2019.

② CSTA & ISTE, "Operational definition of computational thinking for K – 12 education", Retrieved from https：//id. iste. org/docs/ct – documents/computational – thinking – operational – definition – flyer. pdf.

雷斯尼克基于儿童编程环境 Scratch 构建的计算思维三维框架，框架分为三个维度，分别为计算概念：设计者在编程时所涉及的概念，包括序列、循环、并行性、事件、条件、运算符和数据；计算实践：设计者在创建项目时参与的设计实践，包括增量、迭代、测试和调试，以及抽象和模块化；计算观念：设计者对自己的不断发展的理解，对自己与他人及世界的看法，包括表达、连接和提问。[1] 该框架从概念内容、实践操作以及观念延伸三个层面对计算思维的教学培养设定了层次路径，成为此后诸多计算思维教学的理论支撑及实践指导；此外，不断有研究者在此基础之上进行扩充及延伸，阿斯特拉罕与布里格斯（Astrachan & Briggs）基于计算机科学原理构建标准框架，解释了六大计算思维实践：连接计算、开发计算工件、分析问题和工件、抽象、通信和协作与七大计算机科学思想：创造力、抽象、数据和信息、算法、编程、互联网和全球影响；[2]安吉莉（Angeli）等在 K-6 中探讨计算思维，认为计算思维是一个利用抽象、概括、分解、算法思维和调试（检测和纠正错误）元素的思维过程。[3] 也有学者考虑到计算思维解决问题的灵活适用性，在跨学科的背景下定义计算思维。[4] 贾拉勒（Jalal）等在计算思维技能之外确定了 21 世纪技能相关的一般技能，通过实证研究将认知技能和态度、语言技能、创造性问题解决的技能和态度、合作技能和态度等扩充到计算思维三维框架之中，[5] 使计算思维的理论内核及延伸路向不断清晰。

① Brennan, K. , & Resnick, M. , New Frameworks for Studying and Assessing the Development of Computational Thinking. Proceeding of the Annual Meeting of the American Educational Research Association, Vancouver: AERA, 2012, pp. 39 - 48.

② Astrachan, O. , & Briggs, A. , "The CS Principles Project", Acm Inroads, Vol. 3, No. 2, 2012, pp. 38 - 42.

③ Angeli, C. , Voogt, J. , & Fluck, A. , et al. , "A K - 6 Computational Thinking Curriculum Framework: Implications for Teacher Knowledge", Educational Technology & Society, Vol. 19, No. 3, 2016, pp. 47 - 57.

④ Zhang, L. , & Nouri, J. , "A Systematic Review of Learning Computational Thinking Through Scratch in K - 9", Computers in Education, Vol. 141, No. 1, 2019, pp. 1 - 25.

⑤ Nouri, J. , Zhang, L. , & Mannila, L. , et al. , "Development of computational thinking, digital competence and 21st century skills when learning programming in K - 9", Retrieved from https: // www. researchgate. net/ publication/ 333642505.

三　计算思维教学实践的结构性培育观念

梳理归纳各界计算思维研究成果并不是期于得出计算思维具体确切的定义，但通过分析各研究主线及结论能够发现其共同之处。基于前人的研究经验以及课题理论建设与教学实践的现实性思考，我们也对计算思维定义问题进行了一个系统性的构建与划归。为将计算思维更好地落到教学实践中去，我们应从"结构主义"的角度去认识计算思维，宏观掌控计算思维的系统性结构，描绘编程教学中计算思维能力培养的愿景。但在教学实际中应从"解构主义"的教育去教授计算思维，为教学提供更为具体的"抓手"和实施要点。

（一）从结构主义角度认识计算思维

结构主义理论对儿童认知与思维能力的培育影响深远。皮亚杰作为结构主义的杰出代表，其最初关于结构主义的灵感来源于 Bourbaki 学派提出的数学统一论的观点，皮亚杰则将其对应到儿童认知发展中同化与顺应的心理过程中去。数学中的拓扑结构系统正是儿童心智模型的体现，儿童学习活动表现为心智模型结构系统的不断补充、更新和优化的过程。皮亚杰的工作将结构主义引入了儿童认知发展领域。深受皮亚杰认知发展阶段论的影响，布鲁纳则提出了结构主义的教学观，即学习是学生主动形成认知结构的过程，学习者通过广泛接受知识信息，并主动转换这些信息将其建构到自己的认知结构之中，之后对自己的行为和思维产生整体性影响。计算思维作为一个"综合能力体"，也应当从结构主义的视角去认识。要理解儿童在编程学习中将计算思维建构到自身认知结构中的过程，即儿童对计算概念等基本结构要素的学习，通过与自己原有心智结构的认知整合，从而影响之后看待问题的视角和问题解决的方式。从结构主义的视角切入认识计算思维也就是在教学中理解并发挥计算思维的整体性，在教学设计中体现计算思维的系统性，以期更全面地达到计算思维培养的目的。

（二）从解构主义的角度培养计算思维

计算思维的教学培育则需要从更加具体的角度出发设计并开展针对性的干预。在目前的计算思维教学中，研究者们多从计算概念和实践操作的角度来诠释教学中计算思维的体现。如 Lye 等认为计算思维的问题解决过程主要表现在问题解决过程中的抽象、数据结构、算法、循环与迭代、最优化、测试、归纳与迁移的行为实践。[①] Duncan 等在设计小学生计算思维课程时,将算法、编程、数据表示、数字化设备、数字化应用及人与计算机的关系作为思考课程内容的基础。[②] 无论是国际教育技术协会还是计算机科学教师协会等提出的计算思维操作性定义的特征,还是伯南与雷斯尼克构建的计算思维三维框架,其中都强调了将计算概念和实践作为编程教学的对应内容。

除此之外,计算思维问题解决过程中所衍生出的处理复杂性的信心,处理困难问题的稳定性,对不确定性的容忍,以及处理开放式问题的能力,与他人沟通和合作以克服共同解决方案的能力等,以及培养批判性思维、创造力及发散思维[③]等也是计算思维教学实践的重要组成部分。因此,计算思维应理解为一种问题解决的过程以及在此过程中所体现的实践技能以及情感认知的发展。站位于人、技术、世界背景之下来描述这一问题解决的过程,将现实社会的客观问题抽象为可理解的问题,通过算法设计成为可解决的问题,在循环迭代试误中成为方便解决的问题,最终得出解决结果,这一过程依存于机器与人交互的背景。基于此,我们将计算思维解构为问题解决和社会性技能两个维度,并且在这两个维度下又划分了知识内容、实践技能、社交情感和认知态度四个层次,如表3-1所示。在编程教学中,我们也将计算思维的培养渗透在问题解决的过程中,以知识内容和实践技能为支撑来设计教学活动,并且结合学生在编程学习中社交情感与认知态度的变化展开分析。

① Lye, S. Y., & Koh, J. H. L., "Review on Teaching and Learning of Computational Thinking Through Programming: What is Next for K – 12?", *Computers in Human Behavior*, Vol. 41, No. 1, 2014, pp. 51 – 61.

② Duncan, C., & Bell, T., A Pilot Computer Science and Programming Course for Primary School Students. The Workshop in Primary and Secondary Computing Education, New York: ACM, 2015, pp. 39 – 48.

③ Vieira, C., & Magana, A. J., Using Backwards Design Process for the Design and Implementation of Computer Science (CS) principles: A case study of a Colombian elementary and secondary teacher development program. The Frontiers in Education Conference, Oklahoma: IEEE, 2013, pp. 879 – 885.

表 3 - 1 　　　　　　　　　　　　　计算思维的结构

维度	层次	组成	解释
问题解决	知识内容	序列	特定的活动或任务表示为可以由计算机执行的一系列单独的步骤或指令
		循环	交互式媒体的组成部分，程序中两种组块或代码的结合
		并行	程序指令同时发生
		条件	选择性输出多种运行结果
		数据	涉及存储、检测与更新
	实践技能	循环与迭代	项目制作过程中涉及不断操作实施直至接近目标的自适应过程
		测试与调试	项目制作过程中不断调整试验直至达到目标
		抽象与模块化	忽略问题情境的细节而将其表征为可以用程序块表示出来的程序
		归纳与迁移	将问题解决方案泛化并用于解决其他相关问题的技能
社会性技能	社交情感	协作	同伴合作完成任务
		沟通交流	项目活动中主体之间的探讨
		分享展示	分享成品并发表意见
	认知态度	批判	对现有观点提出质疑
		坚持	完整完成作品的能力
		责任	对待项目所表现的态度
		动机	对项目表相处的热情以及驱动力

第二节　怎么样——计算思维现状调研

在儿童编程教育理论研究的基础之上并结合课题组关于计算思维定义的探讨，我们团队于 2019 年 9 月起面向我国河北、天津、北京、江苏、吉林、云南等地的幼儿园、小学、初中群体展开了系统性计算思维能力现状的调研。本次调研的目的不仅是全面了解我国幼儿园、中小学生计算思维能力水平的现状，同时我们还在不同学段的调研中根据该学段编程学习基本特征针对性地设置了不同的调研要点，以深入挖掘并探索各非认知因素与计算思维间的内在机制，为编程教学设计及其优化提供更为全面的学情信息。正如林崇德先生所言，非认知因素对学生乃至于整个学校生活有着一定的动力作用、定型作用与补偿作用。[①] 在幼儿阶段的调研中，我们重点关注他们的对编码的学习兴趣、态度与其计算思维发展的影响效果，希望能够为在幼儿阶段设计开发更加丰富有趣的编程教学活动提供依据；受芬兰、日本等国编程跨学科融合教学的启发，小学阶段则以学科为背景设置调查因素，重点考察了学生的学科态度、学习成绩与计算思维的内在关系，不断探寻编程与学科融合教学的有效路径；面向初中生计算思维能力的测评，我们聚焦于编程态度、编程经验等从小学过渡到初中的多维度因素，希望能够为初中信息技术课堂的编程教学设计和计算思维培育提供支撑。整体而言，我国幼儿园、小学和初中学生群体的计算思维水平较低。微观维度上，我们关注了学生的性别、编程经验、学科学习态度以及编程态度等对学生计算思维的影响，其调研结果也在不同学段呈现出差异化的趋势。

一 幼儿计算思维能力调研报告

（一）幼儿计算思维能力调研目的与内容

幼儿编程教育是儿童的启蒙阶段，无论是在家庭中与父母之间的"积木互动"，还是在幼儿园与同伴之间的"游戏活动"，抑或是在编程教育市场的大力"呼吁"下参与的"图形化编程"校外培训，几乎所有儿童都已在有意识或无意识中接触到了编程教育，并伴随自然成长的认知发展获得了一定的计算思维能力。但作为"屏幕计算机"时代"消费者"的儿童，是否通过投入大量的屏幕时间而获得了积极乐观的使用计算机的情绪体验或能否可以通过计算机来表达自己的想法并进而增进使用计算机的信心还处于捉摸不定的状态。但未来的人工智能时代，"程序语言"理应是儿童必备的"交流语言"之一，并成为 21 世纪衡量儿童发展的新型读写能力。

儿童编程教育教学实践不断朝着低龄化方向探索，编程干预对幼儿发展的影响也备受关注。但幼儿的编程因其年龄阶段的特殊性也使其饱

---

① 林崇德：《中学生心理学》，中国轻工业出版社 2022 年版。

受争议，幼儿"能不能编程"以及"幼儿能够在编程中学到什么"的问题是幼儿编程教育研究聚焦的价值核心。关于这些问题研究者不断用自己的研究行动来加以探究和证明。塔夫茨大学技术发展研究小组一直以来就致力于通过探索在不同物理和虚拟空间的编程形态对幼儿园学生认知与思维发展的影响。为解决幼儿"能不能编程"的问题，该团队不断创新编程工具的开发，从最初的 TangibleK 到目前著名的 ScratchJr 以及 KIBO 机器人等编程工具；贝斯认为幼儿应当也有能力学习和探索计算机科学领域，儿童早期的编程学习能够帮助他们消除性别差异的影响，并为他们在未来成长的复杂技术领域的长期学习打下基础。[①] 而关于"幼儿能在编程中学到什么"的问题，研究者前期则比较关注编程对幼儿排序能力、编程能力等"单一"思维技能的作用，而近年来，计算思维在幼儿编程教育中的发展也逐渐成为关注的焦点。计算思维的思维综合性价值是其成为各阶段编程教育目的地的关键。贝斯将派珀特提出的"强大的想法"与计算思维概念相对应，以解释和重申了幼儿阶段引入编程的重要意义。基于此，我们根据贝斯提出的计算机强大概念中的"算法""模块化""控制结构""描述和表示""硬件/软件""设计过程""排除障碍"等思想，如表 3 - 2 所示，设计了部分与发展评估儿童计算思维能力水平的游戏活动，[②] 以此来调查幼儿计算思维能力水平。

表 3 - 2　　　　　　　　　　计算思维能力整体框架

衡量维度	定义
排序	为了达到目的按照一定的顺序排列的序列指令
表示	为了系统能够区别指令信息，使用不同符号表示数据指令
模式	依据抽象的特征能够对事物进行分类、拆解组合和重复使用的过程
控制结构	指令被系统识别运行的逻辑，主要包含条件、循环语句等结构类型
问题解决	在研发项目解决问题过程中能够设计、调试和修改解决方案

① Bers, M. U., *Teaching Computational Thinking and Coding to Young Children*, Hershey: IGI Global, 2022.

② Bers, M. U., *Coding as a Playground: Programming and Computational Thinking in Early Childhood Classroom*, New York: Routledge Press, 2018.

(二) 幼儿计算思维能力调研对象与测评工具

1. 调研对象

幼儿计算思维能力调研主要以我国天津、河北等地的幼儿园大班小朋友为调研对象,通过与幼儿进行游戏互动,与幼儿园园长、教师、保育员等进行深度访谈以及通过活动录像进行观察讨论,共计 90 名幼儿园学生参与了本次调研活动。其中男生 51 人,女生 39 人,绝大多数学生是独生子女,具体信息如表 3-3 所示。

表 3-3 幼儿园学生基本信息 (单位:人)

年级	性别		独生子女	
	男	女	是	否
幼儿园学生	51	39	75	15
占比%	56.7%	43.3%	83.3%	16.7%

2. 调研工具

本次调研活动所使用的计算思维评估工具由我们研究团队自主开发,共包含 15 个项目,用以评估幼儿的排序、表示、模式、控制结构和问题解决等计算思维模块。通过统计分析该评估工具的难度和区分度良好,各题目难度系数在 0.42—0.64,区分度系数在区间 0.5—1.5,项目特征曲线能够清晰描述试题的难度和区分度;同时,该试题的结构效度 KMO 值为 0.829,巴特利特球形检验显著 ($P = 0.000 < 0.05$),内容效度比 $CVR = (N_e - N/2) / (N/2) = 0.7 > 0.6$,说明该试题具有良好的测验效度;信度检验 Cronbach's $\alpha = 0.885$,说明试题具有良好的信度。

评估试题以图形化编程卡通人物角色为主搭建问题情境。如图 3-1 所示,题目 7、8 主要考察学生对动作指令的理解与认识,学生需要在头脑中或者在纸上利用箭头画出青蛙的运动轨迹,帮助青蛙吃到苹果,以期评估幼儿的抽象与思维表征能力。

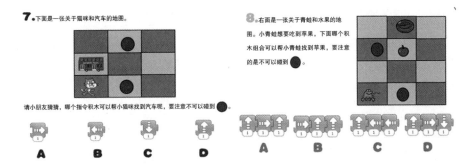

图 3 - 1　幼儿计算思维评估试题

（三）幼儿计算思维能力调研的基本情况

1. 幼儿计算思维水平整体偏低，大部分学生不具有编程学习经验

为了避免将幼儿计算思维评估戴上"考试"的帽子，幼儿计算思维评估试题没有按照百分制进行计分，而是以幼儿每道题目（活动）的完成程度来表示其计算思维的最终得分，共 15 道题目，完成一道题目计 1 分，未完成计 0 分。调查结果显示：幼儿计算思维水平较低，平均分为 9.322 分。作为技术"原住民"一代，88.9% 幼儿园小朋友都接触过电子产品，而真正参与过编程活动的学生较少，仅占 26.7%，如表 3 - 4 所示。可见，目前幼儿园小朋友对各种电子产品和智能科技并不陌生，但却少有接受过专业的编程培训，我国幼儿阶段计算思维教育与编程教学的实践尚未得到充分关注。

表 3 - 4　　　　　　**幼儿计算思维调查描述性统计结果**　　　　（单位：人）

计算思维测评				有无电子产品		是否对编程感兴趣		是否参与过乐高、机器人编程	
平均值	标准差	最大值	最小值	有	无	是	否	是	否
9.322	1.7471	13.0	4.0	80	10	45	45	24	66
—	—	—	—	88.9%	11.1%	50%	50%	26.7%	73.3%

2. 幼儿阶段计算思维水平在性别上不存在显著性差异

幼儿计算思维调查结果显示，男女生计算思维水平不存在显著性差异。这可能因为幼儿时期，儿童的生理心理都处于初期发展阶段，学生的感觉、直觉等基本的认知能力不断完善，记忆、思维和想象等还不成熟，因此还未表现出明显的认知能力发展的分化。抑或是此阶段的儿童性别差异仅是生理差异为主要特征，并不能从外显的行为中进行反应，如表3-5所示。

表3-5　　　　　　幼儿计算思维性别的独立样本 t 检验

性别	个案数	F	显著性	t	自由度	显著性（双尾）	差值95％置信区间	
							上限	下限
男	51	1.358	0.247	-1.400	88	1.65	-1.2519	0.2173
女	39			-1.382	77.668	0.171	-1.2627	0.2281

3. 有无编程经验对幼儿计算思维能力的影响并无显著性差异

编程经验的独立样本 t 检验显示，有无编程经验对幼儿的计算思维水平并无显著性影响。编程教育为科技企业带来"红利"，使得编程教育朝着越来越低龄化的方向发展。过早的编程干预是否会对幼儿认知思维能力的发展产生切实的改变还有待考证。在我们的调研中也发现，幼儿可能并不能真正能理解"编程"这一事物，他们有的认为编程就是一件电子玩具，或者是一种电子游戏，对于其中要学习和掌握的知识和原理并不能十分清楚地了解，这可能是阻碍幼儿编程学习最现实的障碍之一，也是在幼儿编程教学中应当首要考虑的因素，如表3-6所示。

表3-6　　　　　　幼儿计算思维编程经验的独立样本 t 检验

编程经验	个案数	F	显著性	t	自由度	显著性（双尾）	差值95％置信区间	
							上限	上限
有	24	2.010	0.160	0.172	88	0.864	-0.7602	-0.7602
无	66			0.157	34.886	0.876	-0.8609	-0.8609

（四）幼儿计算思维调查发现的突出问题

1. 幼儿计算思维评估形式还有待进一步改进和完善

本书所开发的幼儿计算思维试题主要以文字的方式来描绘情境任务，在真实课堂的测评实施中也发现了很多问题。首先，幼儿目前认识的汉字较少，也还没有完全形成完善的语言表达能力，以及数字、文字等符号化抽象语言系统。虽我们的项目组成员、幼儿园教师、幼儿园的保育员分成若干小组尽可能地让幼儿理解评估试题的目的，但很多情况幼儿还是未能理解抽象化的试题预想表达的本质意义，例如我们本来是希望幼儿根据评估教师的阐述把同类别的"积木块"放到一个"盒子"里，但部分儿童却理解成"连线"，而不是"归纳"。并且，带着幼儿做题的方法也造成了另外一种"混乱"的现象：因为幼儿的表现欲望强烈，在他们听懂题目有了答案之后就会立马说出口，这可能会干扰其他小朋友的判断，从而对测评结果造成影响。

2. 幼儿在测评中容易被各种干扰因素影响

除测评方式的影响外，幼儿在计算思维的测评中还容易受到环境和自己内部情绪状态等的影响而不能专注其中。本次测评活动除基于纸笔的计算思维评估外，我们还携带了安装有 ScratchJr 的平板电脑，让学生更加直观地理解试题中的功能程序块，并且起到"热身暖场"的目的。但在操作中我们发现，无论是纸笔测试还是操作 ScratchJr，他们都不能非常有效地参与到活动中，并且大部分学生都不能很清楚地理解活动规则和活动逻辑，似乎他们并不想参与到这种有"束缚"性的学习活动中，反而更愿意在纸上和屏幕上随意"涂画"。我们通过现场观察或视频反思也感受到这可能与幼儿时期儿童的生理心理发育都不成熟有关，这一时期的孩子的自制力和自我监管的能力相对比较弱。[①] 并且，儿童在幼儿园也并没有过多地训练儿童的课堂纪律规范与行为表现，因此他们的学习方式表现更加自由，当然这也是幼儿园所赋予孩子们的"特权"。但并不是说幼儿的自由学习方式不好，正如雷斯尼克所说："人类一千年来最伟大的发明并不是飞机、计算机等科技产品，而是幼儿园，因为孩子们可以在幼儿园里自由地探索和创造"[②]，从这一视角来看，幼儿园开放自由的学习方式却显得更加难能可贵。这不禁引发了我们对幼儿计算思维教育和评估的思考，或许幼儿在不被打扰和不受"约束"的情况下才能够

---

① 李季湄、冯晓霞：《3—6 岁儿童学习与发展指南》，人民教育出版社 2013 年版。

② Resnick, M., & Robinson, K., *Lifelong kindergarten*: *Cultivating Creativity Through Projects*, *Passion*, *Peers and Play*, Cambridge: MIT Press, 2017.

真正表现出他们真实的计算思维水平，未来我们更应该建立一种通过客观观察的方式对儿童活动过程性评估以此反映其真实的计算思维水平。

3. 幼儿园教学活动缺少教育性，对幼儿计算思维能力的提升效果有限

虽然幼儿园的教学活动大都是游戏化的，但大多时候并没有充分体现"游戏"教育的价值理念，更多的是打着"游戏"的旗号在"虚假滥用"，只有游戏的外壳，却少了教育性的灵魂。① 幼儿园教学没有出现分科课程，其内容主要聚焦于健康、语言、社会、科学和艺术五大领域，并且每节课的教学时间很短，多以游戏化和故事叙事的方式展开。通过我们在幼儿园的课堂观察发现，教师在一节课的教学中真正涉及逻辑性知识内容的讲解和渗透的部分占比很小，大多数时间都是在组织活动和维持纪律。当然，这也可能是我们在观察中发现的一种个别现象，但我们认为幼儿教学在"玩"的同时也要让他们有"学"的感觉，意识到自己是在学习，而不仅仅是在玩游戏。我相信这对于他们的计算思维学习，甚至是之后更好地融入小学的学习都是有重要意义的。

（五）提升幼儿计算思维能力的思路与对策

1. 幼儿计算思维的精准评估需要更多的具身参与和自然观察

幼儿阶段计算思维的测试如若仅凭静态的试题来表示幼儿计算思维的真实情况还是存在一定的误差。一方面，幼儿的阅读和识字能力阻碍了他们的测试表现；另一方面，幼儿在测试中容易受到同伴、环境以及自身情绪状态的影响。因此，在评估幼儿的计算思维表现时，应注重真实情境的学习观察，通过对学生的行动和语言的解读等全面综合分析其中包含的计算思维能力表现。本次调研中，我们前期深入课堂与班主任和生活教师老师进行了深入的沟通交流，并且用视频记录了幼儿课堂学习和测试中的行为表现，以作为对其计算思维综合测评的手段，但并未反映到本次的评估结果中，而是在后面教学实践中进行了分析。这一方法在幼儿编程教学课堂中也得以广泛使用，如贝斯等开发了一款用于评估幼儿在编码机器人活动中的行为评价量规，量规中对不同操作步骤应

---

① ［美］爱利克·埃里克森：《游戏与理智——经验仪式化的各个阶段》，罗山译，世界图书出版公司 2019 年版。

达到的标准设定了不同程度的采分点，以评定学生在对机器人编程时他们的操作是否规范合理。[①] 同时，Nam 等则通过课堂教学观察和视频编码分析以评估儿童在 TurtleBot 机器人的活动过程中的排序技能和问题解决能力。[②] 因此，幼儿课堂的编程学习与计算思维评估应更加重视自然真实性和具身实践性。在幼儿不能完全控制自己的认知和思维时，我们要做的不是过多地去"干扰"和引导，而是尽量保留其原初的形态，由教师和研究者自己去挖掘和解释其中的缘由。

2. 从幼儿园阶段开始重视儿童计算思维发展的性别差异

计算思维能力的性别差异在幼儿阶段并不显著，也就是说儿童计算思维的发展在一开始的"起点"是一样的，但在之后的发展中却出现了"分歧"。众多研究表明，男生在计算机领域有着独特的优势，女生可能需要更长时间的学习才能达到和男生同样的水平。[③] 我们通过课堂观察发现，女生对活动的理解能力更为准确，并且他们愿意倾听。例如，在我们的评估活动中有一位女孩佳佳，她每次都会非常准确理解评估活动的目的，并能很快给出正确答案，有时还能以同阶段的认知理解能力去给其她同学解释活动的目的。幼儿计算思维的调研结果也引起了我们对这一现象的关注和思考。从幼儿阶段重视儿童计算思维发展的性别差异或许是消除此后编程领域性别刻板印象的根源性解决办法。而解决这一问题的关键就在于"社会性别认知"的影响，从人类社会学的角度来讲，性别不仅仅有生理性别还有社会性别，这也是为什么很多实验或调查研究中所得出来的类似于虽然儿童较小的时候，计算思维抑或是其他的能力的性别差异不明显，而随着年龄的增长，这种性别差异就会越来越明显。这种导致年龄增长而促使的儿童各种方面的性别差异，就不再受所

---

① Govind, M., & Bers, M., "Assessing Robotics Skills in Early Childhood: Development and Testing of a Tool for Evaluating Children's Projects", *Journal of Research in STEM Education*, Vol. 7, No. 1, 2021, pp. 47 – 68.

② Nam, K. W., Kim, H. J., & Lee, S., "Connecting Plans to Action: The Effects of a Card-coded Robotics Curriculum and Activities on Korean Kindergartners", *The Asia-Pacific Education Researcher*, Vol. 28, 2019, pp. 387 – 397.

③ Crews, T., & Butterfield, J., "Gender Differences in Beginning Programming: An Empirical Study on Improving Performance Parity", *Campus Wide Information Systems*, Vol. 20, No. 5, pp. 186 – 192.

谓生理性别影响了，反而受社会性别影响会越来越大。如我们经常以"很漂亮""很认真"来赞美女生，但对于男生则经常会把他们和"活泼""淘气"等名词联系在一起，并且一提到女生的玩具，就会想到洋娃娃和玩具熊等，而男生的玩具则是汽车和奥特曼等。儿童的生理性别是天生的并无法改变的，所以在改变计算思维的性别差异上，必然从社会性别的矫正开始。在我们看来，儿童产生社会性别之前，教师和家长不要过多干预他们的学习倾向，女生也可以喜欢积木、电子元件和拼搭等类型的玩具，也不要使用具有"性别色彩"的语句去评价女生或男生的行为。但是可以为他们树立学习的榜样和示范作用，并且适时地给予他们引导。就如编程教育而言，很多家长认为编程是男孩子学习的内容，女生不适合，这种没有任何根据的"标签"可能正在"扼杀"一位未来的女性计算机科学家。因此，家长和教师都要摒弃以"有色眼镜"看待儿童的标签，遵循儿童自身的学习特征和兴趣正确引导并给予适度干预。

3. 充分调动家庭教育在幼儿编程与计算思维教育中的作用

幼儿的学习除在学校课堂之外，家庭教育的作用也不可忽视，因此，幼儿计算思维的培育也不应当仅仅是学校的事情，重视幼儿在家庭中的学习活动同样也十分必要，应充分利用好家庭亲子之间的"屏幕"活动时间，在学习计算概念知识的同时增进亲子关系。大量研究已经证明了编程活动与计算思维间的紧密关系。如何更大范围地提高家庭编程教育认知度是使家庭发挥对幼儿计算思维教育优势的关键所在。目前，人们对编程教育的作用认识观点不一，有些家长积极为孩子报班学习，而有部分家长则还处于观望状态。大多学习编程的孩子也更多是在编程教育培训机构中并在教师的辅导下学习，因为很多家长认为编程是一种特殊的专业技能，自己没有能力帮助孩子学习。这一观点是错误的也是狭隘的，但同时也是社会各界对编程教育的认识和接受程度不一致导致的。儿童编程不一定是使他们学会各种技能性的操作，学会用程序的原理解决问题的方式同样重要。而家长在这一过程中也能够为儿童提供帮助和引导。目前，有部分编程教育企业推出了家庭编程教育课程，并以家长的陪伴和辅导作为学习的评价效果之一。同时现在有许多适合幼儿的编程学习工具，如许多类似于 ScratchJr 的图形化编程工具基本都是免费注册使用的；不仅如此，家长还可以和孩子进行"不插电"活动，通过与孩子一起手工制作"编程工具"或者与他们一起进行逻辑小游戏，将"编程"融入幼儿的身体活动之中以此来训练和发展计算思维技能。儿童编程教育在家庭教育领域的需求应当受到关注和重视。

二　小学生计算思维能力调研报告

（一）小学生计算思维能力调研目的与内容

在我国，小学是基础教育承上启下的关键节点，更是各类学习能力和认知思维发展的关键时期，同时也是儿童第一次系统性地接受学科知识传授的学习阶段。考虑到这些层面的因素，我们在调查小学生群体的计算思维能力时，也更加倾向于关注小学生学科因素与其计算思维发展间的关系。由此，我们在小学生计算思维能力水平的调研中设定并探究了性别、年级、学科学习态度和学习成绩等因素对其计算思维能力发展的影响效应，同时此调研也希望为小学编程与学科融合教学设计活动提供事实性证据支持。就个体属性而言，年级、性别是获得和发展计算思维技能首先应考虑的两类因素，因为计算思维作为与认知能力的重要体现，会受到学习者认知发展水平和成熟程度的影响，[①] 这一事实为推断学生的年级水平与计算思维技能间的相互关系提供了证据。研究者们之前的研究也支持了我们的调研假设，如 Román-González 等人揭示了学生的年级和计算思维间存在正相关，且研究中提供了一种新的计算思维测量工具，并通过与关键的相关认知能力之间的关联为计算思维的性质解读提供支持；[②] 此外，性别作为个体本质的属性特征，相关研究也证明了学生的性别对其计算思维的影响在不同学段中广泛存在；[③] Crews 等人发现在编码或机器人教学过程中女生需要投入更多的精力和时间获得与男生

---

① Grover, S., & Pea, R., "Computational Thinking in K – 12 a Review of the State of the Field", *Educational Researcher*, Vol. 42, No. 1, 2013, pp. 38 – 43.

② Román-González, M., & Pérez-González, J. C., Jiménez-Fernández, C., "Which Cognitive Abilities Underlie Computational Thinking? Criterion Validity of the Computational Thinking Test", *Computers in Human Behavior*, Vol. 72, No. 72, 2017, pp. 678 – 691.

③ Angeli, C., & Valanides, N., "Developing Young Children's Computational Thinking with Educational Robotics: An Interaction Effect Between Gender and Scaffolding Strategy", *Computers in Human Behavior*, Vol. 105, No. 1, 2020, pp. 1 – 13.

相似的计算思维技能。[①] 然而，与之相悖的是，Espino 和 González 观察到，在早期儿童教育和初等教育阶段，关于学习计算思维的兴趣，男生和女生间具有较高的同质性。[②] 矛盾的结果表明，性别和年级作为影响因素解释计算思维水平的真相仍难以确定。因此，在任何教育情境中进行计算思维教学，一个关键问题是确定年级和性别对计算思维的影响程度的差异，进一步挖掘计算思维水平是否会伴随年级的增长在性别中呈现一致性的变化是精准培养计算思维的关键。

编程、计算思维与学科融合教学势必会与学生学科学习产生互动效果。信息技术课程是小学生计算思维培养的主要阵地，学生与技术的互动被认为是反映计算思维能力的重要因素。[③] 但塑造计算思维不能仅仅依赖于信息技术学科，现有证据足以支持计算思维可在数学和科学领域实现集成，计算思维与学科知识间具有一定的对应及协同关系。[④] 基于我国的现实国情，我们将数学、科学和信息技术统称为 STEM 学科，三学科构成了我国 STEM 教育的主阵地。在新修订的 2022 年版义务教育阶段数学、科学和信息科技课程标准中都对跨学科教学实践进行了专门的阐述，如在《义务教育阶段信息科技课程标准》中，在每一学段都有一个跨学科主题的示例；[⑤]《义务教育阶段数学课程标准》在小学和初中阶段都有"综合与实践"活动的教学要求；[⑥]《义务教育阶段科学课程标准》中则从科学观念、科学思维、探究实践和态度责任维度来详细阐述科学素养特征，

---

① Crews, T., & Butterfield, J., "Gender Differences in Beginning Programming: An Empirical Study on Improving Performance Parity", *Campus Wide Information Systems*, Vol. 20, No. 5, 2002, pp. 186 – 192.

② Espino, E. E. E., & González, C. S. G., "Estudio Sobre Diferencias de Género en Las Competencias y las Estrategias Educativas para el Desarrollo del Pensamiento Computacional", *Red Revista De Educaciãn A Distancia*, Vol. 32, No. 32, 2015, pp. 253 – 258.

③ Lye, S. Y., & Koh, J. H., "Review on Teaching and Learning of Computational Thinking Through Programming", *Computers in Human Behavior*, Vol. 41, No. 41, 2014, pp. 51 – 61.

④ Sáez-López, J., & Román-González, M., et al., "Visual Programming Languages Integrated Across the Curriculum in Elementary School: A Two Year Case Study Using 'Scratch' in Five Schools", *Computers & Education*, Vol. 97, No. 1, 2017, pp. 129 – 141.

⑤ 中华人民共和国教育部：《义务教育阶段信息技术课程标准》，北京师范大学出版社2022 年版。

⑥ 中华人民共和国教育部：《义务教育阶段数学课程标准》，北京师范大学出版社2022 年版。

科学教学的综合跨学科性和实践性贯穿始终。① 此外，学科学习中的态度因素将是影响学习有效性的基本前提因素之一，如 Lipnevich 等人的研究结果强调了态度对数学成就的重要性，学生的数学态度是解释数学成功的重要变量。② 此外，既有研究已经确定，随着对科学课程的积极态度的提高，科学方面的成就也会增加。③ 考虑到上述观点，我们将小学生 STEM 学科学习态度、STEM 成绩与其计算思维间的关系作为了本次调研的重点。

（二）小学生计算思维能力调研对象与测评工具

1. 调研对象

小学生计算思维能力调研以我国河北、天津、北京、江苏、吉林、云南六省市一至六年级的小学生为调研对象，同时我们也重点走访了河北、天津等几所小学，或通过在线咨询的方式与各小学师生进行调查与沟通。调查问卷包含计算思维测试题及学习态度量表在内的调查问卷，共发放问卷 2500 份，回收 2100 份，回收率为 84%。其中无效问卷 90 份，有效问卷 2010 份，有效率为 95.7%。调查对象涵盖一年级至六年级学生，其中一年级学生 336 人（16.7%），二年级学生 344 人（17.1%），三年级学生 322 人（16.0%），四年级学生 335 人（16.7%），五年级学生 326 人（16.2%），六年级学生 347 人（17.3%）。性别分布为男生 1107 人（55.1%），女生 903 人（44.9%）。表 3 - 7 展示出样本的性别、年级、编程经验等基本人口学统计信息。

表 3 - 7　　　　被试的年级、性别、编程经验、独生子女和
家庭人均收入分布情况　　　　（单位：人）

年级	性别		编程经验		独生子女		家庭人均收入/元			
	男生	女生	有	无	是	否	<3000	3000—5000	5000—7000	>7000
一年级	179	157	61	275	118	218	79	149	59	49

---

① 中华人民共和国教育部：《义务教育阶段科学课程标准》，北京师范大学出版社 2022 年版。

② Lipnevich, A. A., & Preckel, F., et al., "Mathematics Attitudes and Their Unique Contribution to Achievement: Going Over and above Cognitive Ability and Personality", *Learning & Individual Differences*, Vol. 47, No. 1, 2016, pp. 70 - 79.

③ Anil, D., "Factors Effecting Science Achievement of Science Students in Programme for International Students' Achievement (PISA) in Turkey", *Egitim ve Bilim*, Vol. 34, No. 1, 2009, pp. 87 - 100.

续表

年级	性别		编程经验		独生子女		家庭人均收入/元			
	男生	女生	有	无	是	否	<3000	3000—5000	5000—7000	>7000
二年级	186	158	55	289	96	248	86	120	98	40
三年级	195	127	69	253	106	216	52	142	73	55
四年级	180	155	41	294	76	259	35	159	93	48
五年级	188	138	61	265	33	293	54	146	82	44
六年级	179	168	23	324	64	283	37	136	112	62
总计	1107	903	310	1700	493	1517	343	852	517	298
占比%	55.1%	44.9%	15.4%	84.6%	24.5%	75.5%	17.1%	42.4%	25.7%	14.8%

2. 调研工具

计算思维评价工具。本次调研从 2016 年至 2019 年 Bebras 国际计算思维挑战赛试题中选择一系列问题构建计算思维测量工具，用以评估学生在多大程度上可将计算思维技能转移到不同类型的问题和情境之中。本研究对测试题目加以筛选设计，形成三套计算思维水平测试题，分别适用于一至二年级、三至四年级以及五至六年级的学生。每套测试题共有九道题目，分别涉及抽象、算法、分解、评估以及概括五项计算思维技能中的一项或多项，如图 3-2 所示。结合挑战赛的评分细则及题目实际难易程度赋予题目不同分值，满分 100 分。三个年段计算思维测试题的 Cronbach's Alpha 分别为 0.857、0.879、0.896，均达到 0.8 以上，表明本研究中计算思维测试题可靠性较高，能够作为探究学生计算思维现状的工具。

STEM 学习态度评价工具。学习态度问卷包含三个维度：数学学习态度、科学学习态度及信息技术学习态度，主要反映学生对课程学习的持续性积极或消极的行为倾向和内在反应，具体包括对学科学习意义的理解、学习过程的表现等相关问题，通过试测、专家咨询等环节最终定稿。问卷共 30 个项目，采用 5 分李克特量表收集，各维度信度检验 Cronbach's Alpha 系数分别为 0.824、0.832、0.851，均达到 0.8 以上，问卷总体系数为 0.893，表明学习态度问卷具有较高的信度。针对结构效度，对测量结果进行 KMO 检验和 Bartlett 球形检验。结果显示总体问卷 KMO 值为

BeaverKingWay uses 使用了六种原料制作汉堡（A,B,C,D,E,and F）

下面列出了汉堡原料，注意每种原料并不是按照顺序给出的。

汉堡				
原料	C, F	A, B, F	B, E, F	B, C, D

问题：
下列所示汉堡中哪些有原料A、E和F？

图3-2　计算思维试题示例：制作汉堡

0.927（p=0.000），表明变量间存在较强的相关性，问卷效度较好。

STEM 学业水平监测试题。学业成绩不仅是衡量学校教育质量和教学水平的重要指标，也是检验学生学习效果的主要方式。虽然一般意义上的考试成绩不能完全代表学生的学习效果，却可以最客观、定量地反映学习成果的重要方面。用考试成绩来衡量学生在一定时期内的学习表现已被公众所接受。在 STEM 领域，学生的学业成绩可以理解为认知、技能、情感的综合表现。而在中国小学 STEM 课堂中，对学生学习成绩的评估，大部分仍是通过标准化考试来进行的。我们选择了学生秋季学期开学（9月初）和期末（1月底）数学、科学和信息技术学科两次考试成绩作为 STEM 成绩，学习监测由专家统一命题，教师会按照相同的评分标准进行判卷，标准化的试卷具有较高的可信度。

（三）小学生计算思维能力调研的基本情况

1. 我国小学生计算思维水平普遍偏低但学科学习态度积极

计算思维测试结果的描述性统计显示，在整体样本中，小学生计算思维得分最低分为0，最高分为100分，平均分为48.29（SD=21.302），远低于60分的及格线，由此表明样本小学生计算思维处于较低水平，具有较大的上升空间。学科学习态度总体倾向分析结果显示，被试小学生群体学习态度得分最小值为42，最大值为150，均值为124.98（SD = 12.826），且三个科目的学习态度得分分别为数学（M = 42.87，SD = 5.342），科学（M = 41.63，SD = 4.815）和信息技术（M = 40.48，SD = 6.187），均处于中上水平，表明小学生对数学、科学和信息技术的学习态度均呈现正向积极倾向。

2. 女生在计算思维和学习态度方面得分均高于男生

计算思维和学习态度测试结果的独立样本 t 检验结果显示，女生的计算思维水平（M = 48.67，SD = 20.607）略高于男生（M = 47.98，SD = 21.857），但这种差异并未达到显著水平（t = -0.715，p = 0.475）。这与部分已有的研究结果相悖，表明女生在计算思维和编程学习中仍具有很大潜力。而在学习态度方面，学生的科学学习态度（t = -2.884，p = 0.004 < 0.01）和总体学习态度（t = -2.382，p = 0.017 < 0.05）在性别上存在显著差异，且女生的学习态度均高于男生，但数学学习态度（t = -1.517，p = 0.130 > 0.05）和信息技术学习态度（t = -1.410，p = 0.159 > 0.05）却不存在显著的性别差异，如表3-8所示。

表3-8　　　　　　　各变量描述性统计及差异性检验结果

变量	Max	Min	M	SD	性别	年级	数学成绩	科学成绩
					t	F		
数学学习态度	50	14	42.87	5.342	-1.517	4.596**	9.852**	11.252**
科学学习态度	50	14	41.63	4.815	-2.884**	2.529*	2.522*	11.171**
信息技术学习态度	50	14	40.48	6.187	-1.410	4.519*	6.027**	4.859**
总体学习态度	150	42	124.98	12.826	-2.382*	4.119**	8.032**	12.532**
计算思维	100	0	48.29	21.302	-0.715	17.617**	24.179**	13.767**

注：** = p < 0.01，* = p < 0.05。

3. 小学生计算思维随年级呈上升趋势，且可能存在发展的关键节点

单因素方差分析发现，不同年级的学生计算思维水平存在显著差异（F = 17.617，p = 0.000 < 0.01），图3-3中描述了不同年级学生计算思

维发展变化趋势。其中，三角节点对应各年级学生计算思维的平均水平，而断线则呈现学生计算思维的平均发展趋势，从中可以看出小学生计算思维随年级的增长呈现上升趋势，这可能与学生的认识发展的心理和生理层面的不断成熟有关。在调研观察中，我们发现一至二年级小学生群体在测试初期并不能完全进入状态，他们往往容易被测试形式、题目内容以及调研人员的言行举止所吸引，课堂较难把控，这可能与此时期小学生良好的课堂行为习惯还未完全养成有关；而从三年级开始，调研人员明显感觉测试时的课堂纪律和环境有了很大程度改善，学生们都能很快进入测试状态，不再与调研人员有过多的询问与交流，与同伴商讨的行为也逐渐减少，而是自己安静地读题作答，因此学生课堂学习习惯的养成可能也是影响其最终测试结果的重要原因。同时，从折线图的增长率来看，二至三年级学生的计算思维增长速度尤为突出，说明该时期可能是小学生计算思维发展的关键节点，在此阶段重视和强化对学生计算思维的培养可能会有"事半功倍"的效果。

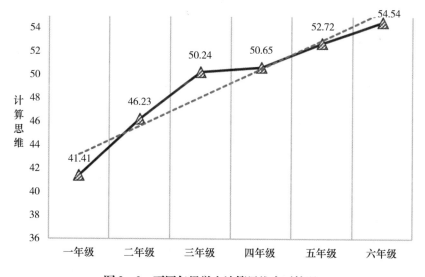

图 3 – 3　不同年级学生计算思维水平情况

4. 小学生 STEM 学科学习态度、成绩均与计算思维能力相关

各变量与计算思维的相关分析结果表明，性别与学生的计算思维水平并未呈现显著相关关系，而年级与计算思维间的相关性显著。此外，

学生的数学成绩及学习态度、科学成绩及学习态度、信息技术学习态度均与计算思维水平显著相关。各变量与小学生计算思维水平间的相关系数从小（r = 0.047）到中等（r = 0.230）的范围变化，如表 3 - 9 所示。从分析结果进一步思考，我们认为学生的学科态度、成绩与其计算思维可能存在协同发展的态势，即学生计算思维能力的增长可能受其学科学习情况的影响。

表 3 - 9　　　　　　　　　变量相关性分析结果

变量	2	3	4	5	6	7	8	9	10
1. 性别	0.005	0.092 **	0.024	0.009	0.034	0.063 **	0.031	0.053 *	0.016
2. 年级	—	0.081 **	0.020	0.089 **	0.052 *	0.037	0.084 **	0.076 **	0.197 **
3. 数学成绩			—	0.568 **	0.116 **	0.052 *	0.071 **	0.102 **	0.207 **
4. 科学成绩				—	0.149 **	0.146 **	0.104 **	0.167 **	0.145 **
5. 数学学习态度					—	0.466 **	0.433 **	0.800 **	0.170 **
6. 科学学习态度						—	0.368 **	0.747 **	0.196 **
7. 信息技术学习态度							—	0.801 **	0.178 *
8. 总体学习态度								—	0.230 **
9. 计算思维									—

注：** = p < 0.01，* = p < 0.05。

（四）小学生计算思维调查发现的突出问题

1. 小学生计算思维教育状况不容乐观

计算思维描述性统计结果显示，小学生计算思维处于中下水平，表明当前计算思维教育状况不容乐观。在我国，信息技术学科作为计算思维培养的首要落脚点。2022 年版义务教育阶段《信息科技》课程标准中对 1—9 年级各学段中所对应的计算思维学习活动和应达到的学业水平进行了详细的阐述，这也表明了计算思维之于信息技术课程的重要意义。但信息技术学科发展和课程设置的问题造成了计算思维教育的现实窘境。

通过实地调研走访，我们发现，无论是乡镇小学还是市区小学，小学信息技术课程的开设和实施情况都不容乐观。我国部分地区小学三年级一般才开设信息技术课程，由于需求和课时量都比较小，一所小学通常则只有1—2名信息技术教师，并且信息技术教师也表示，由于信息技术课程并未纳入升学考试科目，受应试教育的影响，上至学校领导下至师生都"轻视"信息技术课程的目的与意义，并且也不愿意在这门课程上投入过多的时间和精力，教师由于没有教学压力在教学质量上也有欠缺，而学生则把信息技术课作为了一门好玩的"放松课"，这在无形中也会使学生放松了对信息技术相关知识学习的"警惕"；同时，由于资金少，部分学校，尤其是农村地区学校在信息技术课程的投入上相对较少，学校软硬件设备跟不上，教学效果也自然会受到影响。图形化编程教学模块在小学信息技术课程中的教学更是大打折扣，在调研中学生不认识Bebras测试题中的程序块概念和功能的现象普遍存在。由此可见，我国小学生计算思维能力的培养在学科地位、课程、师资和教学等多重因素的影响下的发展举步维艰。

2. 课堂教学重点关注知识传授，思维能力培养力度不够

在倡导"素质教育"和学科"核心素养"的今天，应试教育、灌输式教育形式依旧活跃在我国的小学课堂之中，教师们倾向于把各类间接经验知识"一股脑儿"地传授给学生自己消化，而缺少关注在此之中学生的过程性思维养成和基于直接经验知识的探索与建构。我们的调查结果也印证了这一点，即小学生的STEM学科学习态度与考试成绩均处于中上水平，计算思维能力水平却普遍偏低。不可否认，计算思维的养成与专业的编程训练与技术性操作有着密切的关系，但计算思维同样也是一种一般化的思维技能，在我们提供的计算思维测试题中，更是以解决情境性的问题来体现学生的计算思维水平。但结果显而易见，与考试试卷相比，学生面对此类问题时的表现并不够完美，这不禁要引起我们的思考，学校课堂教育中，由知识传授教学到思维养成教育的鸿沟始终横亘在我们面前。同时，从小学生计算思维能力的发展趋势来看，虽小学生计算思维能力整体呈现上升趋势，但一二三年级学生的计算思维发展速率较快，四年级之后学生计算思维能力的发展速率放缓。通过与教师沟通和实地观察我们发现，这可能与小学低年段学生们课程内容更加综合，

并且课堂组织相对来讲更加开放有关，同时教师们也多创作游戏化和情景式的教学场景，能够最大限度地激发和调动学生的学习热情与积极性。而小学高年段，学生学习行为的规范性和纪律性明显增强，并且课程内容和升学压力也随之而来，在一定程度上了固化和束缚了学生的思维发展。

3. 女生计算思维的优势未得到充分关注和保护

传统印象中，在计算机和工程领域中女性的表现被人们"潜移默化"地认为不如男性，尤其进入 21 世纪以来，一些重大的科技成果多数来自男性则更加深了人们心中的"偏见"。但我们此次的调研数据表明，小学生计算思维发展中并不存在显著的性别差异，且女生所表现出的积极的学习态度倾向和计算思维水平更足以揭示基础教育中女生的计算思维发展潜力，这一发现可能也为在 STEM 领域与计算机领域增强女性的地位提供了必要性证据支持。但在与调研学校的信息技术教师沟通中，他们也提道："没想到女生的计算思维水平相比于男生会高，经验主义视角认为计算思维可能与更强的逻辑性与操作能力有关，在教学中经常也会持这样的心态，可能会无意识地产生对女生的关注和期望值变低的结果。并且，外在的一些现象也加深了我们的认识，像我们学校开设的一些社团课程中，Scratch 编程社团和物理电子工坊等社团课程比较受男生欢迎，并且班级中男生所占的比例也比较高，而女生则更倾向于加入类似于布艺、手工制作和健美操等社团中去。"但造成这一结果的原因可能是多方面的，我们课题组成员之后也进行了反思，通过前身参与课堂教学发现，无论在哪一年级阶段，女生在答题时能够更加快速地投入其中，并且相比于男生而言表现得更加安静，这可能与其更优秀的答题效果有关。

（五）提升小学生计算思维能力的思路与对策

1. 深化小学信息技术教学改革以促进学生计算思维能力的发展

不可否认，当前我国信息技术学科课程仍然是学生计算思维培养的主要场域，促进小学生群体的计算思维发展可以从深化小学信息技术教学改革入手。目前我国的信息技术课程不仅存在课程地位、教学和时间投入的问题，其在教学中也更为关注基础性计算机操作知识的教授，如基本办公软件以及计算机硬件的操作技能等，这种教学内容偏倚化现象将导致学生高层次思维能力的培养目标被湮没，计算思维的培养目标便也无法企及。但无论是一线教育工作者还是教育研究者都应理解并秉承这一观点：信息技术教育不应以教导学生学习计算机操作技术为唯一目标，指向学生的思维培养才是贯彻实施"教育面向未来"方针的根本所在。开设信息技术课程的目的并不是培养一批未来精通计算机操作的专家，增强学生像计算机那样解决问题的能力才是关键，而这也是计算思维能力的深刻体现。深化面向计算思维的信息技术教学改革是计算思维实践的第一步，教师应深刻体悟计算思维融入信息技术教学的理念，帮助学生在理解计算机知识的基础之上，领会计算的含义，进而形式化、模型化理解问题解决过程。此外，强化信息技术课程中编程模块的教授环节，正如研究所发现的学习过编程的小学生其计算思维水平通常高于那些没有任何编程经验的学生，这再次证实了编程是培养学生计算思维的重要形式之一。[①] 编程结构中的程序概念（例如序列，选择和迭代）与计算思维密切相关。[②] 同时，也可以在小学信息技术课堂中通过引入儿童编程相关教学内容并可以借助机器人等编程工具设计实践活动以促进学生计算思维的提升。

2. 以学业成绩为连接纽带，推动计算思维融入学科教学

学生的数学成绩及科学成绩与其计算思维水平显著相关，由此我们可以预期拥有较高数学成绩及科学成绩的学生也会具有较高水平的计算思维水平，我们也有充分的理由相信小学生学科学习态度和成绩的提高会与其计算思维的获得平行发展。信息技术作为计算思维培养的主要阵地，但却并不是唯一支撑学科。计算思维在发展数学与科学中常用的技能（如解决问题、算法思维、创造性思维、逻辑思维、分析思维）方面也发挥着重要作用。[③] 计算思维不仅是通过信息技术教学发展的一项技能，更可作为一种综合性思维技能渗透到任何领域。本研究再次印证了

---

① Hsu, T., & Chang, S., Hung, Y. - T., "How to Learn and How to Teach Computational Thinking: Suggestions Based on a Review of the Literature", *Computers & Education*, Vol. 126, No. 1, 2018, pp. 296 – 310.

② Tikva, C., & Tambouris, E., "Mapping Computational Thinking Through Programming in K – 12 Education: A Conceptual Model Based on a Systematic Literature Review", *Computers & Education*, Vol. 162, 2021, pp. 1 – 23.

③ Barr, V., & Stephenson, C., "Bringing Computational Thinking to K – 12: What is Involved and What is the Role of the Computer Science Education Community?", *ACM Inroads*, Vol. 2, No. 1, 2011, pp. 48 – 54.

将计算思维融入小学主流学科教育中（如数学、科学）的可行性与必要性，而不仅仅是刻板印象中只能在信息技术学科中教授。欧盟委员会近期发布了一项《回顾义务教育阶段的计算思维》的报告，指出计算思维在欧洲各国的义务教育阶段主要以跨学科主题存在，其中共有芬兰、瑞典等16个国家将计算思维整合到了学科内容中。① 计算思维的意义在于跨学科整合，它不仅是计算机科学教育的核心，更是在整个教育领域中得到广泛的应用与认可。虽然本次调查仅探讨了计算思维与信息技术、数学、科学的相关性，但不可否定的是计算思维与语文、音乐学科中的集成也同样可行，国际已有学者将研究重点放在社会科学、语言艺术教学中计算思维的实施和评估上，为将计算思维成功嵌入这些领域制定资源与战略支撑框架。②

3. 克服计算领域的刻板印象与偏见，关注并保护女生的积极表现

本次调研结果的重要发现之一——小学生群体中不同性别学生的计算思维水平并不存在显著性差异，并且较男生而言，女生具有更加微弱的优势，同时女生也具有更加积极的学习态度，这一结果与之前的部分研究发现相悖。虽然 Bundgaard 等人通过研究证实小学阶段的女生对计算机的兴趣和爱好低于男生，③ 但也有研究者指出，这种性别差异随着年龄的增长也会逐渐发生变化，如有研究发现："小学阶段女生和男生参加数学、科学及计算机游戏活动中的表现没有明显的性别差异，但随着年龄的增长，这种性别差异却越来越突出。"④ 当然，我们也更要反思为何在教育初期并不显著的性别差异延伸至未来的专业选择和职业倾向上却呈现出明显的性别鸿沟，即女生为什么在之后的职业选择中对计算领域职业的考虑会减少，是否正如受访教师所提出的这与在日常信息技术教学

① Bocconi, S., Chioccariello, A., Kampylis, P., et al., "Reviewing Computational Thinking in Compulsory Education", Publications Office of the European Union, Luxembourg.

② Guzdial, M., "Education Paving the Way for Computational Thinking", *Communications of the ACM*, Vol. 51, No. 8, 2008, pp. 25 – 27.

③ Bundgaard, K., & Brogger, M. N., "Who is the Back Translator? An Integrative Literature Review of Back Translator Descriptions in Cross-cultural Adaptation of Research Instruments", *Perspectives-studies in Translatology*, Vol. 27, No. 6, 2019, pp. 833 – 845.

④ Hill, C., Corbett, C., & Andresse, R., "Why so few? Women in science, technology, engineering, and mathematics", Retrieved from https: //files. eric. ed. gov/fulltext/ED509653. pdf.

中缺乏对女生群体的关注与支持有关。因此，在性别差异或许并不广泛也更易解决的基础教育阶段，教育工作者需选择更多激励女生参与的方法，从儿童时期开始持续性鼓励、支持和保护女生在数学、科学及信息技术等领域的兴趣与想法，这对未来女生计算思维的培养与发展以及职业的选择极具重要意义。此外，学校、家庭和社会需改变对传统性别刻板印象的错误认识，在教育各阶段都应平等、公正地对待不同性别的学生，使得女生从小抵制刻板印象的束缚，帮助她们树立当前乃至未来在科学和信息技术领域的经验和信心。

4. 把握小学生计算思维培养的关键期，实施精准干预以促进计算思维发展

计算思维年级差异分析结果表明不同年级学生的计算思维水平存在显著差异，且呈现连续上升变化趋势。其中，二年级和三年级学生计算思维发展尤为突出，速率提升且高于平均发展趋势线。由此可以推断，二、三年级（7—9 岁）或许是计算思维培养的关键期。这或许可用该阶段学生的形象思维处于高速发展期加以解释，[1] 该学段的学生在其形象思维主导下更易接受生动直观的教学内容，因此，如果在该学段的学科教学过程中融入如游戏化、不插电活动等符合低龄儿童认知发展且较为形象化的活动设计，更易实现掌握学科知识与提升计算思维水平并行的"双赢式"教育目的。[2] 当探究计算思维影响因素的年级变化时，从结果中足以看出四年级和五年级样本学生的计算思维受学科学习态度及成绩的影响最为突出，该结果与心理学领域关于儿童认知发展的研究相吻合。伴随大脑发育的成熟，儿童思维发展水平从具体的形象思维转变为抽象的逻辑思维，这是一个从量变到质变的飞跃过程，正如林崇德先生所指出，小学四、五年级（10—11 岁）是从具体的形象思维过渡到抽象的逻辑思维和辩证思维飞跃的关键时期。[3] 思维形式的转化使得该阶段学生处

---

① Piaget, J., La Représentation du Monde Chez L'enfant. Paris Cedex 14：Presses Universitaires de France，2013.

② 孙立会、王晓倩：《计算思维培养阶段划分与教授策略探讨——基于皮亚杰认知发展阶段论》，《中国电化教育》2020 年第 3 期。

③ 林崇德：《学习与发展：中小学生心理能力发展与培养》，北京师范大学出版社 2003 年版。

于"思维动荡期",此时外界的干预最能产生事半功倍的效果。因此,四、五年级或许是计算思维教学干预的黄金期,在此阶段可给予学生更多与计算思维相关的活动干预,通过设计多样化丰富的计算思维实践活动,如编程兴趣班、校园编程大赛等,追求更高效能的计算思维教育成果。此外,信息技术课程教学中与计算思维密切相关的知识也可置于该阶段教授,或许教学效果更为有效。

三　初中生计算思维能力调研报告

（一）初中生计算思维能力调研目的与内容

初中是义务教育阶段的关键时段,学生的思维能力已基本完成从初级到高级、从简单到复杂、从具体经验到抽象逻辑的转化过程,并且基于小学时期的知识增长、经验累积已初步形成了相对比较稳定的思维能力,但此阶段的初中生的思维也充满着诸多"易变性",同时也易受一些非智力因素的影响。初中生的身心得到迅速发展的同时其认知与思维能力结构也更加协调,由此该阶段学生计算思维能力的培育与发展也受到了广泛关注。并且,初中阶段与小学相比,综合性课程活动形式占比降低,分科课程形式导致的知识的精细化特点鲜明,不过这从另一方面使得初中生的学业压力也更加沉重。同时,初中阶段学生的学习经历也更加丰富,有了一定的知识与经验,其中对于编程活动而言,初中生经过小学课堂内外的学习培训也积累了相关知识和技能性经验,可能在之后的学习中也面临着更加专业的竞赛型与职业型的编程学习。因此,在此次初中生计算思维能力的调研中,我们将调研因素的重点放在了学生的编程态度与计算思维间的关系,同时也考察了性别和编程经验在其中的交互作用。

态度作为一种学习心理倾向,可以决定学生的学业成绩;[1] 在积极态度的推动下,学生的兴趣和热情将被激发,以促进其在编程课程中的知识和技能的获得。但在目前的编程发展计算思维的教学中,研究者们更

① Lipnevich, A. A., Preckel, F., & Krumm, S., "Mathematics Attitudes and Their Unique Contribution to Achievement: Going Over and Above Cognitive Ability and Personality", *Learning & Individual Differences*, Vol. 47, 2016, pp. 70–79.

倾向于设计和改进外在的教学活动以促进学生计算思维的发展,却少有关注个体内部编程态度的作用。学生作为编程学习的主体,其态度、兴趣等内在情感是影响其计算思维发展的重要因素。如 Wigfield 等发现学生对计算机的兴趣、信心以及态度与他们的计算思维技能之间存在显著相关性;[①] Kong 也提出学生对编程兴趣和态度是一类重要的编程赋能因素,对编程感兴趣或持积极态度的学生在学习中有更强的自主性和效能感;[②]同时,Gurr 等也指出,学生编程自我效能感对其编程成绩有显著预测作用。[③] 鉴于上述观点,我们通过调查数据分析了学生编程态度与其计算思维间的相关关系,并且也检验了性别和编程经验在其中的差异化影响,从初中生个体内部因素和教学活动形式因素切入,深刻反思初中生编程教学活动的设计与实施。

(二)初中生计算思维能力调研对象与测评工具

1. 调研对象

本次调研以我国北京、吉林长春、江苏苏州、河北邢台等地初中为研究样本,采用在线问卷的形式发放编程态度和计算思维试题问卷,并通过与教师沟通了解学生基本学习情况信息。最终,共回收问卷1200份,其中无效问卷20份,有效问卷1180份,有效率98.3%。调查对象包括男生612人(51.86%),女生568人(48.14%),而有编程经验的学生仅175人,占总样本的14.83%,其中男生109人(62.29%),女生66人(37.71%)。有编程经验学生的具体信息如表3-10所示,由表中信息可以看出,他们开始学习编程的时间节点大致分布在三至六年级,编程学习时长大多在三年以下。

---

① Papadakis, S., Kalogiannakis, M., & Zaranis, N., "Developing Fundamental Programming Concepts and Computational Thinking with ScratchJr in Preschool Education: A Case Study", *International Journal of Mobile Learning and Organisation*, Vol. 10, No. 3, 2016, p. 187.

② Wigfield, A., & Cambria, J., "Students' Achievement Values, Goal Orientations, and Interest: Definitions, Development, and Relations to Achievement Outcomes", *Developmental Review*, Vol. 30, No. 1, 2010, pp. 1–35.

③ Kong, S. C., & Wang, Y. Q., "Formation of Computational Identity Through Computational Thinking Perspectives Development in Programming Learning: A Mediation Analysis Among Primary School Students", *Computers in Human Behavior*, Vol. 106, 2020, p. 106230.

表 3 – 10 学生的编程经验信息

条目	类别	数量（百分比）
性别	男	109（62.29%）
	女	66（37.71%）
第一次学习编程的年级	幼儿园	9（5.14%）
	一年级	8（4.57%）
	二年级	9（5.14%）
	三年级	33（18.86%）
	四年级	43（24.57%）
	五年级	28（16.00%）
	六年级	45（25.71%）
编程学习时长	小于 1 年	95（54.29%）
	2 年	42（24.00%）
	3 年	23（13.14%）
	4 年	4（2.29%）
	5 年	6（3.43%）
	6 年	3（1.71%）
	7 年以上	2（1.14%）

2. 调研工具

计算思维评价工具。本次调研我们同样以 Bebras 挑战赛试题作为学生计算思维的测评工具，从 2019 年 Bebras 挑战赛（12—14 岁）试题中选取并编制了两套测试题。每套试题共有 12 道，难度分为 A、B 和 C 三个阶层，其中包括 6 道 A 级题、3 道 B 级题和 3 道 C 级题，其中 A 级题分值 7 分，B 级题分值 11 分，C 级题分值 15 分，试题的满分是 120 分。计算思维试题示例如图 3 – 4 所示。信度分析结果表明，试题的克朗巴赫 α 系数为 0.943，其中 A 级问题、B 级问题和 C 级问题的 Cronbach's α 系数分别为 0.931、0.925 和 0.928。结合计算思维的定义，我们将每道试题中所涉及的计算思维要素总结如下（见表 3 – 11）。

表3-11　　　　　　　　　　　Bebras 问题中涉及的计算思维

试题	难度	计算思维
艺术草稿纸	A 级	抽象，评估，泛化
气象员	A 级	抽象，算法设计，评估，泛化
清洁机器人	A 级	抽象，分解，算法设计，评估
叠盘子	A 级	抽象，分解，算法设计，评估，泛化
开花	A 级	抽象，分解，评估，泛化
安全箱	A 级	抽象，分解，算法设计，评估，泛化
薄饼	B 级	抽象，分解，算法设计，评估
建村	B 级	抽象，算法设计，评估，泛化
苹果树	B 级	抽象，分解，算法设计，评估，泛化
玩具球	C 级	抽象，算法设计，评估，泛化
解锁游戏	C 级	抽象，分解，算法设计，评估，泛化
建造大坝	C 级	抽象，分解，算法设计，评估，泛化

以其中的"安全箱"问题（图3-4）为例，学生首先对问题进行抽象，明白解锁保险箱的方法是转动指针；之后，通过例子帮助学生理解指令的使用以实现算法思维迁移；然后，将问题分解，并一步一步地完成每个字母的指令；最后，引导学生将计算思维技能推广到其他实际问题情景，不断寻找最佳答案，评估准确性。

使用八角形（8 面）旋钮解锁保险箱。旋钮有一个指针，可以指向八个字母之一。要解锁保险箱，首先将指针转向指向 A，然后必须使用指针拼出密码。旋钮必须顺时针转动到第一个字母，然后逆时针转动到下一个字母，顺时针转动到第三个字母，依此类推。可以使用一组指令写下密码：

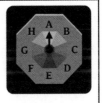

示例：1↻ 表示顺时针旋转一个字母，2↺ 然后逆时针旋转两个字母。该指令可拼出 BH。

问题：如果密码是 CHEFDG，以下哪个指令可以解锁保险箱？

A　2↻ 5↻ 5↻ 1↻ 6↻ 3↺

B　6↺ 3↻ 3↻ 7↻ 2↺ 5↻

C　2↻ 3↻ 5↻ 7↻ 6↺ 5↻

D　2↻ 1↻ 4↻ 3↻ 3↻ 2↻

图3-4　计算思维测试题的示例

初中生编程态度量表。初中生编程态度量表由我们研究团队自主开发，因此在这里做一个简要的介绍。为了更全面了解编程态度应包含哪些维度的因素，我们首先系统梳理了现有编程教学研究中的态度评估工具，发现不同的研究者都倾向于将编程态度划分为不同的维度因子来进行测评，如 Cetin 和 Ozden 编制了包含 18 个条目的 3 个维度（情感、认知和行为）的编程态度量表；[1] Mason 和 Rich 则编制了一个面向 4—6 年级学生的编码态度量表，该量表将编码态度分为编码信心、编码效用、编码兴趣、社会价值和对编码者的感知五个维度。[2] 基于此，我们以期望价值理论作为编程态度的理论框架，构建了包括编程自我效能感、编程效用、社会需求、程序员感知、编程兴趣五因素量表的初中生编程态度量表，经探索性因子分析和验证性因子分析表明编程态度量表的信效度良好（$\chi2/df = 2.308$，$RMSEA = 0.073$，$CFI = 0.925$，$TLI = 0.912$），可以作为检验初中生编程态度的可靠性工具。[3]

（三）初中生计算思维能力调研的基本情况

1. 七年级学生计算思维水平一般，但编程态度表现积极

为了分析七年级学生编程态度与其计算思维技能的基本情况，我们进行了独立样本 t 检验。样本学生的计算思维平均分为 58.32 分（满分为 120 分）。结果表明，样本七年级学生的计算思维技能处于中低档水平，而编程态度水平则较为积极，平均编程态度得分为 98.03 分（SD = 20.02，满分 135 分），五维度因素的平均得分分别为编程自我效能感（M = 20.18，SD = 5.60，满分 30 分）、编程效用（M = 19.44，SD = 4.40，满分 25 分）、社会需求（M = 22.43，SD = 4.89，满分 30 分）、程序员感知（M = 17.59，SD = 4.16，满分 25 分）和编程兴趣（M = 18.40，SD = 4.54，满分 25 分），以上各值均处于较高水平，具体如表 3 - 12 所示。

[1] Cetin, I., & Ozden, M., "Development of Computer Programming Attitude Scale for University Students", *Computer Applications in Engineering Education*, Vol. 23, 2015, pp. 667 - 672.

[2] Mason, S. L., & Rich, P. J., "Development and Analysis of the Elementary Student Coding Attitudes Survey", *Computers & Education*, Vol. 153, 2020, 103898.

[3] Sun, L., Hu, L., & Zhou, D., "Programming Attitudes Predict Computational Thinking: Analysis of Differences in Gender and Programming Experience", *Computers & Education*, Vol. 181, 2022, 104457.

表 3 – 12　　　　　　　　　　　　　变量间的描述性统计

变量	Max	Min	M	SD
编程态度（PA）	135	27	98.03	20.02
F1 编程自我效能感（S）	30	6	20.18	5.60
F2 编程效用（U）	25	5	19.44	4.40
F3 社会需求（N）	30	6	22.43	4.89
F4 程序员视角（P）	25	5	17.59	4.16
F5 编程兴趣（I）	25	5	18.40	4.54
计算思维	120	0	58.32	26.81

注：M = 平均值，SD = 标准差。

2. 女生计算思维水平较高，但编程态度却不如男生积极

不同性别的学生在计算思维水平上存在显著性差异（t = – 3.242，p < 0.01）。其中女生计算思维技能（M = 60.94，SD = 26.87）高于男生（M = 55.89，SD = 26.55）。但学生的编程学习态度的分析结果却与之相反，编程态度同样存在性别差异，但男生（M = 100.60，SD = 20.88）的编程态度要高于女生（M = 95.27，SD = 18.69），具体如表 3 – 13 所示。

表 3 – 13　　　　　　　　　　性别差异的独立样本 t 检验

变量	性别	人数	M	SD	t
编程态度（PA）	男	612	100.60	20.88	4.629 **
	女	568	95.27	18.69	
F1 编程自我效能感（S）	男	612	21.03	5.77	5.547 **
	女	568	19.25	5.26	
F2 编程效用（U）	男	612	19.69	4.41	1.991 *
	女	568	19.18	4.38	
F3 社会需求（N）	男	612	22.65	4.94	1.629
	女	568	22.18	4.83	
F4 程序员视角（P）	男	612	18.15	4.31	4.872 **
	女	568	16.99	3.90	
F5 编程兴趣（I）	男	612	19.08	4.62	5.406 **
	女	568	17.67	4.34	

续表

变量	性别	人数	M	SD	t
计算思维	男	612	55.89	26.55	-3.242**
	女	568	60.94	26.87	

3. 学生的编程态度能够显著预测其计算思维能力

学生的编程态度与其计算思维技能之间的相关性达到了显著水平。在考虑编程态度的五个因素时，除程序员的感知因素与计算思维呈负相关外，其余因素与计算思维均呈显著正相关。在测量相关系数时，总体编程态度与计算思维之间的皮尔逊相关系数为0.100，而五个因素与计算思维技能之间的相关系数在0.122—0.181。学生的编程态度与计算思维存在一定程度的相关。具体如表3-14所示：

表3-14 变量间的相关分析

变量	性别	PE	PA	S	U	N	P	I	计算思维
性别	—								
编程经验（PE）	0.087**	—							
编程态度（PA）	-0.133**	-0.209**	—						
F1 编程自我效能感（S）	-0.159**	-0.195**	0.841**	—					
F2 编程效用（U）	-0.058*	-0.195**	0.883**	0.651**	—				
F3 社会需求（N）	-0.047	-0.181**	0.880**	0.619**	0.758**	—			
F4 程序员视角（P）	-0.140**	-0.111**	0.725**	0.486**	0.495**	0.634**	—		
F5 编程兴趣（I）	-0.156**	-0.198**	0.905**	0.734**	0.853**	0.726**	0.521**	—	
计算思维	0.094**	-0.101**	0.100**	0.139**	0.181**	0.122**	-0.152**	0.133**	—

注：* = $p < 0.05$，** = $p < 0.01$。

进一步通过回归分析探讨学生编程态度对其计算思维的预测作用，结果如表 3 - 15 所示。学生的编程态度对其计算思维有显著的预测作用（$\beta = 0.100$，$t = 3.435$，$p < 0.01$）。学生的编程自我效能感（$\beta = 0.116$，$t = 2.730$，$p < 0.01$）、编程效用（$\beta = 0.237$，$t = 4.046$，$p < 0.01$）、社会需求（$\beta = 0.117$，$t = 2.359$，$p < 0.05$）和编程兴趣（$\beta = 0.133$，$t = 4.604$，$p < 0.01$）对七年级学生的计算思维有正向预测作用，而程序员感知（$\beta = -0.208$，$T = -5.622$，$p < 0.01$）这一维度对计算思维的预测作用是负向的。这一结果也证实了学生编程态度与其计算思维间的关系。

表 3 - 15　　　　　　　　　回归分析结果（因变量 = CT）

预测因子	β	t	R^2	ΔR^2	F
			0.069	0.065	17.332 **
编程态度（PA）	0.100	3.435 **			
编程自我效能感（S）	0.116	2.730 **			
编程效用（U）	0.237	4.046 **			
社会需求（N）	0.117	2.359 *			
程序员视角（P）	-0.208	-5.622 **			
编程兴趣（I）	0.133	4.604 **			

Note. $* = p < 0.05$, $** = p < 0.01$, LA = 学习态度。

4. 有编程经验学生的编程态度与计算思维水平均高于无编程经验的学生

我们采用独立样本 t 检验分析了编程经验的差异，结果如表 3 - 16 所示。结果表明，有无编程经验的学生在计算思维上存在差异（$t = 3.490$，$p < 0.01$）。其中，有编程经验学生的计算思维水平（M = 64.82，SD = 26.66）显著高于无编程经验的学生（M = 57.19，SD = 26.69）。同时，有无编程经验学生在学生的编程态度层面也存在显著差异（$t = 7.352$，$p < 0.01$）。有编程经验学生的编程态度（M = 108.08，SD = 20.41）显著高于无编程经验的学生（M = 96.28，SD = 19.44）。因此，可以说明学生之前的编程经验可以显著影响他们的编程态度和计算思维水平。

表3-16 编程经验差异的独立样本 t 检验

变量	编程经验	N	M	SD	t
编程态度（PA）	有	175	108.08	20.41	7.352**
编程自我效能感（S）	无	1005	96.28	19.44	
编程效用（U）	有	175	22.79	5.85	6.482**
社会需求（N）	无	1005	19.72	5.43	
程序员视角（P）	有	175	21.50	4.06	6.814**
	无	1005	19.09	4.36	
编程态度（PA）	有	175	24.55	4.83	6.324**
编程自我效能感（S）	无	1005	22.06	4.81	
编程效用（U）	有	175	18.69	4.60	3.491**
社会需求（N）	无	1005	17.40	4.05	
程序员视角（P）	有	175	20.55	4.33	6.924**
	无	1005	18.02	4.47	
编程态度（PA）	有	175	64.82	26.66	3.490**
	无	1005	57.19	26.69	

注：$* = p < 0.05$，$** = p < 0.01$，M = 平均值，SD = 标准差。

5. 学生的编程经验通过编程态度进而影响其计算思维能力

为进一步探究编程经验、编程态度与计算思维间的关系，我们尝试构建了三者之间的中介效应模型。其中以编程经验为自变量，编程态度为中介变量，学生的计算思维为因变量，利用 SPSS 建立了中介效应模型，如图 3-5 所示。从模型中可以看出，编程经验对编程态度（$\beta = -11.796$，$p < 0.01$）、编程经验（$\beta = -6.333$，$p < 0.01$）对计算思维（$\beta = 0.110$，$P < 0.01$）均有显著性影响。在加入中介变量编程态度前，编程经验对计算思维的影响为 $\beta = -7.628$（$p < 0.01$），输入中间变量后，直接效应为 $\beta = -6.333$（$p < 0.01$）。因此，可以说明编程态度在编程经验和计算思维之间起到了部分中介作用，即学生的编程经验通过改变自身对编程的态度进而影响其计算思维能力的发展。

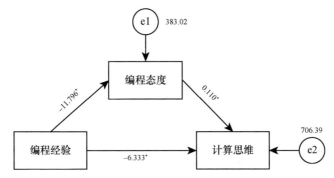

图 3 – 5　编程经验、编程态度和计算思维的关系模型

Note.　∗∗ = p < 0. 01。

6. 编程学习随时间增长呈倒 U 形发展趋势

编程经验包括两项内容，一是学生初次学习编程的时间，二是学生学习编程的总时长，具体信息如表 3 – 17 所示。对 175 名有编程经验学生的单因素方差分析表明，学生初次学习编程的时间节点差异造成了他们计算思维水平的差异（F = 5.856，p < 0.01）。其中，从二年级开始学习编程的学生的计算思维水平最高（M = 85.89，SD = 27.08），其次是从四年级开始学习编程的学生（M = 76.93，SD = 26.91），如图 3 – 6 所示，这初步与前文所述的小学生计算思维调查结果相吻合。而第一次学习编程的时间在编程态度中的差异并不显著（F = 1.904，p > 0.05）。即无论学生什么时候开始学习编程，都不会对他们的编程态度有太大影响。

表 3 – 17　　　　　　　　　变量间的相关分析（N = 175）

变量	第一次学编程的时间	编程学习时长
	F	
F1 编程自我效能感（S）	2. 419 ∗	4. 129 ∗∗
F2 编程效用（U）	2. 061 ∗	2. 664 ∗
F3 社会需求（N）	0. 666	1. 114
F4 程序员感知（P）	1. 263	2. 272 ∗
F5 编程兴趣（I）	1. 465	3. 887 ∗∗
编程态度（PA）	1. 904	3. 481 ∗∗
计算思维	5. 856 ∗∗	2. 308 ∗

Note.　∗ = p < 0. 05，　∗∗ = p < 0. 01。

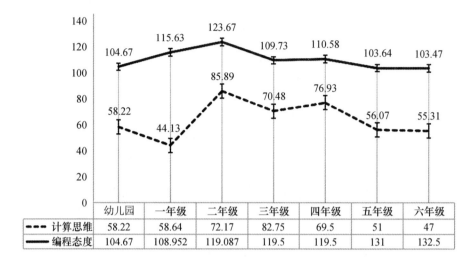

图 3-6   第一次学习编程的年级、编程态度和 CT 技能之间的关系

同时，学生的计算思维（F = 2.308，p < 0.05）和编程态度（F = 3.481，p < 0.01）在其编程学习时长上也存在显著差异。具体结果如图 3-7 所示，其中，学生的编程态度随着编程学习时长的增加呈逐渐上升的趋势。然而，随着编程学习年限的增加，学生的计算思维水平技能呈现近似倒 U 形曲线。其中，有四年编程经验的学生的计算思维水平最高（M = 82.75，SD = 26.88）。

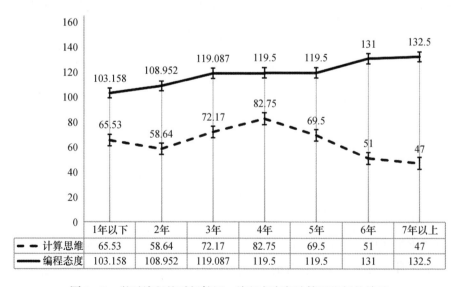

图 3-7   学习编程的时间长短、编程态度和计算思维间的关系

（四）初中生计算思维调查发现的突出问题

1. 七年级学生计算思维水平一般，思维培养的教育困难随学段增长逐步加剧

七年级计算思维能力评估结果显示，学生计算思维水平呈现中等偏下的态势（平均分58.32分）。与小学生（平均分48.29分）相比，七年级学生计算思维虽有了一定的提升，但这也可能与学生的认知发展的自然成长有一定关系，因为调查过程中没有确立各年龄段学生的基线水平。总体而言，七年级学生计算思维能力水平仍然相对较弱，未能达到及格线。所以，这也从一定程度说明，我国学校教育重知识、轻思维的现象依然存在，并且这种问题和困难会随着学生年级的增长不断显现。升入初中起，课程分科的特征更加明显，学业压力也随之增大，教师需要在有限的课堂时间内教授内容繁杂的知识点，对教学内容呈现形式的关注程度也就明显降低，而在课堂上让学生去体验、创造和实践的机会也逐渐减少，应试教育的目标也更加明显。同时，作为计算思维培养主阵地的信息技术课程也很容易被其他课程所"排挤"和"压缩"。调研学校教师也表示，他所在学校信息技术课程虽按照课标要求正常开设，但在遇到月考、期中和期末考试时，经常被其他语数外课程"顶替"，并且之后一般不会补回缺少的课时，所以经常有"跳跃式授课"和"匆忙结课"的现象，这在一定程度上确实无法保障教学的质量；同时，授课教师一开始也对我们调查全体学生计算思维、编程态度和编程经验的意图感到困惑，因为编程类活动目前在初中阶段确实不是面向全体学生的，通过教师推荐和学生自愿参与会选拔一部分人进行集中训练，参加青少年编程竞赛等项目，这是目前编程教育在学校的真实现状。当然，我们在这里阐述信息技术课程的问题并不是说学生上足信息技术课他们的计算思维能力就一定会提升，但通过这种现象促使我们开始反思当前初中生计算思维教育的困顿与何以突破。

2. 不同性别学生计算思维水平与编程态度呈负向相关

根据调研结果的统计学分析显示了一个非常有趣的现象，即女生计算思维水平比男生高，但编程态度却没有男生积极。这一结果也从侧面说明了计算思维是编程教育的主要实践场域，但并非是专属场域。并且，七年级女生计算思维水平的优势又一次得到验证，关注并重视女生在计

算思维相关领域的地位再次得以重申。同时，女生编程态度低下的结果也为我们提供了反思女生计算机领域职业偏见这一现象的思路。女生计算思维水平偏高，但编程态度水平却较低，这也说明了女生在计算机和工程领域具备计算机学习认知和思维结构的潜力，但或许是对编程消极的态度阻碍了她们在此领域的深入学习与探索，以及后续继续从事该领域工作的热情与动力。针对这一问题，调研学校授课教师反馈显示，在编程课堂中，女生的表现则更为被动与消极，她们往往不敢动手，害怕出错，缺少"试误"的精神，而不断迭代试误恰是编程学习所需要的基础技能；反观男生则在实践层面表现更为积极，他们愿意冒险和创新，在教师的演示之后勇于尝试开发新的算法序列，不断尝试为对象添加更多的程序指令。有关研究也证实了这一点，研究者对 149 名学生编程课程学习之后的态度调查结果显示：男生编程学习的态度比女生更为积极，尤其表现在行为倾向层面上。[①] 女生对编程学习消极且逃避的态度可能与她们对自我身份的认同以及社会对女性群体的刻板印象有关。从幼儿时期，女生与女生的玩具可能都会有"积木"或"益智类"玩具，但随着儿童的成长，无论从穿衣打扮还是玩具的类型上渐渐出现了性别的分化。由此看来，如何克服女生对编程抵触的心理屏障，切实提升女生的编程兴趣是促使其计算思维能力持续发展以及在相关职业领域深造的前提。

3. 初中信息技术（编程）课程教学形式传统，影响学生的编程学习态度

本次调研落脚在编程课程促进学生计算思维发展的层面，而初中课堂的编程教学主要依托于信息技术课程展开。初中阶段的编程学习内容不仅涉及图形化编程形式，同时也增加了 Python 语言等内容。但当前初中生信息技术课程教学形式还大多沿用之前传统课堂的教学形式，即教师和学生都各自面对计算机屏幕，由教师控制桌面演示讲解，之后学生练习操作，教师则进行巡视指导。通过与调研学校信息技术教师交流也印证了这一点，受访教师提到他所在学校的信息技术课堂中也会教授编程模块，并且学校对信息技术课程的重视程度相对而言还可以。其中

---

① 李清月：《小学生编程学习态度的调查研究》，《中国现代教育装备》2020 年第 12 期。

图形化编程和 Python 类的文本编程教学内容都会涉及，课堂教学形式一般还是沿用传统的上机操作流程，如由教师制作并演示 Scratch 项目《趣味弹力球》，并讲解其中的关键算法程序，即"小球下落如何表示？碰到接弹板再次弹起的角度如何设置"，之后再由学生模仿练习。并且受到教学时长和课时量少的限制，一些课堂练习也并不一定能完成；而且教学的内容也没有系统性和连贯性，大多都是教师自己随机选择和设计的内容，这在一定程度上也会影响到学生对编程的积极体验。教师还表示，在学生编程学习的初期，他们的热情程度和学习兴趣相对而言比较高，但是随着课程的推进，这种编程的内容与形式便不再对学生有吸引力了，并且，这种形式对全体学生的调动和组织比较松散，随之而来的便是课堂组织纪律问题。由此看来，目前初中编程课堂的教学形式问题是影响他们编程学习态度的重要原因之一。

4. 学生编程经验差距较大，造成了教师课堂教学的难度加大

由调研结果可以看出，初中生编程学习的经验差距较大。其中有编程经验的学生在被调查学生中仅占不到 15%，而有编程经验的学生之间也存在较大差异，如有少部分学生从幼儿园便开始学习编程，而绝大部分学生从六年级才正式开始学习；并且编程学习时间少于 1 年的学生占比最大，但也有将近 10% 的学生学习编程时间在 5 年以上。这种现象与编程教育在我国的存在形式有很大关系。我国少儿编程培训行业近年来发展势头不断高涨，尤其是在"双减"政策颁布之后，各种学科类培训市场份额量骤减的情况下，编程教育"异军突起"，刷了一大波"好感"。编程成为目前中小学生的课外兴趣或兴趣特长之一，并且许多家长早已瞄准了编程学习对孩子思维训练的优势，在孩子很小的时候就为他们报了学习课程。但这种情况在某种层面上也无形中加大了学校信息技术课程的授课难度。编程学习程度好，有丰富经验的学生在学校的信息技术课堂中便游刃有余，但对编程接触较少甚至没有编程经验的学生在课堂学习中则会显得有些吃力。因此，信息技术课堂中如何设计和开展编程教学活动以调动和协调全体学生的参与和学习仍有待进一步解决。

（五）提升初中生计算思维能力的思路与对策

1. 丰富编程课堂教学形式，激发学生编程学习内驱力

学生的编程态度对他们的计算思维有显著的正向预测作用。具体而

言，学生编程态度的五个维度（即编程自我效能感、编程效用、社会需求、程序员感知和编程兴趣）都会对他们的计算思维产生显著影响。编程态度量表以期望价值理论为基础，作为动机心理学最具影响力的理论之一，该理论认为，个体完成各种任务的动机是由他们对这一任务成功可能性的期待以及对这一任务所赋予的价值决定的，如若个体认为在这一学习任务中达到目标的可能性越大，那么从这一目标中获取的激励值也就越大，个体完成这一任务的动机也就越强，从而最终表现在他们的学习成就中。因此，从学生对编程的态度入手，激发其编程学习的内生驱力应作为编程教学的首要任务。通过丰富编程课堂教学形式增加，提升学生对于编程的积极的情感体验，从而激发其学习动力使其不断投入其中并持续保持着学习热情。教师应当改变编程课堂中的"你讲我练"传统课堂形式。在编程方式上，可以加入"非计算机化"编程活动，设计脱离计算机界面的"编程"活动，组织学生具身参与其中，以身体的运动、行为等来体悟程序原理；并且也可以设计计算机化与非计算机化混合教学的编程活动，通过不同编程方式的交替使学生加深对编程学习的理解。更重要的一点是，教师在课堂教学组织中应重点关怀女生的行为表现，适时地给予语言鼓励和行为支持，帮助女生建立编程自信。本次编程态度的调研结果也给我们以启示，即在编程教学中应回归学生主体，体现学生本位，当然，学生对待编程态度的转变与积极情绪的产生也需要外部形式不断变革完善，教师应当以调动学生的编程态度为契机，设计多元化的编程活动形式，以深化改革编程课堂计算思维教育。

2. 重视初次编程积极体验，以提升编程态度进而促进计算思维发展

调研结果进一步探讨了编程经验、编程态度和计算思维间的关系，证明了编程态度在编程经验和计算思维之间发挥了完全中介作用，以此建立并揭示了学生之前的编程经验对其计算思维发展的内部作用机制，对解释学生编程学习的发展规律并指导学生编程学习的路线规划具有重要的意义。正如 Master 等指出的：积极的编程体验会让学生获得更好的

编程兴趣和自我效能感,[1] 而这正是学生在学习中取得良好成绩的前提。下面主要从编程经验的两个方面,即初次学习编程的时间和编程学习时长两方面来分析解读。一方面,儿童开始学习编程的时间并非越早越好。小学生计算思维能力的调查也说明了,四、五年级是小学生计算思维发展的关键期,在此时给予适当的编程干预或许能够取得事半功倍的效果。教师可以在个体编程学习初期逐步引导其参与并体验编程的乐趣,减少学习恐惧感并同时增强积极的编程"初体验"。Master 等人同时也指出,学生初次学习体验感的好坏与否决定了他们后续继续学习编程的欲望。[2] 教师在编程课堂教学中可以积极尝试不同的教学方法,如开展项目式学习,选择更加贴合学生生活和学习实际的情境问题,在项目制作中锻炼他们的计划执行能力以及动手与合作能力;同时也可以结合不同学科的问题设计编程活动引导学生加以解决,增加其学习的亲切感与熟悉感;当然,游戏化学习形式可以为学生营造多感官刺激的活动情境,增强编程学习的"沉浸感";另一方面,编程学习的时间并非越长越好,调研结果显示,编程学习时长与学习时间呈现倒 U 形曲线关系。这一结果也让我们开始反思编程课程在我国的发展形态应如何设置,随着学生年级的增长是否应当考虑学生更加专业化的学习需求和未来的职业选择。如欧洲等国在初中和高中阶段都设有职业化的编程课程,为不同学习层次和需求的学生进行教学"分流",以帮助学生在他们"适当"的位置实现更好的发展。对于我国编程教育的发展而言,这种课程形态的实现可能还需要很长的路途,更需要政府、企业和学校各界的共同努力。

3. 把握编程学习的关键节点,在适当成长节点给予实践支持

编程经验的方差分析结果表明,学生第一次学习编程的时间并不会对学生的编程态度产生积极影响。换言之,在编程教学的任何阶段,教

---

① Master, A., Cheryan, S. & Moscatelli, A., et al., "Programming Experience Promotes Higher STEM Motivation Among First-grade Girls", *Journal of Experimental Child Psychology*, Vol. 160, No. 1, 2017, pp. 92 – 106.

② Master, A., Cheryan, S. & Moscatelli, A., et al., "Programming Experience Promotes Higher STEM Motivation Among First-grade Girls", *Journal of Experimental Child Psychology*, Vol. 160, No. 1, 2017, pp. 92 – 106.

师都可以利用适当而有效的方法以提升学生的编程学习态度，并且，随着编程学习时间的延长，学生对编程学习的态度呈上升趋势。同时，其中另一个有意思的发现是：学生第一次学习编程的年级与他们的计算思维水平密切相关。从二年级开始学习编程的学生计算思维最高，其次是从四年级和三年级开始学习编程的学生。以教育心理学关于思维发展的特点解释，小学二、三年级儿童的思维发展逐步由具体形象化思维向抽象形象化思维过渡，四年级是抽象思维过渡的关键期。由此看来，根据学生认知发展的规律，在不同的学习阶段采取适当的教学策略非常必要。教师可以根据学生在不同时期的认知发展特点，设计符合其思维特征的编程活动策略，如在幼儿时期注重学生与实物基础的体验，通过积木拼搭和机器人活动来训练其计算思维；而到了小学和初中阶段可以以项目任务驱动为主，通过图形化编程和文本编程等形式促进思维技能的发展；而在更高年级则注重强化逻辑训练，可以采用纸笔编程等逻辑活动来培育计算思维能力。有关计算思维的教学阶段划分和具体的教学策略，我们将在以下两节进行详细探讨。此外，学生的编程学习时长也与其计算思维发展密切相关。如上所述，学生的计算思维水平与其编程学习时间呈倒 U 形关系。具体地说，拥有四年编程学习经验的学生有最高水平的计算思维水平，而随着编程学习时间的增加，其计算思维水平逐渐降低。长期编程学习的原因可能有两方面，一方面是教师和家长对学生以升学为目标的专业化竞赛培训，这也是我国目前编程学习的常态出口；而另一方面是学生职业发展规划的需求，可能未来继续从事编程相关行业。我国儿童编程教育的"出口"到底应如何安排，这同样也是一个有待后续深思的问题，但是通过本书的研究我们也一再肯定并重申：编程教育并非为将每个孩子都培养为程序员或者 IT 精英，而是希望编程学习能够改变他们看待事物和解决问题的思维方式，思维培育永远是编程教育性的灵魂所在。

第三节　怎么教——计算思维阶段划分

通过编程如何教授计算思维是本节讨论的重点，调研结果给我们以启示，计算思维作为一种高阶思维技能，与儿童认知和思维发展的阶段性是相伴共生的。在恰当的阶段给予适当的教学方式支持对学生计算思维的发展会起到事半功倍的效果。计算思维的教授和学习应当符合儿童自身的认知发展阶段，与儿童生理与心理状态的发展程度相呼应。皮亚杰的儿童认知发展阶段论为计算思维教学的阶段性划分提供了一种有效的理论框架。基于此，我们根据皮亚杰的发生认识论对儿童计算思维的发展阶段进行了划分，明确了各阶段儿童计算思维的行动表征；之后，我们针对不同阶段发展计算思维可能涉及的教学策略进行了探讨，希望我们的工作能够为编程促进计算思维教学的理论与实践研究提供可行性的方案参考。

一　计算思维发展阶段的划分

计算思维培养阶段层次的划分能够助力计算思维教学实践的落地。思维的养成是知识不断获取的过程，也是学习者认知发展变化的过程，皮亚杰提出的认知发展理论很好地解释了儿童认知的形成与发展过程，成为此后儿童发展相关研究的理论支撑及发展基础。皮亚杰作为心理学家以及儿童认知发展专家，其理论被诸多研究者以不同角度及层面加以延用发展。计算思维同样作为一种高阶思维能力，其发展与培养也需要循序渐进的过程与丰富多样的形式。在此，我们借助皮亚杰的认知发展阶段理论构筑计算思维培养与形成的阶段蓝图，并不是要精确借鉴认知发展阶段论中对儿童思维发展的年龄划分，而是希望通过每阶段所表现出的思维发展特点和发展连贯性等反映计算思维的习得过程，借助认知发展阶段的思维逻辑设定来划分计算思维的培养阶段框架，为计算思维教学实践提供发展依附与理论支持。

（一）前计算思维阶段——实体感知与行为互动中的计算思维奠基

国外有研究提出要将计算思维转变为四种基本技能之一就必须使计算思维在小学阶段就出现，然后一直持续到中学，甚至更长时间内。[1] 现在，基本一提到计算思维，人们很自然地就会将其与计算机编程相联系。诚然，编程确实是培养计算思维的重要方式之一，但年龄层次较低的儿

---

① Qualls, J. A. & Sherrell, L. B., "Why Computational Thinking Should be Integrated into the Curriculum", *Journal of Computing Sciences in Colleges*, Vol. 25, No. 5, 2010, pp. 66 – 71.

童在编程认知接受和实际操作过程中会存在着一定的困难，我们认为探求低龄儿童计算思维培养的规律与方式需要更加丰富的教学形式支持。皮亚杰在感知运动阶段中对儿童心理认知和行为发展的观察描述给我们以启示。儿童通过感官与运动体验世界以获取知识。通过看、听、吸吮、抓取等动作建立与外界的联系，在互动中逐渐形成对世界的认识，这是思维养成在儿童大脑中萌芽的起点。儿童产生了有目的行动以获得相应结果的意识，这为儿童预想方案以实现简单的目标奠定思维基础。在感知运动的后期阶段，儿童开始识别代表物体或事件的符号，并使用简单的语言来编码对象，此阶段儿童开始思考自身与客体、客体与客体之间的关系，① 自我认知逐渐形成。同时，儿童产生了实用智能，即设想目标并通过计划一系列的活动实现目标，② 我们可以将其视为儿童早期解决问题的思维雏形。儿童的强模仿力驱动他们进行重复性的活动，为其对循环的理解奠定思想根基。在此阶段，他们并不是没有进行思考，而是他们的认知系统仅限于出生时的运动反射，但正是在这些反射的基础上发展出更复杂的程序。③ 与其说这一阶段的儿童逐渐养成自我的思维，不如说在养成构建思维的基础，培养一种潜在的计算思维意识，在大脑中埋下计算思维的"种子"，我们将这一阶段定义为前计算思维阶段。正如皮亚杰所说，在感知运动性智力或感知运动性活动的第一水平上获得的东西，并不是一开始就能在思维水平上得到适当的表现的。④ 前计算思维阶段的儿童，其认知能力可以在儿童与实体的感知与互动中得以启发。关键的成熟事件使基本的认知过程就位，然后允许抽象思维、计划和认知灵活性的发展。⑤ 皮亚杰认为感觉运动行为构成了所有认知架构的基础，

---

① Thomas, R. M., *Comparing Theories of Child Development*, Pacific Grove, CA: Brooks/Cole Publishing Company, 1996.

② Piaget, J. & Cook, M., *The Construction of Reality in the Child*, New York: Basic Books, 1995.

③ Carey, S., Zaitchik, D., & Bascandziev, I., "Theories of Development: In Dialog with Jean Piaget", *Developmental Review*, Vol. 38, No. 1, 2015, pp. 36 – 54.

④ Piaget J., *The Origins of Intelligence in Children*, New York: International Universities Press, 1952.

⑤ Harvey, S., Levin, K. A., "Developmental Changes in Performance on Tests of Purported Frontal Lobe Functioning", *Developmental Neuropsychology*, Vol. 7, No. 3, 1991, pp. 377 – 395.

儿童在此基础上构建对物体本身的新认知及处理物体的新方法。[①] 在前计算思维阶段,儿童大脑区域之间的交流逐渐增多,儿童在整合运动、感觉和信息认知方面的能力逐渐增强,[②] 为更高阶思维能力的产生与发展奠定了基础。

(二)计算思维准备阶段——符号象征与任务驱动中的计算思维萌芽

具有一定象征意义的项目任务能够提供活动框架和环境支撑,推动儿童在一定的游戏情境或实践过程中培养计算思维。在前运算阶段,儿童开始理解符号的意义并学习使用符号,语言技能及视觉能力的发展有利于其用文字和图片表现物体,能够使用合适的语法及句式表示概念,认知符号及表述事实使得儿童的抽象思维技能得以锻炼并发展。前运算阶段儿童认知的主要特征之一为"象征性思维",儿童开始象征性地思考,倾向于从事象征性游戏并操纵象征物。但此时儿童在理解复杂的抽象思维方面仍有困难,缺乏分类及系列化,无法很好地提炼不同概念中的共同特征或解决同一问题的不同方案。我们将这一阶段称为计算思维准备阶段。计算思维准备阶段的儿童在具有设定任务的游戏中调动自身的好奇心、激发探索问题解决方案的潜意识并以此提高自身的问题解决能力。儿童在以解决问题为主线、且具有一定的逻辑意义的游戏(如分配水果、送小动物回家、绘制有一定要求的图形等)中形成自身认知事物的合理观点及完成游戏的逻辑思维,而逻辑思维正是算法思维的早期形态,为儿童解决复杂问题提供前期练习及准备。计算思维准备阶段的儿童在认知理解力及操作性动力方面有所增强,儿童的算法思维逐渐显现但并不成熟。前运算阶段的儿童比年幼的孩子更容易想象不存在的人或物体(例如有翅膀的蜥蜴),而且喜欢创造自己的游戏,[③] 儿童计算思维中的创造力成分在这一阶段逐渐显现并发挥作用。想象力正是创造力及发散思维的前身,

① Piaget J. , *The Origins of Intelligence in Children*, New York: International Universities Press, 1952.

② Lefmann, T. & Combs-Orme, T. , "Early Brain Development for Social Work Practice: Integrating Neuroscience with Piaget's Theory of Cognitive Development", *Journal of Human Behavior in the Social Environment*, Vol. 23, No. 5, 2013, pp. 640 – 647.

③ Ribaupierre, A. D. , "Piaget's Theory of Child Development", *International Encyclopedia of the Social & Behavioral Sciences*, Vol. 4, No. 4, 2001, pp. 11434 – 11437.

利于儿童创造新的情境或行为，为儿童全面地看待问题、提出多角度的问题解决方案提供思维可能，进而推动逻辑思维的发展。任何一种思维的形成都需要经历一个复杂的大脑认知、修正及成熟过程，而计算思维作为一种综合化、融合化了众多思维技能的高阶思维，在不同的阶段划分中有不同的行为体现。前运算阶段中儿童的认知特点启示我们，这一阶段儿童大脑发展的生理与认知基础还不足以进行高阶的思维操作活动，而儿童抽象思维的发展、简单算法思维的形成、创造力与发散思维的迸发能够使他们在抽象的符号操作及简单的项目任务中培养与展现计算思维。

（三）计算思维形成阶段——逻辑推演与思维抽象中的计算思维生长

在计算思维准备阶段思维特点的基础之上，关注并推动儿童社会情感及技能方面的发展，情感技能作为一种更高级的思维方式，同样也是计算思维发展的重要组成要素。在具体运算阶段，儿童的认知得到了较大的发展，儿童的思维延伸到了更广阔的范围空间中。皮亚杰认为儿童能够理解复杂抽象的概念，并将概念附于具体的情境中加以分析，儿童的抽象性思维开始逐渐展现出其作用。同时，儿童开始接触并理解学习规则的含义，产生了一定的自我约束及行为设定，儿童在思考问题的过程中，基于一定的规则条件学习如何更抽象与更假设地思考。具体运算阶段的儿童具有了归纳逻辑，他们能够从特定的方案中推理出一般的逻辑，并将一般化的问题解决方案迁移到具有共性的问题之中，从而帮助他们系统化地解决问题。同时儿童也具有了可逆性思考的能力，他们能够理解一些物体被改变后仍可以恢复原状，儿童将对物体的可逆性特征迁移到思维的可逆性上来，这也就说明，儿童能够更为自由地设想、控制、整合解决问题的各个环节步骤，可逆性思维是儿童解决问题时所使用的非常重要的思维之一。相对于前运算阶段，具体运算阶段的儿童有了明显的"去自我中心化"的特征，儿童协作交流能力进一步提升，儿童开始思考其他人如何看待问题，并能够从他人的角度思考问题，儿童在接受他人观点的同时，得以更深入地理解问题的本质。儿童也由只考虑问题表象逐渐转化为关注一个问题的多个方面，这会帮助他们选择合适的方案解决问题。但儿童不能考虑到逻辑上的所有结果，对问题解决方案中潜在的风险无法有效地捕捉。具体运算阶段的儿童相对于前一阶段的儿童在认知思维上产生了质的飞跃，其所形成的思维能力及情感技能基本构成计算思维的大部分组成结构，我们将这一阶段称为计算思维形成阶段。在此阶段，儿童的高阶思维能力进一步发展，能够对问题情境进行逻辑推演，创造力及发散思维在多样化的任务中进一步释放。儿童对同伴的渴求心理及所处教育环境为儿童进行交流协作提供了情感需求及客观条件，儿童与他人的沟通协作技能得以培养，使得思维发展从封闭走向开放。

（四）计算思维发展阶段——假设推理与形式运演中的计算思维延展

计算思维能力发展的指向是问题化地看待目标对象，具备忽视细节抽象问题的本质，在此过程中延伸到技术操作、学科知识等更为广泛的情境领域。形式运算阶段思维认知的大跨度发展与此阶段计算思维的养成形成了呼应与交契。在形式运算阶段，儿童能够理解更抽象的术语，可以在不同情境中提出假设并进行有效的推理，能够迅速地做出可行的策略与计划，并考虑行动的可能结果。儿童的迁移能力有所提高，可以将一个情境中的学习理念用于另一个情境，能够制订出多种潜在的解决方案，创造性地解决问题，并能够结合计算机基本知识实现系统的调试。形式运算阶段的儿童具有了元认知的意识，能够合理思考自己的想法与他人的想法，批判性思维也在这一阶段出现。在此阶段，社会环境尤为重要，① 此时儿童所处的教育环境使得该年龄段的儿童对计算机知识的掌握由简单了解变为较熟练使用，具备了对抽象复杂的算法程序原理消化处理的能力，儿童逐渐理解计算机的相关概念，对数据在计算机中的存储形式也有所掌握。同时，儿童在对程序的认知过程中也对计算思维有了直接的认识，我们将这一阶段称为计算思维发展阶段。相较于上一阶段，计算思维的发展具有两个方面的明显特征，一是儿童的计算思维在儿童思维认知结构中更加稳定，计算思维的结构中囊括了对数据的分析能力、对解决方案潜在问题的分析及修补错误的能力、批判性思维以及儿童自身解决问题的态度、信心等情感方面的技能。计算思维的结构更为完善，并在更多的实践问题中得到发展。二是儿童开始将计算思维运用到更复杂与更广阔的实际问题之中，从解决特定的、设想性的预设任

---

① Dipietro, J. A., "Baby and The Brain: Advances in Child Development", *Annual Review of Public Health*, Vol. 21, No. 1, 2000, pp. 455－471.

务向解决不确定的、实际的复杂任务过渡，计算思维发挥其真正的社会性意义上的作用，致力于解决社会生活的实际问题，从而形成一种计算思维大环境意识。同时，计算思维作为儿童思维结构中不可缺少的部分，对儿童的认知发展具有指导性的意义，助力儿童完成更高层面的自我思想升华，在儿童成年之后，由于儿童心智、认知等各方面的成熟，计算思维的发展具有专业性与针对性，对于未来从事计算机行业的人员，计算思维将深度发展；而对于其他行业的人员，计算思维则更倾向于广度发展。

二 计算思维教授策略的探讨

对计算思维培养阶段的划分能够为计算思维的教授提供载体和依托，但计算思维教学目标的实践落地更需要教授策略的支撑。国内外已有研究从不同角度采用多样化的方式探究了计算思维的教学策略，除熟知的图形化编程形式外，实体编程，不插电活动，纸笔编程等也是主要的教学形式，它们也是适应计算思维培养需求和儿童思维发展特点的存在。各研究虽自成一派、各有特色，体现并适用与计算思维培养的不同层面与需求，但并未形成系统连贯的教学和学习体系。因此，本书将已有成熟的计算思维教学策略与案例整理划归于计算思维教学阶段之中，一方面可以为教学工作者提供丰富多样的策略选择，另一方面也是计算思维教学系统化和规范化开展的尝试，以期能够为一线教师教学展开提供指导性的借鉴。

（一）实物感知与实体操作浸润前计算思维阶段

利用真实世界的实物，鼓励儿童多看、多听、多说、多触摸，充分调动儿童的感觉器官帮助儿童树立对世界存在及自我存在的客观认知。这一阶段的儿童模仿力很强，通过重复性的简单语言及动作培养儿童计算思维能力的发展。Cunha 等认为在幼儿阶段进行编程活动与计算思维的教学相对而言成本投入更低同时教学效果更为持久。[1] 通过实物体现具备特定外观的实体符号更加符合此阶段儿童思维发展的特点。通过移动、排列、组合等一系列实体操作培养儿童的动手能力，同时丰富儿童的思

---

[1] Cunha, F. & Heckman, J. , "The Technology of Skill Formation", *The American Economic Review*, Vol. 97, No. 2, 2007, pp. 31 –47.

维环境，积木堆积、操控有声实物等行为能够极大激发这一阶段儿童的动手兴趣。实物感知与实体操作通过一种要求儿童操作具有象征意义的物理对象的方式，帮助他们产生对简单符号的认知及思考，从而向复杂的符号思维能力过渡。[1] 寓教于乐的教育思想及游戏化形式无疑满足了前计算思维阶段儿童对未知世界极强的探索欲以及其较为初级的认知水平的发展需求。

在塔夫茨大学一项名为 TangibleK Robotics Program 的项目中，主要研究学龄前幼儿如何用与其生理发育适当的实践方式积极参与到编程和机器人技术活动中，并由此培养计算思维和排序能力等。[2][3] 课程以发展儿童学习过程中的"强大的想法"展开，包括工程设计、机器人技术、顺序与指令流程和参数与传感器流程四个模块。课程的展开多辅之以幼儿熟悉的学习与生活环境主题，除在其中体现程序机械等原理外，又与其他学科内容相联系渗透，实践材料主要为乐高组块、机器组件或装有传感芯片的程序块等。项目课程共计划 20 个小时的课堂时间，包括 10 小时的活动开展时间以及 10 个小时的最终项目制作时间，总计教学时长不变，课程分散在接下来的几个月当中，每周根据学校实际情况展开 2—3 小时的教学活动，执行教师合理安排各部分教学时长。每次主题都遵循相同的基本架构：①游戏引入，计算概念强化；②活动挑战，强化主题；③单独或协作探索；④交流研讨，共享策略；⑤自由探索，拓展延伸；⑥项目评估。如表 3 - 18 所示。研究结论表明，低龄儿童能够通过实物操作方式参与编程活动，并从中培养和发展计算思维能力。[4] 表 3 - 18 为工程设计流程主题中一课的教学案例。

①　Lu, J. J., & Fletcher, G. H. L., Thinking about Computational Thinking. Proceeding of the 40th ACM Technical Symposium on Computer Science Education, New York: ACM, 2009, pp. 260 - 264.

②　Bers, M. U., "The TangibleK Robotics Program: Applied Computational Thinking for Young Children", *Early Childhood Research and Practice*, Vol. 12, No. 2, 2010, pp. 1 - 20.

③　Kazakoff, E. & Bers, M., "Programming in a Robotics Context in the Kindergarten Classroom: The Impact on Sequencing Skills", *Journal of Educational Multimedia & Hypermedia*, Vol. 21, No. 3, 2012, pp. 371 - 391.

④　Bers, M. U. & Horn, M., S., Tangible Programming in Early Childhood: Revisiting Developmental Assumptions Through New Technologies, Boston: Information Age Publishing, 2010.

表 3 – 18 实物化编程教学案例

第一课 坚固的建筑物

活动内容：学生设计并制造非机器人车辆，并将小型玩具人车辆从家里运送到学校，在此过程中探索何种架构能够使车辆更加坚固。本课介绍了机器人零件以及如何编程。

活动材料：（1）乐高©组块及各种用于建筑和装饰的工艺和可循环材料；

（2）代表"家庭"和"学校"图标或模型，相隔数英尺远；

（3）设计步骤图

教学目标：（1）理解乐高组块和其他材料可以配合在一起以形成坚固的结构，并且系统的工程设计过程对于计划和指导工件的创建的重要意义；

（2）能够使用乐高积木和其他材料制造坚固的车辆，能够通过工程设计过程来简化其车辆的创建。

教学流程	具体步骤与时长	活动概要	
（1）游戏引入 概念强化	游戏引入（5 分钟）	唱儿歌"公共汽车上的轮子"，重点关注运输以及车辆由不同零件组成且这些零件具有独特功能的	"强大的想法"：工程设计过程
	介绍概念与任务（5 分钟）	活动任务为制造汽车（或其他车辆）来带动玩具人移动，并将使用工程设计的方式来帮助我们更好地完成任务	
（2）活动挑战 强化主题	（5 分钟）	讨论工程师是什么，并介绍工程设计过程的步骤（在原文中一附录形式呈现），强化"工程设计过程"这一主题	
（3）单独或协作探索	（25 分钟）	学生按照工程设计过程的步骤进行操作，并使用 LEGO © 等材料来制造可将小人从家里运送到学校的符合标准的车辆	
（4）交流研讨 共享策略	（10 分钟）	学生分享各自的创作，交流经验	
（5）自由探索 拓展延伸	（10 分钟）	为儿童提供了多样化的探索机会，体会乐高创作的过程中的想法与感觉	
（6）项目评估		教师根据学生表现评估学生作品完成情况（原文中在附录呈现）	

（二）逻辑任务与人机交互贯穿计算思维准备阶段

计算思维准备阶段的儿童主要在小学低年级，其认知逐渐发展成熟，具备了一定逻辑判断与思维操作能力。在此阶段可以通过一些小的逻辑任务帮助儿童在一定情境框架之下发展计算思维能力。不插电活动对培养儿童计算思维能力具有独特优势。"不插电"活动不仅对于教育信息化覆盖率低的计算科学教学活动有着重要的辅助作用，并且是训练儿童计算思维能力的重要方式。"不插电"活动随着教学需求也在不断地优化与丰富，每年都会有在其社区网站上进行教学案例的更新。当前，"不插电"活动不再单纯地传达计算机相关概念知识，也更加贴合儿童学习情境及学科内容主题等。巴西与西班牙的研究者们曾合作探究了"不插电"活动对于小学生计算思维能力发展的影响。研究者在实验干预前后都进行了计算思维能力的测试，实验周期五周，每周一节课，每节课一小时。研究结果表明，干预后实验组学生的计算思维技能显著提高，而对照组则没有，并且通过定性观察与访谈发现，在不同题目类别上，学生的学习体验和态度也存在差异，如表 3–19 所示。[①] 同时，教师在进行"不插电"活动的主题教学时也应当注意，找到知识内容与计算思维概念的内在衔接点，不是所有的教学内容都适合于此方式，不应刻意为之。表 3–19 为教学案例设计的节选。

表 3–19　　　　　　　　　"不插电"活动教学案例

活动主题	活动概要	计算思维概念
"分解"活动	学生将情境问题分解（例如种一棵树，先依次经过挖坑、放种、填土、浇水等环节），分解并写出解决问题的所有必要步骤。其他示例包括：洗手，准备早餐，乘电梯，系鞋带等	分解 算法

---

① Román-González, M. , Robles, G. , Development of Computational Thinking Skills through Un-plugged Activities in Primary School, Proceeding of the 12th Workshop on Primary and Secondary Computing Education, New York：ACM, 2017, pp. 65–72.

续表

活动主题	活动概要	计算思维概念
"莫妮卡地图"活动	向学生显示一张包含许多字符的地图，他们只能使用向上，向下，向左和向右箭头（→，←，↑和↓），找到它们之间的最短路径。之后，学会使用乘数（即 →→→→→ = 5x→）来表示解决方案过程	模式识别 算法 抽象
"俄罗斯方块"活动：	一位学生向同伴展示一些画有俄罗斯方块的图纸。一位学生持画有方块的上半部分，向其同伴描述图形的形状，只能使用"开始"，"向上"，"向下"，"左"，"右"和"停止"等词语，同伴尝试将其画出	模式识别 算法 抽象

（三）图形化编程与计算参与助力计算思维形成阶段

计算思维形成阶段的儿童在抽象理解与思维转化方面的能力得到进一步发展，可视化编程软件的使用是培养的主流形式。相对于 Java、C 语言等专业复杂的传统编程工具，图形化的编程环境（如 Scratch、Alice、Greenfoot 等）更符合儿童此阶段的发展特点，同时也是目前国内外研究的热点方向。在计算思维形成阶段，这一载体将依附于计算机而存在。如 Scratch 为儿童提供了更具形象化的编程方式，通过拖动操作块、排列操作块完成对运动过程的设计。Scratch 本身所具有的形式与操作特点，如互相嵌合、功能多样的程序块，脚本运行的逻辑关系等就与计算思维的基本概念与实践内容相吻合，因此基于 Scratch 展开的计算思维教学活动、项目评估等研究也不胜枚举。英国西苏格兰大学的研究探究了在 Scratch 中运用游戏能够提高儿童编程参与度与计算思维能力。教学活动分四个阶段进行：（1）任务目标；（2）合作探讨（3）指导实践；（4）评价拓展。在具体的教学主体情境中，研究者在基于迷宫游戏原理重新设计游戏规则，学生需设计帮助小精灵穿过炸弹到达终点。炸弹分为两种，分别是小精灵触碰后会死亡的红炸弹以及对小精灵没有影响的黑炸弹。

玩家通过控制 W、A、S、D 键操控小精灵的移动路线。学生需设计游戏
人物（小精灵）及道具（炸弹、终点旗帜）等元素，并对触发键进行程
序设计，以赋予其功能。在此过程中，学生之间进行讨论交流，并在设
计结束后进行作品展示，完成师生评价并加以优化改进。学生的逻辑思
维以及问题分析能力得以加强，学生在交流与协作中沟通能力得以培养。
同时，学生在不断测试及修正以完成程序的设计中逐步发展批判性思维。
教学流程如图 3－8 所示。

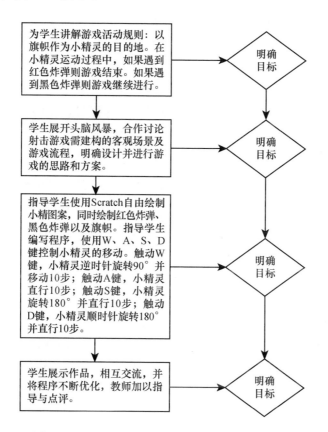

图 3－8　基于 Scratch 的游戏化计算思维教学流程

（四）学科领域延伸与深度逻辑推理渗透计算思维发展阶段

计算思维作为一种广泛性思维，其应用范围绝不局限于计算机编程
技术，计算思维发展阶段的主要任务是将学习者的计算思维进一步巩固
并发展，以将其用于生活实践之中，真正发挥计算思维解决实践问题之

用。将计算思维融入学科教学中是一种更有成效的手段。在政策和实践
的双重推动下，计算思维的跨学科研究也逐渐兴起，跨学科教学有助于
各领域的创新和发现，或许会成为未来教育领域不可或缺的一部分。① 计
算思维作为一种思维方式，其与学科教学的融合需要厘清以下几点问题：
（1）计算思维与专业学科知识之间的联系；（2）教学范式的选择，是以
计算机编程环境为依托还是其他类型的活动形式；（3）主题内容的选择，
即学科中哪部分内容与计算思维结合更能容易教授和学习；（4）系统教
学过程的确立等。美国范德比尔特大学（Vanderbilt University）的研究者
们探讨了计算思维与 K–12 科学教育相结合的教学策略。计算思维所包
括的计算概念与实践，例如：问题表示、抽象、分解、模拟、验证和预
测等也是发展科学和数学学科专业知识的核心。研究者首先探讨了科学
探究与计算思维内容的相关之处；并选择了一种可视化的编程环境作为
操作平台，使得学习者能够设计目标对象的活动；之后选择了生物与物
理学的相关知识内容，如学生对于生物学基本概念与行为有着直观的理
解，但涉及动态过程（例如物种之间的相互依赖性和种群动态）就较难
理解了，而这正体现了计算建模方式的重要性。

通过让学生参与软件设计活动，将行动和反思交织在一起。学生首
先要对假定的现象有一个初步的抽象理解，然后在可视化编程平台中设
计一个涉及这个现象的实体和过程的模型；然后，学生通过将他们的模
型与现象的"专家"模型进行比较，迭代地模拟和提炼模型的行为，从
而发展解释和论点以加深他们的理解；最后，学生将开发的模型和学到
的科学概念应用到新的解决问题的情境中，使得该模型在构建、执行、
分析、反思和细化的循环中无缝进步。② 该研究为计算思维与学科内容整
合提供了可借鉴的尝试。教学模式与流程图如图 3–9 所示。

① Lockwood, J. & Mooney, A. , "Computational Thinking in Education: Where Does it Fit? A Systematic Literary Review", *International Journal of Computer Science Education in Schools*, Vol. 2, No. 1, 2018, pp. 1–58.

② Sengupta, P. , Kinnebrew, J. S. , & Satabdi, B. , et al. , "Integrating Computational Thinking with K–12 Science Education Using Agent-based Computation: A Theoretical Framework", *Education and Information Technologies*, Vol. 18, No. 2, 2013, pp. 351–380.

图 3 - 9 计算思维与科学课程整合教学模式图

第四节 怎么评——计算思维评价框架

计算思维的评价是使其更好地融入 K - 12 编程课堂的主要推动力。但教育评价问题历来是课堂教学的"重点"也是"难点",计算思维概念定义的"多元"与"暧昧"导致其评价的"困难"与"朦胧",并且目前也缺乏行之有效的评价框架作为理论支撑。课堂教学目标的设计对教学评价的开展有着"风向标"的作用。对此,我们借鉴罗伯特·马扎诺(Robert J. Marzano)提出的教育目标新分类学的分层以构建指向思维技能培养课堂的教育目标分类体系,同时以伯南与雷斯尼克(Karen Brennan & Mitchel Resnick)提出的计算思维三维框架与马扎诺在其教育目标新分类学中所阐述的知识系统的分类双向发力,支撑起计算思维评价的理论框架,并探讨了不同分类中所适应的评价方式类型;最后,我们也提出了对计算思维评价实施的一些思考与建议。

一 计算思维评价框架的构建

通过将计算思维三维框架中计算概念、计算实践和计算观念与马扎诺教育目标分类的水平维度对应,我们构建了"C - M - S 分类框架",解构计算思维的教学内容并将其与马扎诺所提出的教育目标分类中的六水平三系统对应,助力计算思维及其评价更好地落地于编程课堂实践。

（一）定义原点：计算思维三维框架

目前在国际上具有较强影响力与较高认同度的计算思维定义当属伯南与雷斯尼克基于编程环境构建的计算思维三维框架，该框架分为三个维度：（1）计算概念：学生在从事面向计算思维的实践时所涉及的基本概念，如算法思维、分解、抽象、并行、概括等；（2）计算实践：学生在接触概念时发展的真实实践，包括数据收集整理、计算模型设计混合、调试模拟等；（3）计算视角（观念）：学生在理解这些概念和从事此类实践时，对周围世界和自身形成的视角，涉及学习者自身能动性和技术流畅性等方面。[①]

（二）目标导向：马扎诺教育目标新分类学

马扎诺对布鲁姆教学目标分类体系中逻辑表述模糊、线性思维贯穿、思维本质与学习关系的简化等不足进行弥补与完善，构建具有浓厚心理学色彩的崭新体系，其勾勒的教育目标新分类学框架中涉及知识领域与加工水平两个维度。其中，知识领域涉及三个内容：信息、心智程序以及心理动作程序，分别代表内容性知识（术语、事实、原理等"是什么"的问题）、过程性知识（技巧、算法、规则等"如何做"的问题）以及复杂的身体活动能力（技能、过程等层面的行动与思维），任何知识领域都可以是这三种具体类别知识的不同结合。[②] 计算思维的计算概念、计算实践、计算视角三维定义能够很好地契合到马扎诺知识系统分类的框架中。加工水平分为六个水平三个系统层次，分别是信息提取（认知系统）、理解（认知系统）、分析（认知系统）、知识应用（认知系统）、元认知系统、自我系统，通过自我系统产生对学习任务的价值判断，利用元认知系统生成问题解决的策略与方法，调用认知系统的基本认知技能完成任务，三个系统的运转与协作离不开知识领域的支持基础。

（三）融合创生：计算思维评价 C - M - S 分类框架

伯南与雷斯尼克提出的计算思维三维度与马扎诺构建的知识系统三方面能够完美映射，马扎诺教育目标新分类学中以加工水平过程运作的

---

① Brenan, K. & Resnick, M., New Frameworks for Studying and Assessing the Development of Computational Thinking. Proceedings of the 2012 Annual Meeting of the American Educational Research Association, Canada: Vancouver, 2012.

② 盛群力：《旨在培养解决问题的高层次能力——马扎诺认知目标分类学详解》，《开放教育研究》2008 年第 14 卷第 2 期。

视角建造的思维三系统为我们探讨计算思维的学习与评价提供思路与方向。马扎诺的新分类法本就具有提供思维技能课程框架的功能，早在1987年，雷斯尼克谈到思维技能课程不应被戴上"高阶"的帽子而被束之高阁，这是在学生通过练习与实践以掌握知识领域的基础技能之后传授与培养的一项内容。[①] 因此，计算思维以依附于知识系统上的形态存在于课程中，这也是运用马扎诺教育目标新分类学的理论探讨计算思维评价方式归类的可行性所在，是一种在思维培养与目标指向上的贯通与融合。利用计算思维三维框架在知识系统三方面的映射关系，基于教育目标新分类学思维系统的划分，建构计算思维评价 C - M - S 分类框架，以期为计算思维评价提供理论可循且清晰条理的划分依据，如图 3 - 10 所示。将计算思维评价中侧重的内容方面及目标指向划分为认知水平评价（Cognitive level evaluation）、元认知水平评价（Metacognitive level evaluation）以及自我水平评价（Self level evaluation），认知水平评价指向计算思维基本维度认知与技能运用的"概念维"，元认知水平评价侧重学习者运用计算思维生成问题解决方案及策略的"过程维"，自我水平评价则是

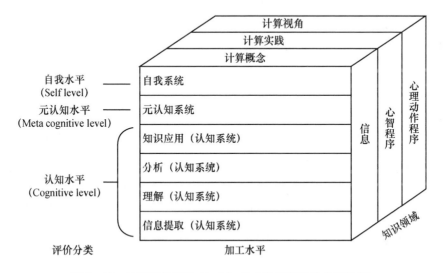

图 3 - 10　计算思维评价 C - M - S 分类框架及其来源依据

---

① Resnick, M. & Lauren, B., Education and Learning to Think, Washington: The National Academies Press, 1987.

与利用计算思维思考生活问题的内在驱动与思维建构相关的"思想维"。

二 计算思维评价方式的探讨

基于 C – M – S 分类框架以及现有研究，我们对认知水平、自我水平和元认知水平对应的计算思维评价方式进行了"划归与统整"，探讨了符合不同计算思维水平层次的评价形式特征，以此希望能够为计算思维的课堂教学评价提供借鉴与指导。

（一）认知水平：计算思维的静态测量彰显基础认知形成

计算思维应用与拓展的基础是由计算机科学基础概念提炼总结的程序运演原理，故对计算概念掌握情况的测评同样是计算思维评价的重要组成部分；计算思维静态测量工具的最大优势在于其可被用于纯粹的预测试中集体执行，因此便于大规模筛选和早期发现高能力的学生，也可用于收集定量数据对学生计算思维的习得进行后测等，使得测评内容更具科学理性。但其局限性在于这种评价只停留在计算思维的概念基础表层，未能真正触及计算思维内涵，类似于传统的总结性评价，一般注重对学习结果的测量，可能会忽视学生学习过程中思维及能力的发展。所以其结果不能完全反映学生的计算思维的发展水平。

1. 五维度计算思维测试题设计

2015 年，Marcos Román González 构建了一套针对 12—13 岁西班牙学生的计算思维测试工具，每道题均从计算概念、交互界面、回答方式、有无嵌套以及所需任务五个维度进行设计，后根据 39 位专家的审评和反馈，进一步完成了测试题 2.0 版本的修订。[1] 试题按照由易到难的顺序排列，每一道题涉及一个或多个计算概念。试题的编制主要依据计算机科学的基本概念和使用编程语言的逻辑语法，包括基本序列、循环、迭代、条件、函数和变量等。试题也被用来测评西班牙小学生参与"非计算机化的活动"（Unplugged Activities）后计算思维水平的变化。[2]

---

[1] Marcos, R. G., *Computational Thinking Test: Design Guidelines and Content Validation*, *Proceedings of Education 15th Conference*, Spain: Barcelona, 2015, pp. 2436 – 2444.

[2] Christian, P. B., Marcos, R. G., & Gregorio, R., Development of Computational Thinking Skills Through Unplugged Activities in Primary School. Proceedings of 12th Workshop in Primary and Secondary Computing Education, Netherlands: Nijmegen, 2017, pp. 65 – 72.

2. 注重迁移应用的计算思维测试题设计

陈冠华等人认为计算思维就应该能够像其他技能一样进行迁移应用，由此开发了一款针对五年级学生学习机器人课程的 SDARE 计算思维评估方案。SDARE 框架基于计算思维的操作性定义[①]提出，S 指语法（Syntax）——使用机器可识别的语法制定问题和解决方案；D 指数据（Date）——组织和分析数据；A 指算法（Algorithms）——通过算法概念化并生成解决方案（一系列有序步骤）；R 指表示（Representing）——通过多种外部手段（如模型和公式）表示问题和解决方案；E 指效率和效果（Efficient and Effective）——生成、修订和评估解决方案，目标是实现最有效率和效果的步骤和资源组合。该测试题的内容涉及了两个不同的问题情境，即机器人编程试题以及五年级学生计算思维推理题，并开发了一组试题的编码量化规则。试题随后被用于美国东南部城市的公立小学的机器人课堂中进行试验。结果表明，该试题具有良好的心理测量学特性，能够揭示学生学习计算思维中的挑战和进步。[②]

3. 基于分类组合法的计算思维测试题设计

Meerbaum Salant 等人开发了一套基于图形化编程工具教学的测评方案。在修订的布鲁姆分类法与 SOLO 分类法相结合的基础上，从单点结构层次、多点结构层次和关联结构层次三个维度进行分类，每个维度又包括理解、应用和创造三个子类别，从而产生了九层分类法，据此构建了调查问卷和测验来评估学生计算概念的习得和内化，并在两所中学的正式课堂中进行了测验，试题分别被用于教学实施前、中、后来作为前测、中测和后测。[③] 该评价方法在评价过程中不仅使用描述性统计的方法评估学生计算机科学概念的内化，还使用内容分析法分析媒体的实际内容和内部特征，是一次定性和定量评估方法相结合的尝试。

---

① ISTE & CSTA, "Operational definition of computational thinking for K – 12 education (2010)", Retrieved from http：//www. iste. org/docs/pdfs/Operational – Definition – of – Computational – Thinking. pdf.

② Guanhua, C. & Lauren, B. , "Assessing Elementary Students' Computational Thinking in Everyday Reasoning and Robotics Programming", *Computers & Education*, Vol. 109, No. 1, 2017, pp. 162 – 175.

③ Meerbaum, S. O. , Armoni, M. , & Ben, A. M. , et al. , "Learning Computer Science Concepts with Scratch", *Computer Science Education*, Vol. 23, No. 3, pp. 239 – 264.

（二）元认知水平：计算思维的动态测评展现元认知发展

计算思维的动态测评指向学生元认知的过程，学生通过积极参与评估过程来监控自身计算思维的习得和发展，这为他们提供了调整、重新思考以及表达自己理解和想法的机会，是新一轮的反馈和学习的延伸。而往往复杂的技能如监控、自我调节等，也只有在不断地反馈和实践中才能真正掌握。相较于学生"做了什么"，"怎么做"有时更能体现学生的计算思维水平。

1. 从游戏设计到科学模拟：CTP

Kyu Han Koh 等人尝试利用视觉语义分析技术开发了一款实时语义评估系统，借用计算思维模式图（Computational Thinking Pattern）对学生学习到的计算思维概念进行可视化处理，并关注学生的计算思维技能在科学模拟情境中的应用。CTP 图的内部基本原理是"程序行为相似性"（Program Behavior Similarity），能够在没有程序执行的情况下识别语义级别模式。[1] 因此，CTP 图为游戏中的潜在语义提供了一个真实图景，反映了学生计算思维的发展水平，一定程度上表明学生从游戏到科学模拟过程中计算思维的迁移。

2. 可视化程序块迭代测试：Scrap、Hairball、Dr. Scratch

新泽西学院开发的 Scrap[2]、Boe 等人开发的 Hairball[3]，以及 MIT 基于图形化编程软件开发的 Dr. Scratch[4] 是计算思维的动态测评的有效工具。其中，Scrap 通过对用户上传的项目组合（作品集）进行分析，并生成所使用（或未使用的）程序块的可视图，从而反映学生对计算概念的

---

[1] Kyu, H. K., Ashok, B. & Vicki, B. T., Towards the Automatic Recognition of Computational Thinking for Adaptive Visual Language Learning. Proceeding of IEEE Symposium on Visual Languages and Human-centric Computing, Spain: Leganés-Madrid, 2010, pp. 59 – 66.

[2] Wolz, U., Hallberg, C. & Taylor, B., Scrape: A Tool for Visualizing the Code of Scratch Programs. Proceedings of the 42nd ACM Technical Symposium on Computer Science Education, TX: Dallas, 2011.

[3] Boe, B., Hill, C. & Len, M., et al., Hairball: Lint-inspired Static Analysis of Scratch Projects. Proceedings of the 44th ACM Technical Symposium on Computer Science Education, New York: ACM, 2013, pp. 215 – 220.

[4] Morenoleon, J., Robles, G. & Romangonzalez, M., "Dr. Scratch: Automatic Analysis of Scratch Projects to Assess and Foster Computational Thinking", *Revista de Educación a Distancia*, Vol. 46, No. 15, 2015, pp. 1 – 23.

学习掌握情况；Hairball 是一种代码分析工具，可以检测出程序中存在的潜在问题，例如未正确初始化的属性，从未执行的代码，或没有对象接收的消息等；Dr. Scratch 是一个免费且开源的 Web 应用程序，它改进了 Hairball 必须手动启动 Python 脚本这一弊端，从而更便于教师和学生对作品进行分析。以上三种都是基于学生作品的程序块进行分析，可以生成每个项目中所使用的（或未使用）程序块的可视图，从而得知学生对每类程序块的使用频率，进而推断学生对某类计算概念掌握的熟练程度，以此来反映学生对计算机科学概念的习得情况。但 Scrap 主要侧重对程序块使用频率的测评，从而推断出学生对某类计算概念掌握的熟练程度；Hairball 侧重于对事件驱动编程即状态初始化和消息传递方面的学习评估，如是否给角色重新命名、脚本是否重复等；Dr. Scratch 则侧重对作品水平的综合分析，除了给学生的作品进行 CT 评分（0—21 分），还可诊断出程序中潜在错误或某些编程的不良习惯，从而提出修改意见等反馈信息，鼓励学生不断提高自己的编程技能。

3. 基于同伴采访的 CT 测评

Dylan J. Portelance 等人使用图形化编程软件为一所公立小学的二年级学生介绍基础的计算思维概念，并让他们通过 iPad 进行基于作品的同伴视频采访（Peer Video Interviews），以此作为一种评估学习者早期计算思维学习的方法，通过与同龄人的交流访谈，学习者能够彼此分享、互相学习，对作品的每一个新构想都可能变成推动故事情节发展的新契机。同时，教师也可在情境化的项目中通过观察、交流和指导来了解学习者对编程学习的思考。结果表明，这种基于视频的采访方法比传统的其他技术能够更广泛地评估学生的计算思维。[①]

计算思维的动态测评中，学生可以成为评价的主体，他们为自己和同伴提供描述性反馈（自评和同伴互评），并通过对计算思维作品的定期测评促使自己成为一个反思性的、自我监控的学习者。学生通过借用 Scrap、Hairball 等分析工具对自己的作品进行分析，可以得到可视化的测

---

① Dylan, J. P. & Marina, U. B., Code and Tell: Assessing Young Children's Learning of Computational Thinking Using Peer Video Interviews with ScratchJr. Proceedings of the 14th International Conference on Interaction Design and Children, New York: ACM, 2015, pp. 271 – 274.

评反馈以及相应的测评分数，学生可以根据测评报告上的反馈信息开始自己下一步的修改和学习，这是一个修改——测评的迭代过程，是学习者进行自我反思和调整的学习过程。这种评价方式能够在很大程度上激发学生的学习热情，使得他们作为学习的主人能够积极参与学习，通过询问同伴、教师、家长等他人的意见，在原有作品的基础上提出新的想法。将计算思维的训练与测评融入学生课堂项目制作以及问题解决的过程之中，使学生对目标有更加清晰的定位，同时教师也可借助这些可视化分析工具，将学生作品档案袋的分析等作为对学生计算机科学概念习得的评价补充，记录他们的学习轨迹，测量每个学生学习改进的具体方面。

（三）自我水平：计算思维观念层评价凸显自我内化成效

计算思维自我水平的测评与个体的计算思维观念相呼应，具体表现在个体对计算思维的理解与内化，强调个体将计算思维"潜移默化"地作为其学习与行动的指导原则，这一层面的计算思维活动最难以察觉和指标化。因此，教学活动的组织者和实践者站位在儿童未来发展的高度，设计组织系统性的项目式活动，以观察和撷取学生计算思维"渗透"的行为片段。

1. 基于 PTD 框架的计算思维测评

Marina Umaschi Bers 提出用 PTD（Positive Technological Development）理论框架来设计儿童机器人的编程课程活动。PTD 是一种跨学科的研究方法，它将应用发展科学的研究和积极的青年发展与计算机中介通信、计算机支持的协作学习及建构主义学习与技术的思想相结合。[1] PTD 关注技术所支持的积极行为（6C）：交流（Communication）、合作（Collaboration）、社区建设（Community Building）、内容创作（Content Creation）、创造力（Creativity）和行为选择（Choice of Behavior）。以 PTD 框架为指导原则设计的儿童学习与发展的评价主要从三个方面展开：一是学生的作品档案。包括学生的设计日志、编程的脚本代码和学生创作的机器人项目，旨在评估项目的复杂程度和复杂性随时间的变化。二是

---

① Marina, U. B. , "The TangibleK Robotics Program: Applied Computational Thinking for Young Children", *Early Childhood Research and Practice*, Vol. 12, No. 2, 2010, pp. 1 – 20.

视频日志。用来记录学生们一直在做什么并解释他们的活动。三是SSS评价量表。SSS分别代表句法（Syntactic）、语义（Semantic）和系统（System）三个不同层级的理解水平，句法水平是指只理解单个指令的功能，但不了解如何选择和组合它们来完成一个给定目标的功能程序；语义水平是指能够为程序选择适当的指令并按正确的顺序排列，即理解以某种方式将各个部分组合在一起会产生一个整体的结果，但可能无法创建完全满足给定目标的程序；系统水平是指理解每个程序指令的功能，以及它们排列的顺序会产生特定的总体结果，并且能够有目的地按照正确的顺序将正确的指令放到程序中来实现给定的目标。量表针对整个课程中的每个学习目标以及不同复杂程度的每个任务按照0—5分的标准进行划分和制定，一般由两部分组成。每堂课程结束时，教师通过完成量表的一系列问题来记录和评估学生的学习以及对机器人程序的理解水平。此外，通过分析学习者长期以来的合作网以及学习者对科技圈的参与度来评估学习者的合作和沟通能力；通过观察孩子的学习参与度和对TangibleK项目的整体参与以及对学习环境的贡献，来评估孩子们的社区建设和行为选择能力。因此，基于PTD框架的CT测评主要是通过对学生的作品档案、视频日志、评价量表以及与教师和同学的交流访谈等进行分析，注重学生爱心、信心等方面的培养以及学习过程中想象创造、协作交流、问题解决等能力的发展，进而促进学生计算思维的应用水平，而不是仅仅将计算思维体现在计算概念的获得与基于项目的计算思维应用层面，是一种更具长远视角的计算思维评价理念与方式的结合。

2. PTD框架彰显计算思维的本真

与其他评价方式相比，这种评价站在面向学生的学习过程以及未来发展的高度，而这正是计算思维发展的核心要义。如若仅将计算思维的评价停留在计算机环境的编程学习抑或是游戏设计中，则与计算思维的培养目标"貌合神离"，因为这仍是对计算机科学概念习得水平的测量，将计算思维的内涵与应用方式局限于工具形式中，窄化了计算思维的应用领域，故其测评成绩的优劣并不能完全表明学习者计算思维能力的高低。关注计算思维作为一种方式方法的普适性特征，正是指向计算思维作为一种问题解决思维的本源之意，只有形成计算思维大环境意识，计算思维才能发挥其真正的社会性意义上的作用。① 虽然这种评价方式较抽象且在具体操作中实行起来更有难度，但我们认为这正是计算思维训练与评价的最终聚焦之处，只有当计算思维真正作为人类生产生活实践的思维指导方式，作为人们问题解决的方法"无意识"以及"自动化"的使用之时，才堪当"思维"二字之重。

三 计算思维评价实施的建议

马扎诺分类法为计算思维的评价支撑起了计算思维评价的框架，但同时计算思维的评价实施不应脱离其概念内容的"填充"。对此，我们探讨了计算思维评价实施所应遵循的原则及实施建议。我们从"概念层""过程层"和"理念层"解读计算思维内涵，并与马扎诺的三水平相呼应。首先计算思维"概念层"强调基础性，基本的计算概念仍是计算思维实施与评价的基础；计算思维"过程层"则注重评价的行动性，即以动态分解的视角看待计算思维及其评价本身，这是将计算思维评价推向落地的关键；计算思维"理念层"则聚焦思想性，必须以"无时无刻，无处不在"的理念践行和推广计算思维教学与评价，发挥计算思维的普适性原则是对计算思维自身价值的最大彰显。

（一）计算概念层——对计算思维的基础性认知整合

1. 厘清计算思维、计算机科学及编程的概念

计算思维缘起于计算机科学，又高于计算机科学。计算思维作为一种逻辑思维方式，具有抽象性的本质，但不可否认计算思维提炼于计算机基本概念及程序运行原理。序列、循环、条件、并行、算法等具体的概念是计算思维应用与迁移的基础，离开计算机具体概念内容，计算思维理解将成为一种抽象的状态，成为一种虚无的"哲学"。与计算机科学不同，计算思维能够将计算概念与技能迁移到计算机以外的领域，② 有着

---

① 孙立会、王晓倩：《计算思维培养阶段划分与教授策略探讨——基于皮亚杰认知发展阶段论》，《中国电化教育》2020 年第 27 卷第 3 期。

② Berland, M. & Wilensky, U., "Comparing Virtual and Physical Robotics Environments for Supporting Complex Systems and Computational Thinking", *Journal of Science Education and Technology*, Vol. 24, No. 1, 2015, pp. 628 – 647.

更广泛的应用范围，包含了一种思考日常活动与问题的方法，[1] 倡导人们学会像计算机科学家一样思考。有研究表明，编程是计算思维培养的重要实现形式，与问题解决密切相关，[2] 不可否认编程形式确实是计算机科学概念掌握、计算式思考方式形成及计算思维养成的重要依托形式，但计算思维不是计算机编程，像计算机科学家一样思考比编写程序更有意义。在开展计算思维评价时，首先应厘清概念，正确地把握计算思维的开展形式及实施范围，计算思维的应用与评价不应局限于计算机科学的相关领域或必须依托于计算机或其他技术环境，如此这般才能更好地把握评价的目标与方向。

2. 夯实以计算机科学概念为基础的评价内容

知识内容与思维操作是无法分开的，就如在日常生活中用"序列"这一计算机概念解决做饭这一实际问题一样，如若不了解程序运行的序列原理，那也无须再谈其实践应用。计算概念相对客观固定，所以对其测量可采用更加量化的方式，如使用测试题、量表等评价工具。桑代克曾指出，凡是客观存在的事物都是有数量的，凡是有数量的东西都是可以测量的。[3] 量化具有科学理性，是评价当中重要且具有说服力的一种武器，在教育评价当中不应也不会被轻易舍弃。虽然我们更强调计算思维作为一种普适思维方式的全面性，但也要重视认知信息的基础作用。对可以测验的计算机基本概念掌握理解情况进行总结性评价，可作为计算思维以及学习者"计算感"测评的基础依据，并以此为依据展开对计算思维技能以及情感态度等方面的评估。

(二) 过程迁移层——作为计算思维的元认知实践与监控

1. 强调计算思维的元认知过程性评价

学科核心素养核心要义有二：一是让学科核心观念植根于真实问题

---

① Wing, J. M., "Computational Thinking and Thinking about Computing", *PhiLosophical Transactions of the Royal Society of London Series B-Biologic Al Sciences*, Vol. 366, No. 1881, 2008, pp. 3717 – 3725.

② Israel, M., Pearson, J. & Tapia, T., et al., "Supporting all Learners in School-wide Computational Thinking: A Cross-case Qualitative Analysis", *Computers & Education*, Vol. 82, No. 1, 2015, pp. 263 – 279.

③ [美] 罗伯特·J. 马扎诺：《教育目标的新分类学》，教育科学出版社 2012 年版。

情境；二是让学生通过亲身参与学科实践而学习学科。计算思维作为学生应该掌握的基本核心素养之一，不论是否或与何种课程进行整合，均应体现在真实问题情境下的实践学习中，这在一定程度上强调了学生的过程性学习。计算思维的评估需要动态的过程性信息，以此反映随着时间推移学习者的能力发展情况。计算思维的发展必须体现在某一情境下学习者的应用过程中，同时也体现在学习者是否能将这一技能迁移到其他情境中。要促进相应思维技能的提升，需要有建设性的学习环境，让学习者有机会反复设计解决方案并反思自己的学习过程。① 将计算思维的训练与评估同特定的基于某种技术环境的项目程序性操作相结合，体现并训练学习者的元认知能力，让学习者更多地了解他们用于调试问题的策略，并不断地改进他们的方法，以此支持学习者思考自己的思维与学习。

2. 以"分层列点"的方式进行计算思维过程性学习评价

周以真教授曾表示，抽象是计算思维的基础，可以以"层"的角度来呈现应用计算思维问题解决的过程，同时要正确处理不同层之间的关系。② 计算思维主要体现在学生发现问题、解决问题的过程中，体现计算思维的问题解决过程一般可以总结为抽象模拟、分解、调试、自动化、泛化等，基于学习者过程性学习的特点设想"分层列点"评价学习者问题解决过程中所体现的计算思维，以"计算思维采分点"的形式来具化此过程性评价形式，如评价实施者可以按照这样的层次来对学习者问题解决过程中所体现的计算思维进行测评：①学习者是否能够将目标事件抽象为一个具体可解的问题；②是否能够对抽象的问题展开分析，将问题分解为具体易解的模块；③是否在问题解决的过程中经过不断的"试误"，直至输出正确的结果；④是否对问题的解决操作过程熟练掌握并达到自动化的程度；⑤是否能够提炼本次操作的技能，并将该技能应用到相似情境的操作中。以"采分点"这一形式帮助处理过程性评价中的主

---

① 张华：《论学科核心素养——兼论信息时代的学科教育》，《华东师范大学学报》（教育科学版）2019年第37卷第1期。

② Resnick, M., All I Really Need to Know (about Creative Thinking) I Learned (by Studying How Children Learn) in Kindergarten. Proceedings of the 6th ACM SIGCHI Conference on Creativity & Cognition, New York: ACM, 2007, pp. 1-6.

观以及抽象性强的问题，能够增强评价的客观理性，更好地实施测评。

（三）思维理念层——促进计算思维的普及应用与自我内化

1. 正确看待计算思维评价工具的依托形式

目前国际上对学习者计算思维的训练与评估大多以计算机技术环境为依托，研究者们一般基于所用技术工具的可操作性以及便利性的特点，倾向于在不同的研究中开发与应用自身的 CT 测量方法，[1] 如根据所用工具的操作性特点，将计算思维划分为不同维度，对各维度进行总结性或形成性评价，此做法使得评价"依附"并"服务"于工具本身，对计算思维的应用与发展领域稍显局限。研究者们应深谙，并非以工具形式来决定评价的方式方法，而应依据计算思维的本质内涵来指导评价的开展，我们并不希望计算机妨碍我们对计算思维的理解与应用，不希望人们只会使用这种工具而不理解计算思维的含义，就如一个人会使用计算器但是不懂得算数一样。它关注的是人们如何使用计算机来解决或研究问题，而不是在计算机硬件上模仿计算机的思维模式。[2] 当然我们并不否认以技术工具为依托的计算思维训练与评估形式对学生计算思维习得和测评的便利性，并且可以帮助强化学生计算思维概念的理解与应用，使得抽象变得可视化与生动起来，但是过于外化的"工具主义"窄化了计算思维的评价范围，阻碍了其拓展实施，计算教育观念的转变尤为重要，研究人员在开展计算思维的评价时应探索多样化的评价形式并将其融入于学习者基础课程学习与生活实践之中。

2. 以"3E"原则深化普及计算思维的应用与评价

计算思维体现了思维方式中"人"这一层面，其应体现在学习者基础课程与生活实践的方方面面，由于实践情境的复杂多变，对计算概念层和应用迁移层的相关维度进行单一测评难以满足对计算思维本质的理解和内化，故我们在以上两层基础之上深化拓展出计算思维框架的思维理念层，以适应多样化的计算思维应用情境，力求达到对计算思维本质

---

① Kim, B., Kim, T. & Kim, J., "Paper-and-pencil Programming Strategy Toward Computational Thinking for Non-majors: Design Your Solution", *Journal of Educational Computing Research*, Vol. 49, No. 1, 2013, pp. 437 – 459.

② Hsu, T. C., "How to Learn and How to Teach Computational Thinking: Suggestions Based on a Review of the Literature", *Computers & Education*, Vol. 126, No. 7, 2018, pp. 296 – 310.

的认识和践行，促使计算思维作为一种生活哲学方法论而存在。① 计算思维应根植于每一个人的认知与行为方式中，将其内化为个体的思维理念，普及计算思维的应用范围。我们倡导每一个人都是计算思维的践行者与评判者，将计算思维的日常应用与评价判断相结合才能真正加快计算思维向基础能力方向的演化步伐，真正实现计算思维作为思维方式的转变。我们倡导计算思维应回归"人"这一层面，践行"3E"的原则，即计算思维的应用与评估应面向全体受众，而不仅仅是计算机科学家或计算机相关专业的从业人员（Everyone），并且要将其渗透在人们日常生活与学习的方方面面，不拘泥于工具形式，而是作为一种思想来指导管理我们的生活（Everywhere），同时尝试捕捉日常生活和学习事件中与计算思维的"接口"及契合之处（Everything），加速计算思维真正成为一种指导人类行为方式的思想与哲学。如此这般评价与应用相互结合、互相补充，加速计算思维真正作为指导学习者日常生活的思维方式得以推广与普及。

① 孙立会、周丹华：《基于 Scratch 的儿童编程教育教学模式的设计与构建——以小学科学为例》，《电化教育研究》2020 年第 41 卷第 6 期。

第 四 章

儿童编程教育教学模式设计与建构

计算机化与非计算机化儿童编程教育教学模式的设计与建构这一章是连接编程理论与教学实践的重要纽带，同时也是本书编程教学法研究的核心环节。在本章节中，我们深刻反思不同编程教育的实践意义以及其独特的实践特征，并结合前期理论研究和调研结果，分别构建了计算机化与非计算机化儿童编程教育教学的理论模型与教学模式。

第一节　计算机化儿童编程教育教学模式建构

计算机化儿童编程教育是目前的教学主流形式，通过之前的讨论我们了解到，文本编程、图形化编程以及教育机器人等形式是计算机化编程教学形式的典型代表，而其中图形化编程在目前的教学实践应用中最为广泛，在此我们以图形化编程为代表设计计算机化儿童编程教育的教学模式。计算机编程具有明显的"工具性教育"特征，但技术的教学应用不应被技术本身所困。前面我们已经反复进行说明编程教育并非指向代码编写，"用编程学"是其教育的灵魂所在；同样计算机化编程教学并非指向单一的计算机程序知识和技能教授，而应当将编程作为一种学习其他知识内容的"方式"，通过"整合"以双向促进编程知识与其他知识的共同增进。由此，在计算机化儿童编程教育的教学模式设计中，编程与学科内容融合教学的理念贯穿始终。

一　编程融入学科教学的必要性探讨

编程教育的全面普及与实施不能仅仅依托于信息科技学科，纵观世界编程教育的实践发展，编程跨学科融合教学是一条可行路径，在第三章中关于计算思维的调查中我们也发现计算思维与学科之间的相关或可预测性。编程虽不能称为一种传统意义上的学科，却有着学科的结构性特征，而这个结构便是计算概念这些"强大的想法"，以计算概念来连接具体的学科知识内容，是编程与学科融合教学的实践性行为。基于编程的本质探讨其与学科融合的方法可以转变与重塑计算机辅助教学的传统认知，营造起编程入校进课堂的"氛围与态势"。并且编程工具与学科内容的深度融合，是协同整合编程知识与学科知识的互惠之作，也是通过编程促进儿童学科认知迁移发展的有效途径。

（一）认知"观"：转变与重塑计算教育观念的新尝试

智能技术不断涌现，并试图进入课堂以期对课堂教学产生"颠覆性"的改变。但师生对课堂中涌入的新技术的接受和使用总是缓慢的，并且教学应用的有效性也经常受到怀疑，其中教师缺乏技术素养以及课堂时间不足都经常被认为是产生教育技术应用问题的原因。尽管学校、教师和学生都已经意识到计算机教育在课堂教学中的重要性，并也为之付出了努力，但最终的效果却总是不尽如人意。鉴于此，或许我们要做的不是先从行动上来调控我们的活动，而应从对计算机教育的认知观念入手调整。首先，教育工作者主观上产生了教育领域的割裂认识，即教师在意识与实践中并未真正将计算机教育与传统的学校教育同等对待，计算机仅仅是一种辅助类的教学工具，换句话说也就是处于一种可有可无的地位。这种情况并不是我国一家之弊，教育信息化发展领先世界的欧洲计算机课程也面临着同样的困境。如英国皇家学会的一次调查显示：计算机课程被中小学课堂"丢弃和挤压"的现象最为严重。[1] 其次，教育主体的错位。"计算机辅助教学"意味着让"人"来适应计算机，随着计算形式的改变而调整和改编课堂形式，而非计算机来适应课堂主体"人"的活动。试想我们在利用一些技术设备"充盈"课堂之时，是否也是想着在哪个环节用技术设备呈现比较好，怎样才能凸显出我用了某种技术的优势。但这种情况不是人在控制计算机技术，反而是技术把人给"控

---

[1] Wilson, C. & Sudol, L. A., *Running on Empty: The Failure to Teach K－12*, New York: ACM, 2016.

制"了。而儿童编程教育的真正用意是要让儿童对计算机进行编程，从被物所控制到我控制物的转变，以此在问题解决的同时获得成就感，进而能够影响和延伸到各学科知识模型的建构和学习中。所以，为将计算机更好地引入课堂教学中，化为无形的"教学存在"，我们应当秉承这一观念：计算教育在课堂中的普及障碍不是由把人们拒之门外的高难技术规则决定的，而是由人们不愿投入其中的思想观念决定的，[1] 技术问题永远不会是技术问题本身而应是人的问题。

派珀特穷尽一生都在宣传他的计算机课堂文化，或者也可以称为"计算助学"文化。20 世纪 80 年代，派珀特就对当时计算机在学校应用的问题和阻碍抒发过自己的担心和疑虑，虽然我们在极力地研发和推动学校课堂中的计算机教育，但是为什么计算机就是不能像书本纸笔这样"自然"地存在于课堂。这一问题时至今日似乎都没有得到完美的答案与解决方案。

派珀特一次偶然观看巴西桑巴舞表演促动了其在传统与创新之间或许可逾越鸿沟之隐喻。[2] 而实现这一跨越的最好方式莫过于计算机，其能在"非正式学习"与传统学习之间建立衔接的纽带。但学校往往忽视计算机的助学效用，仅视其为普通的"教具"，而有远见的教育工作者真正应当把计算机也作为学习的内容，而不仅仅是查阅资料或教学演示的辅助工具。[3] 当下，我们或许还是没有实现派珀特计算机教育愿景的能力与信心，但我们想借此机会再次重申儿童编程教育并不是技术对于课堂的"无关痛痒"的尝试，而应当是作为一种思维和理念影响学生教学和学习的方式之一，我们希望的编程教育是计算机成为儿童表达思想的工具，使学生不仅是通过编程学习，而更要学习自身是如何学习的即元学习，进而形成面向人工智能时代的认知方式。

---

① Turkle, S. & Papert, S., "Epistemological Pluralism: Styles and Voices Within the Computer Culture", *Journal of Women in Culture and Society*, Vol. 16, No. 1, 1990, pp. 128 – 157.

② Papert S., *Mindstorms: Children, Computers, and Powerful Ideas*, New York: Basic Books, 1980.

③ Papert S., *The Children's Machine: Rethinking School in the Age of the Computer*, New York: Basic Books, 1993.

（二）方式"观"：推广与普及儿童编程教育的创新举措

儿童编程教育的教育优势和重要性不言而喻，各国都加紧探索将编程教育引入 K - 12 教育之中，以此希望儿童更早地接触与适应未来的智能型环境。在先进的编程教育理念、多方政策的引领以及社会非营利组织的推动下，美国成了全球儿童编程教育最发达的国家之一，但其行动策略除在政策制定过程中具有一定的借鉴意义外，实际在基础教育阶段普及推广编程教育更应学习芬兰的做法。芬兰作为第一个将编程以跨学科课程整合的方式开展编程教育的国家，对很多国家的编程教育课程整合方式产生了深远的影响。西班牙国立远程教育大学的研究者曾开展了一项以五、六年级学生为对象的两年编程跨学科教学的实践研究，探究图形化编程在科学、艺术等学科中的应用对学生的学业水平、计算思维能力及情感态度等方面的影响，结果表明：参与教学活动的学生在这些方面的成绩均有显著性提高或正向影响；[1] 编程与社会科学学科相结合的教学活动也在不断被探讨。西班牙胡安卡洛斯国王大学的研究者开发了 Scratch 在小学四、五年级的教学活动，一学期后发现与常规课堂教学活动相比，整合图形化编程的英语教学更能促进学术英语成绩的提高；[2] 巴西圣卡塔琳娜联邦大学的研究者则设计了通过 Scratch 整合五年级历史课程内容的教学活动，以此来提高学生计算机与历史学习兴趣。[3] 第二章第二节进行编程教必修化的日本，已成为通过编程整合学科的典范，并在全国小学广泛普及，并对儿童编程教育的开展情况从各层面进行了详细调查研究，加速儿童编程教育的全面渗透。[4] 因此，推进儿童编程教育

---

① Saez-Lopez, J. M., Roman-Gonzalez, M., & Vazquez-Cano M., "Visual Programming Languages Integrated Across the Curriculum in Elementary School: A Two Year Case Study Using 'Scratch' in Five Schools", *Computers & Education*, Vol. 97, No. 3, 2016, pp. 129 - 141.

② Moreno-Leon, J. & Robles, G., Computer Programming as an Educational Tool in the English Classroom: Apreliminary Study. Proceedings of IEEE Global Engineering Education Conference, Estonia: EDUCON, 2015, pp. 1 - 7.

③ Wamgenheu, C. G., Alvesl, N. C. & Rodrigues, P. E., *Teaching Computing in a Multidisciplinary Way in Social Studies Classes in School-A Case Study. International Journal of Computer Science Education in Schools*, Vol. 1, No. 2, 2017, pp. 1 - 14.

④ 孙立会、刘思远、李曼曼：《面向人工智能时代儿童编程教育行动路径——基于日本"儿童编程教育发展必要条件"调查报告》，《电化教育研究》2019 年第 40 卷第 8 期。

融入学生学界课程的理论支撑及实践路径是编程教育"后进"国家推广普及编程教育的特色"快车道"，也是发展我国儿童编程教育值得借鉴的重要形式，或许我们也可以换个视角来看待各国儿童编程教育的开展道路，我们目前需要的不仅仅是一种理念和形式，而更多的可能是一种氛围和态势，形式提供更多的是一种"渲染或烘托"，但是不可否认采用这种方式可能会收获更多的了解和关注，在社会舆论接受度高的情况下，儿童编程教育才可能会获得它真正的教育地位，以此实现后续长足发展。

（三）工具"观"：助力编程教学与学科知识彼此协同发展

编程"赋能"（Empowerment）的特征是编程与学科融合教学的根本出发点。派珀特与其学生伊迪特·哈雷尔（Idit Harel）指出，编程语言的学习具有"反赋能"（Reflexive）的作用，即编程与其他学科知识一同学习，要比单独学习某个学科知识更容易，并能够同时促进各方面的成绩。[①] 编程与数学、科学的学习逻辑和认知模式具有相似的过程性这一点在早期的研究中已经得到了证实。小学生计算思维调研的结果也支持了这一点，即学生的 STEM 学科的学习态度能够预测其计算思维能力的发展。研究者们认为，编程对于学习最大的意义在于清晰的逻辑性思考，通过编程与学科内容融合教学以提高数学逻辑、项目学习、问题解决等领域技能。[②] 土耳其博格大学的研究者曾经探究了 Scratch 游戏项目对学生数学概率学习的影响。结果表明：基于 Scratch 的游戏创建式教学对学生概率知识学习成绩的提高具有统计学意义；[③] 编程学习可以说与学科内容的学习之间是一种"相互成就"的关系，自然科学类学科与计算科学的关系密不可分，两者之间的交叉融通不断创造和重塑着这一领域的整体格局。儿童编程教育主要是基于符合儿童认知发展的友好型图形化编

① Harel, I. & Papert, S., "Software Design as a Learning Environment", *Interactive Learning Environments*, Vol. 1, No. 1, 1991, pp. 1-32.

② Penner, D. E., Lehrer, R., & Schauble, L., "From Physical Models to Biomechanics: A Design-based Modeling Approach", *Journal of the Learning Sciences*, Vol. 7, No. 3-4, 1998, pp. 429-449.

③ Akpinar, Y. & Aslan, U., "Supporting Children's Learning of Probability Through Video Game Programming", *Journal of Educational Computing Research*, Vol. 53, No. 2, 2015, pp. 228-259.

程工具助力儿童学习与理解计算科学概念，发展逻辑思维能力。[①] 编程教育的意义并不在于编写一段可运行的代码，而在于儿童在创造编程活动过程中形成的一种面向问题解决过程中的思维能力，[②] 重点在"计算思维"素养的形成。

二 图形化编程工具的实践特征

计算机化儿童编程教育是基于智能终端设备的编程形式。图形化编程具有派珀特所提出的"低地板（简单易学）、高天花板（深入拓展）与宽墙（多科目融合）"的特征，是"用编程学"（Code to Learn）的首要考虑。当今市场和课堂教学中多样化的图形化编程软件大都具有异曲同工之处。图形化编程环境的卡通界面与简化的功能程序块在增添学习趣味性的同时也使得编程环境的可操作性增强，使儿童能够运用动画、游戏、音乐等功能创建个性化作品，对图形化编程工具的实验特征与演化特点进行详细探讨有助于充分利用教学工具的优势增强教学效果。

（一）算法简化、媒体丰富的图像空间

图形化编程语言与文本形式编程语言相比，其算法理解以及操作方式更为简便。文本编程语言的抽象性是其在儿童阶段推广的最大障碍。图形化编程界面将文本形式的编程语言替换成为"积木块"，儿童通过拖拽"积木块"就可以进行编程，不符合编程语法规则的积木块不能拼接在一起，学生拖动程序块正如搭建数字乐高一般，特定的部件只能以特定的方式结合在一起。如 Scratch 的动画和脚本编辑能够实现实时响应，用户在随时点击指令与动画人物进行交互，这使得编程中极易消除语法错误，[③] 降低了学习门槛，同时也为程序编写中"试误"操作提供了环境基础。

---

① 孙立会、周丹华：《国际儿童编程教育研究现状与行动路径》，《开放教育研究》2019 年第 25 卷第 2 期。

② Zhang, L. C. & Nouri, J., "A Systematic Review of Learning Computational Thinking Through Scratch in K–9", *Computers & Education*, Vol. 141, No. 11, pp. 1–25.

③ Fesakis, G. & Serafeim, K., Influence of the Familiarization with "Scratch" on Future Teachers' Opinions and Attitudes about Programming and ICT in Education. Proceedings of the 14th Annual SIGCSE Conference on Innovation and Technology in Computer Science Education, New York: ACM, 2009, pp. 2–8.

图形化编程工具能够将编程环境的"抽象"变成"具体"可触碰的物理情境，通过显示器学生可以看到每执行一次变量或列表中数据的变化过程。① 如对于 Scratch 而言，左侧变量列表中共有运动、外观、声音、事件、控制、侦测、运算、变量以及自制积木指令九大类指令库，包含了 106 个指令方块。学习者通过将积木从代码区拖拽到编辑区，逐一尝试各个指令方块的功能，设计并编辑动画角色的程序。同时，动画角色的复制删除等操作也十分简便，通过单击鼠标右键就可以实现，并且部分图形化编程软件还可以直接将程序拖拽到垃圾桶图标的位置删除。动画角色的选择、复制、导入和绘制等编辑也变得更加简洁，可以利用位图编辑工具和矢量图编辑工具对角色进行相应的外观编辑。为动画角色添加发音功能的声音编辑模块提供了从声音库导入、录音和音频处理等选择。此外，图形化编程软件的拓展功能也十分丰富，音乐拓展和绘画拓展是最基本的两个通用拓展类型，而且部分软件还包括了语言识别、视频侦测和文字翻译等人工智能拓展功能。同时，绝大多数的图形化编程软件都启用了硬件拓展功能，将其与 Microbit、乐高系列、Arduino 系列、传感器的设备相连。

（二）自上而下、分而治之的修补理念

"修补"（Tinkering）一般指学生在 STEM 领域中非正式的学习方法，前文中已进行过具体的介绍。研究表明，"修补"形式的学习方法不仅能够有效增进学生的知识储备，更重要的是能够发展学生创造性解决问题的能力。② "修补"一词形象地勾勒出了编程初学者的学习状态，基于此理念的 Scratch 不会产生语法错误的特点，儿童一般很容易学会"编程"创建项目，并通过不断尝试新的想法和使用不同的功能积木块来完成预设的目标，在此过程中培养儿童的计算思维能力。

"自上而下，分而治之"的实践形式是图形化编程的操作和学习特

---

① Kafai, Y. B. & Burke, Q., "The Social Turn in K–12 Programming: Moving from Computational Thinking to Computational Participation", *Communications of the ACM*, Vol. 59, No. 8, 2016, pp. 26–27.

② Poce, A., Amenduni, F. & De Medio, C., "From Thinking to Thinkering. Thinkering as Critical and Creative Thinking Enhancer", *Journal of e-Learning and Knowledge Society*, Vol. 215, No. 2, 2019, pp. 101–112.

点。自上而下体现为从一个顶层系统的各个子系统的要素开始，通过不断的拼搭、组建和迭代调试，最终形成一个在逻辑功能和结构上都符合程序设计目标的算法序列，而这种编程操作方式又有一种形象化的称呼，即"微粒化"（Extremely Fine-Grained Programming）。微粒化编程对于儿童分步解决问题的能力有很好的训练效果，他们在图形化编程过程中能够淡化模糊算法层面的思考和处理动作，通过尝试拖动可能适合任务目标的所有程序块来解决问题。

（三）设计建造、交流协作的自由情境

图形化编程正是延续派珀特建造主义的观点，与皮亚杰的建构主义相比，建造主义将适用范围拓展到了技术学习的情境范围之内。与建构主义的严肃性相比，建造主义相对比较活泼。建构主义对儿童认知阶段的划分过于严苛，并具有十分清晰的界限。而建造主义强调通过适当的态度与情境并借助于有利的工具完全可突破皮亚杰关于认知阶段描绘的界限，是通过发展的眼光看待儿童；① 建造主义强调儿童在探索未知的过程中进行自我反思以促进元认知的发展，这也是最符合儿童的学习方式之一。②

"计算社交"的理念和实践也是大多数图形化编程软件的主要特征之一，大多软件平台都附有可交流分享的线上社区，儿童可以将自己的作品发送到社区和世界各地的同伴们交流分享，互相学习借鉴。在此过程中通过探讨交流、协作沟通，他们能够不断完善和修正自己的项目，之后再将修改好的项目发布到社区。此行为实现了思想与理念的交流融合，同时这一形式将协作学习、沟通交流技能发挥得淋漓尽致，这可能正是现代课堂与教学方式中一直期许却又最难实现的教学愿景。计算社交同样也将虚拟学习环境中的"建造主义"学习观发挥到极致。建造主义的教学思想在当代的学术价值不断扩大，建造主义不应当是技术课程的

① Papert, S. , "What's the Big Idea? Toward a Pedagogy of Idea Power", *IBM Systems Journal*, Vol. 39, No. 1, 2000, pp. 3 - 4.

② Basogain, X. & Olazabalaga, I. M. , Programming and Robotics with Scratch in Primary Education. Proceedings of Education in a Technological World: Communicating Current and Emerging Research and Technological Efforts, Badajoz: Formatex Research Centre, 2015, pp. 356 - 363.

"方法论"，而更应当作为教育技术应用的"认识论"。① 因此，建造主义应当作为儿童编程教育融入课堂的教学模式的顶层设计理念。

三　计算机化儿童编程教育教学模式的设计与建构

教学模式的建构包括理论基础的确立、模式要素分析以及实施流程的建立等步骤。计算机化儿童编程教育教学模式以 4P 学习法为理论基础，4P 学习法是雷斯尼克对儿童编程教育的观点提炼而形成的"综合集成体"，兼具一定的教育理论性与实践指导性，并且作为 Scratch 项目的主设计师，雷斯尼克深谙图形化编程教学形式之道，能够为图形化编程教学夯实教育理念的根基，但教学理论与实践的连接需要架构两者之间的桥梁，因此选择以 DBR 为教学原则，形成教学模式的具体流程。

（一）理论基础

建造主义、通过制造学习、修补理念、编程式表达等理论成果经常被用于儿童编程的理论研究及实践拓展，而在当今儿童编程教育的理念中，雷斯尼克提出的 4P 学习法，又称作创造性学习螺旋可谓之"集大成者"。

1. 项目（Project）

项目是创新教学活动的基本单位，是体验与参与编程学习的全新途径。"在制造中学习"的创客理念引发了项目制作的热潮，儿童通过积极动手参与设计，亲身实践创造某项产品的过程中所获得的知识最有价值。② 以编程的方式来创造制作更为儿童获得更为广阔的知识提供了丰富的途径。在此理念下，计算机不再是一种教学的"替代"和"工具"，而是一种新型的表达与创造的工具。

2. 热情（Passion）

兴趣与内驱力是儿童长期坚持学习的关键。"宽墙"（能够支持不用类型的项目技术或材料）是雷斯尼克基于图形化编程形式对儿童编程教育提出的又一新维度的理念，"宽墙"的理念为儿童编程的热情来源提供

① Papert, S. & Harel, I., *Constructionism*, New Jersey: Ablex Publishing Corporation, 1991.

② Martinez, S. L., & Stager, G., *Invent to Learn: Making, Tinkering, and Engineering in the Classroom*, Torrance: Constructing Modern Knowledge Press, 2013.

了更为丰富的材料、工具和场域支持。基于热情的学习是派珀特所描述的"艰难的乐趣"（Hard Fun），① 儿童在挑战困难时会迸发出更加新颖的强大理念。② 热情与内驱力给标准化教育模式带来了更多个性化发展的空间，儿童会在个性化创作过程中拥有更多的控制权，进而激发他们进行创造性的表达。

3. 同伴（Peers）

同伴则体现出智能环境中人与人之间、人与机器间的互动。同伴不仅是学生之间的学习伙伴，教师也是儿童编程学习中的同伴之一。儿童在与同伴交流中，将思考过程与他人联系在一起，并从他人那里得到反馈从而激发创造灵感。在教学活动中体现为从儿童的独立思考转向共同创造。

4. 游戏（Play）

游戏化的项目活动形式激发了学生的好奇心、想象力和实践活动。儿童在编程过程中与计算机展开互动，在技术的设计、探索和创造中获得知识，发散思维。游戏化的环境给了学生更大的自由和自主权，以及开发创造性冒险的机会。传统学科内容因其学科特点和学习内容的独特性而偏爱使用讲授的方式进行，游戏化的视角为儿童学习方式注入了生机与活力，以编程的方式视角看待，问题不在于学科本身，而在于知识如何被呈现与传授，利用多种途径，多种风格的学习方式，从"认识论多元主义"的认知高度探寻儿童编程教育的理论支持③，强调接受、重视和支持众多不同认知和学习方式的重要性。以体验和参与项目创作为基础、以热情为驱动力、由独自思考转向与同伴共同创造、以游戏为学习途径是4P学习法的理念核心，为教学活动的设计与开展提供了理论基础与实践指导。

（二）理论与实践的连接：基于设计的研究——DBR（Design Based Research）

儿童编程教育理论与图形化编程的实践特征为编程与学科融合教学

---

① Papert, S., "Hard Fun", Retrieved from http: //www. papert. org/articles/HardFun. html.

② Papert S., "What's the Big Idea? Toward a Pedagogy of Idea Power", *IBM Syesetm Journal*, Vol. 39, No. 1, 2000, pp. 3 - 4.

③ Turkle, S. & Papert, S., "Epistemological Pluralism: Styles and Voices Within the Computer Culture", *Journal of Women in Culture and Society*, Vol. 16, No. 1, 1990, pp. 128 - 157.

模式的建构勾勒出大致的实现轮廓，但想要弥合理论和实践之间的鸿沟还需要一定教学原则的支撑，为教学模式的建构提供流程和框架以实现教学实践的落地。计算机化儿童编程教育教学模式的实施原则选择了基于设计的研究（Design Based Research，简称 DBR）。DBR 是技术环境中教学设计开发和评估的有效手段之一，于 20 世纪 90 年代由美国研究者提出。① Bannan-Ritland 将 DBR 描述为四个阶段，以适应课堂教育应用研究的形式需要。第一阶段是知情探索，即活动设计者通过各种途径（如文献参考、理论外推、专家咨询等）理解与教学相关的各种要素和内容。第二阶段为设计建构，此阶段是教学设计实施中最为活跃的环节，指的是专家研究者和教学实践者以及教学实践者在真实的情境之下不断试误、迭代和创新，以设计出最优的教学活动方案。第三阶段我们称为影响评估。也就是说创建评估工具对教学干预的效果展开评价和解释，并将评价的效果反馈到干预活动中去，如此反复迭代实践以达到预期的结果。第四阶段是理论化延伸阶段。即将教学活动中所涉及的原理延伸到更大更具有普遍性的情境中去。② 此阶段置身于真实的教育情境中进行设计研究，专注于教育干预的设计与测试。并且能够在现实技术与个人支持的环境下将此设计流程或理论技能迁移到更广阔的情境中。③ 综上，我们将图形化编程与学科融合教学的教学模式划分为四个阶段：定义抽象、算法设计、迭代实施、拓展延伸。通过编程与设计学习构建适合学生自身特点的教学与学习系统，帮助学生在模拟真实情境以及系统提供的脚手架支持的条件下练习反馈，在建构、执行、分析、反思和细化循环中各方面能力得到发展。④

① Aanderson, T., "Design-based Research and Its Application to a Call Centre Innovation in Distance Education", *Canadian Journal of Learning and Technology*, Vol. 31, No. 2, 2005, pp. 1 – 8.

② Bannan, R. B., "The Role of Design in Research: The Integrative Learning Design Framework", *Educational Researcher*, Vol. 32, No. 1, 2003, pp. 21 – 24.

③ Anderson, T. & Shattuck, J., "Design-based Research: A Decade of Progress in Education Research?", *Educational Researcher*, Vol. 41, No. 1, 2012, pp. 16 – 25.

④ Sengupta, P., Kinnebrew, J. S., & Baus, S., et al., "Integrating Computational Thinking with K – 12 Science Education Using Agent-based Computation: A Theoretical Framework", *Education and Information Technologies*, Vol. 18, No. 2, 2013, pp. 351 – 380.

教学模式图的设计与建构借鉴于细胞生物学的基本原理，将教学实施过程类似于一个有机生命系统中各组分的调节与变化活动。在这个最基本的生命层次"细胞"中，4P理论处于核心地位，作为"基因"调控着整个系统的发展蓝图；同时，"技术环境、实践主体、社会文化"三个视角承担着"核膜"的控制与监管功能，作为该系统的边界与延伸，教学活动的设计与实施均站位在此背景之下。基于DBR的四阶段划分相当于"mRNA"的角色，作为理论与实践的中介，将理论设计推向实地。教学模式的具体实施需要"生命活动的具体物质承担者"具体践行，因此在不同的教学过程中要加强目标任务、内容呈现、学习指导等的具体细化，并将其细化的具体内容完全置身于定义抽象、算法设计、迭代实施与拓展延伸四个阶段之中。通过真实的编程教学情境引起学生的注意，将学生的原有学科知识内容提取到短时记忆中，促进学生问题表征的形成；在教师的指导下，学生初步设计解决问题的算法步骤；通过多次尝试与讨论并在学生之间相互借鉴，形成最后的问题解决方案，展现最终的创作作品；让知识在交流互动中"流动"，知识流动过程中促进学生计算思维能力的提升，具体逻辑框架如图4-1所示。

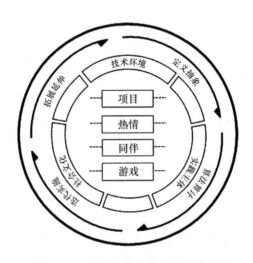

图4-1 儿童编程教育教学理论模型图

（三）教学模式的建构

结合图形化编程教学工具的实践特征以及理论基础和教学原则的确

立，构建计算机化儿童编程教育教学模式，确立其具体流程。在教师的引导下，通过定义问题情境，使学生将问题抽象为能够通过图形化平台操作的形式，并设计相应的算法，不断迭代调试获得最优化的解决方案，并通过编程操作将习得知识和训练的结果转移到生活实际之中，如图4－2所示。

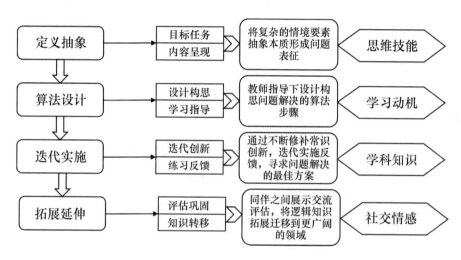

图4－2 儿童编程教育教学模式图

1. 定义抽象

向学生解释目标任务，让学生在目标中理解学习活动情境；教师在展示学科内容知识时，促进学生在图形化编程情境中（Scratch 或 ScratchJr 等）理解学科知识，同时呈现知识内容，以此为锚点建立图形化编程工具与学科内容知识之间的内生逻辑。使学生根据共同的符号逻辑为目标取向内化学科知识认知维度。

2. 算法设计

通过图形化编程环境设计分解学科内容知识的步骤，教师在这一过程中要搭建好学生建构知识的"脚手架"。学生通过在编程语言环境中进行"创造表达"的同时学习学科内容知识，并在此过程中融会贯通算法的基本原理。

3. 迭代实践

通过教师预先设计好的教学过程，学生不断地进行实践操作，并在实践过程中总结经验适时调整教学策略。同时，此过程中也要加强同伴之前的互动交流、评价与借鉴，在交互中学生共同成长，并且，教师在整个过程中要起到达成教学目标的"导航"作用。

4. 拓展延伸

学生立足于同侪互评（Peer Assessment）即以"教师角色"进行专业化互评，教师在此过程中做到补充、引导与完善的作用，主要侧重于对学科内容知识的学习评价导引。学生根据不同的评价进行作品修订，在反复的"试误""尝试"与"挑战"的过程中理解算法知识与学科内容知识，增进逻辑思维能力的提升，并可能将其应该用至未来的实际生活中。

第二节　非计算机化儿童编程教育教学模式建构

儿童编程不再是一项专业技能性活动，而是致力于让儿童借助计算机来认识世界，以计算机程序运行的方式来思考并解决真实情境问题的新型教育模式。正如派珀特所言：应当侧重于儿童编程过程中思维能力的训练，即使儿童远离了计算机环境。[1] 儿童不应当是在学习编程（Learn to Code），而是要"用编程学"（Code to Learn），将编程视为一种创造力的表达方式。[2] 在此理念的渲染下，各种"摆脱"计算机环境的"非计算机化（Non-computerized）"儿童编程教育形式不断涌现，由此"非计算机化"儿童编程教育教学模式的建构是将其落向实地的重要一环。与计算机化编程教学的"工具性"特征所不同的是，"非计算机化"缺少了技术工具的依附性和使用技术所带来的"氛围感"，因此"非计算机化"儿童编程教育教学模式的灵魂在于"活动"，通过组织并开展活动更加凸显编程于儿童思维发展训练的价值所在。

---

① Papert, S., *Mindstorms: Children, Computers, and Powerful Ideas*, New York: Basic Books, 1980.

② Resnick, M., "Learn to code, code to learn", Retrieved from https //www. robofun. org/blog–1/2018/12/3/samplekids technology – and – the – internet.

一 "非计算机化"编程活动的教育旨趣

"非计算机化"编程教育工具可以是简单易得的纸笔、卡片以及生活和学习中各类材料，通过组织开展编程活动让工具与知识发挥最大的学习效果。"非计算机化"编程活动于编程教育最大的意义在于其降低了编程学习的标准，是推动计算机教育资源公平享有的重要尝试；并且这种活动形式在教学中起到了"承上启下"的衔接作用。也有研究验证了在学习计算机化编程活动之前开展非计算机化教学将获得最优教学效果，并且"非计算机化"儿童编程是最大化彰显编程思维训练功能的活动形式，各种外显化的活动设计和学习情节意在指向儿童高阶思维能力的发展。

（一）教育"入口"：计算机科学教育资源公平享有的重要尝试

计算机教育资源分布不均的问题始终是横亘在教育公平现实议题面前短时间内无法逾越的鸿沟。儿童编程教育亦是如此，而现阶段这种"不公平性"主要体现在两方面：一是对于编程教育起步尚晚，尚未全面实施覆盖的国家，儿童对编程的认识和接触程度不一。一方面，目前编程教育仍是集中于城市地区的教育培训活动，还未达到大规模的推广和应用；另一方面，对于编程教育已开始全面推进的国家，技术设备的预算和支持不足也是其主要的实施障碍。如日本在发布小学编程必修化文件之后紧接着通过 3513 个教育委员会开展了"儿童编程教育发展必要条件"的调查，以明确各级各类学校编程教学实施中的困难。结果表明：学校"预算不足"问题占比高达 53%。[①] 教学设备不足、软硬件设施落后的现象仍是困扰目前绝大多数国家和地区计算机教育的主要难题，而"非计算机化"儿童编程形式或许是扭转编程教育资源分布和发展不均局面的重要举措。

"非计算机化"的编程形式可以说是助推编程教育公平实现的有效途径。英国研究者 Wohl 等人聚焦于编程教育在农村地区低龄阶段学生中的重要议题，通过对比不插电、Scratch 和 Cubelets 三种方式对 5—7 岁儿童

---

① 孙立会、刘思远、李曼曼：《面向人工智能时代儿童编程教育行动路径——基于日本"儿童编程教育发展必要条件"调查报告》，《电化教育研究》2019 年第 8 期。

计算机科学概念学习的影响后发现，学生通过不插电形式对算法、调试等计算机科学概念的理解水平最高，此形式对于农村地区推广编程教育意义重大。① 为应对日本 2020 年以来全国中小学强制性推广编程教育的举措，日本研究者 Minamide 等人也开发了一款将不插电与有形编程整合起来的贴纸编程（New programming with stickers）。学生首先通过在纸上设计并粘贴表示机器人运动方向的标识符，之后通过特殊开发装置自动扫描仪扫描识别贴纸图像，最后将其转化为对机器人的控制信息。② 此形式综合考量了资金投入、教师能力要求以及班级制教学的多维要素特征，对于大范围普及编程教育作用显著。

（二）技术"接口"：衔接基于计算机化平台编程学习的有效形式

"非计算机化"编程形式对于衔接计算机化编程学习以及在消除学生技术使用疏离和恐惧感方面具有重要意义。派珀特认为皮亚杰所提出的儿童认知发展阶段划分并非不可逾越，皮亚杰只关注了从生物学发展视角对阶段群体认知特点的描述，但未考虑到儿童个体层面的主动建构和积极的情感体验的激发作用，而这正是儿童通过计算机编程学习能够跨越其自身认知阶段发展的关键。③ 诸多研究也表明，开始学习编程最佳的方法之一即参与"非计算机化"的编程活动，通过"离线"的编程活动更容易理解编程的基本概念。尤其是利用儿童身边简单易得的材料接触编程更能调动他们编程学习的兴趣和积极体验。

同时，研究也证明了"非计算机化"形式在儿童正式接触编程软件前的"铺垫"和"衔接"作用。Grover 等人在学生参与基于 Scratch 编程之前，设计了一套非编程（Non-programming）式的嵌入课程，在美国三所中学的实证研究证明了这种交互式非编程活动对加深学生概念理解的

---

① Wohl, B., Porter, B. & Clinch, S., "Teaching computer science to 5 – 7 year-olds: An initial study with Scratch, Cubelets and unplugged computing", Retrieved from https://www.researchgate.net/publication/301463521_Teaching_Computer_Science_to_5 – 7_year-olds_An_initial_study_with_Scratch_Cubelets_and_unplugged_computing.

② Minamide, A. & Takemata, K., *Development of New Programming with Stickers for Elementary School Programming Educations*, Proceedings of EDULEARN19 Conference, Spain: Mallorca, 2019, pp. 4766 – 4800.

③ Papert, S., *Mindstorms: Children, Computers, and Powerful Ideas*, New York: Basic Books, 1980.

重要作用。① 并且，笔者也发现与单独的插电或不插电活动以及先插电后不插电活动相比，在插电编程活动前实施不插电活动能够最有效地提高学生的计算思维技能，同时也能削弱学生之前编程经验的影响。② "非计算机化"编程形式正是衔接计算机化平台编程学习的"接口"，其形式更是丰富了编程教学设计遵循原则。

（三）思维"出口"：以发展儿童计算思维能力为最终指向

"非计算机化"编程形式呼应了计算思维教育发展的核心关切。从派珀特到周以真，计算思维已与 K – 12 编程教育不可分割，而这正是由于计算机课程的思维型教育转向。近日，欧洲联盟发布了对 22 个欧盟成员国和 8 和非欧盟国家学校计算思维教育的基本情况调研报告。报告结果显示：被调查的 30 个国家都将计算思维以不同形式整合到了基础教育课程体系之中，主要可分为三类：一是作为跨学科主题，即将计算思维作为一种跨学科知识整合到各学科的问题解决中，所有教师都有责任教授计算思维能力；二是作为独立学科的一部分，只在信息技术（信息学）学科中训练学生的计算思维能力；三是将计算思维作为其他学科内容的一部分，这种情况主要集中在数学和科学等学科中。③ 计算思维进驻学校教育系统已成为必然趋势。但我国计算思维教育的现实情况并不容乐观，上述幼、小、初学生计算思维能力的调研结果也再一次印证了学生在学校学习中仍以事实性知识的理解和记忆为主，思维发展正是我们目前教育中的短板，而这种情况随着学生学段的提升更为明显。"非计算机化"编程活动以培养学生的计算思维能力为最终指向，使学生在活动中整合跨学科知识、技能和方法，体验问题解决过程，并发展高阶思维能力。

然而，编程并不等同于计算思维，计算思维的核心要义是应倡导以

① Grover, S. , Jackiw, N. & Lundh, P. , "Concepts before Coding: Non-programming Interactives to Advance Learning of Introductory Programming Concepts in Middle School", *Computer Science Education*, Vol. 29, 2019, pp. 106 – 135.

② Sun, L. , Hu, L. & Zhou, D. , "Single or Combined? A Study on Programming to Promote Junior High School Students' Computational Thinking Skills", *Journal of Educational Computing Research*, Vol. 59, 2021, pp. 1 – 39.

③ Bocconi, S. , Chioccariello, A. , & Kampylis, P. , et al. , "Reviewing Computational Thinking in Compulsory Education", Retrieved from https: //publications. jrc. ec. europa. eu/repository/handle/JRC128347.

计算机科学家的方式思考使得其成为指导人们日常生活的基本法则，[①] 与使用"非计算机化"编程形式发展学生的计算思维能力的原则高度契合。在"非计算机化"实践中，教师和学生可能并没有意识到自己正在进行编程活动（如系鞋带和洗手遵循的步骤），但这些日常实践代表了遵循或确定完成给定任务的分步程序的必要编码原则，而这正是计算思维教育所追求的教育目标。美国研究者 Ballard 等人更是提倡应以非编程或不插电的形式来教授计算思维概念（抽象、概括、分解、算法思维、调试），并将计算思维整合到教师的教材和图书参考资料中。[②] "非计算机化"编程形式通过学习者之间的交互影响、触觉感知以及游戏化体验参与到故事和隐喻的情境中去，为计算思维的培养提供了一方沃土。

二 "非计算机化"儿童编程教育的实践特征

"非计算机化"编程教育以活动为其实施载体，由是其实践特征则围绕活动的设计与实施描述。"概念化、游戏化、故事化、具身化和情境化"是非计算机化儿童编程实践的代名词。

（一）具身参与、体验感知的活动设计

"非计算机化"编程活动设计摆脱了计算互联的虚拟环境，旨在使儿童于真实的自然情境中获得沉浸式的生理感知，实现与周围人物、环境和工具的交互，从而获得积极的心理体验。派珀特认为儿童无法掌握过于抽象的算法程序，而其自身的行为活动则可以作为他们理解和发展抽象思维的介导。[③] "非计算机化"活动则深度彰显了学习者在编程学习中的切身参与以及生理感知对其抽象性思维发展的优势所在。如有活动设计将认知发展阶段论和全身反应法（Total Physical Response）作为理论框架，在课堂中设计以身体动作为主的方向游戏和井字游戏，即由学生扮

---

① Wing, J. M. , "Computational Thinking and Thinking about Computing", *Philosophical Transactions of the Royal Society A: Mathematical, Physical and Engineering Sciences*, Vol. 366, No. 1881, 2008, pp. 3717 – 3725.

② Ballard, E. D. & Haroldson. R. , "Analysis of Computational Thinking in Children's Literature for K – 6 Students: Literature as a Non-programming Unplugged Resource", *Journal of Educational Computing Research*, Vol. 59, No. 8, 2022, pp. 1487 – 1516.

③ Papert, S. , A Case Study of a Young Child doing Turtle Graphics in Logo. In Proceedings of National Computer Conference, New York: ACM, 1976, pp. 1049 – 1056.

演机器人，教师发出口头指令，遵照指令学生进行位置移动。结果表明，所有参与者基本都掌握了模式识别与测序这两种计算思维概念。[①]

（二）游戏驱动、主动建构的活动情境

"非计算机化"编程活动远离了基于计算平台的虚拟环境，必将创设游戏化的活动情境以支撑教学的开展，游戏化搭建起了非计算机化教学的主体框架，可以称为非计算机化教学的境脉之"境"。游戏是一种有意识的文化实践活动，在游戏中儿童可以不受限制地改变与探索，发展自己的想象和创造力。[②]游戏的作用不仅在于儿童情感和行为上的满足，更是象征性地再现儿童经历过而尚未同化的现实经验。在游戏中，与具象物品交互的行为活动可以内化吸收到抽象的思维中去。皮亚杰也提到，游戏作为一种儿童将现实按照自我需求的转化，需要教师在教学中提供合适的材料支持，否则这种"现实"将一直游离在儿童的智力之外。[③]以项目和问题驱动学习者参与到问题情境之中，使其主动建构并完善自身的认知系统。

（三）摆脱技术、结构叙事的活动过程

"非计算机化"编程形式脱离了技术的支撑，在活动组织过程中以故事化的叙事结构贯穿起其活动的内容脉络。通过故事理解世界是儿童认识的"天性"，教学活动在故事叙事性"情节"和"剧情"的推动下，将教学内容的逻辑渗透其中，以实现与受众对象间的认知和情感互动。同时，故事化教学需要教师具备一套行之有效的叙事框架，能够合理地将教学要素和设备加入叙事过程（教学过程）之中。对于非计算机化教学活动而言，则要求教师正确架构起计算概念与教学活动之间的联系，率先在教学层面形成故事化教学的模式和步骤。

（四）交流协作、问题解决的活动空间

"非计算机化"编程活动空间更加支持同伴协作的学习形式，因为在

---

① Saxenal, A., Lo, C. K. & Hew, K. F., et al., "Designing Unplugged and Plugged Activities to Cultivate Computational Thinking: An Exploratory Study in Early Childhood Education", *Asia Pacific Education Review*, Vol. 29, No. 1, 2020, pp. 55, 66.

② 乔·L. 弗罗斯特：《游戏与儿童发展》，唐晓娟、张胤、史明洁译，机械工业出版社2019年版。

③ 让·皮亚杰：《教育科学与儿童心理学》，杜一雄、钱心婷译，教育科学出版社2018年版。

"摆脱"计算机的任务空间，学习者之间能够及时向同伴沟通问题解决的方案以明确和调整下一目标的方向。如土耳其研究者认为不插电活动提供了广泛的交流协作空间，从而促进了学习者创造力和解决问题能力的发展。[1] 塔夫茨大学的研究者设计出了一套适合于幼儿园儿童的 CAL-KI-BO 课程，该课程包含了个人和小组的编码、游戏和社交活动。儿童通过对积木块排序来设计机器人的执行动作，之后将其作品在"技术圈"分享反思，由此发展自身的计算思维技能。[2]

三 "非计算机化"编程教学模式的设计与建构

"非计算机化"编程形式"远离"了编程教育的技术实施载体，通过组织渗透整合编程概念的教育活动最终指向儿童计算思维发展的培育目标。"非计算机化"编程教育的有效推广实行尚需建构结合学习者认知发展机制规律的精准教学模式以及真实情境下的教学检验。

"非计算机化"儿童编程教学模式的建构以建造主义为理论基础，将活动理论作为连接理论与教学实践的桥梁，并结合"非计算机化"编程活动的独有特点，设计实施具体的教学流程以供教学实践参考。

（一）理论基础

建造主义是一切创造性建构学习活动的理论内核，教育研究者和实践者应当向建造主义者学习如何以尊重学习者自由和创造性的方式促进学习的发生。[3] 建造主义同样也是编程教学活动的理论之源。派珀特在其1980 年出版的 *Mindstorms：Children Computers and Powerful Ideas* 一书中描绘了对儿童通过计算机改变他们学习其他知识方式的愿景，勾勒出建造主义的原初内涵。1991 年，在与其合作者 Idit Harel 的 "Situating Constructionism" 一文中，派珀特表达了将建造主义作为一种"创造中学"

---

① Tonbuloglu，B. & Tonbuloglu，I.，"The Effect of Unplugged Coding Activities on Computational Thinking Skills of Middle School Students"，*Informatics in Education*，Vol. 18，No. 2，2019，pp. 403 – 426.

② Relkin，E.，De Ruiter，L. E. & Bers，M. U.，"Learning to Code and the Acquisition of Computational Thinking by Young Children"，*Computers & Education*，Vol. 169，2021，p. 104222.

③ Holbert，N.，Berland，M. & Kafai，Y. B.，*Designing Constructionist Futures：The Art，Theory，and Practice of Learning Designs*，Cambridge：The MIT Press，2019.

（Learn by Making）方式的方法论的构想。但时至今日，他并没有给出建造主义的具体的定义内涵，因为"通过定义来传达建造主义的概念是矛盾的，毕竟建造主义要通过建造来理解一切"①，但这同时也限制了建造主义作为理论基础的在具体教学情境中的使用。"非计算机化"编程教学的设计与实践需要从编程教育理论的根基入手，从建造主义处汲取教学养料。以皮亚杰的建构主义（Constructivism）理论为基础，结合结构主义（Structuralism）中对布尔巴基学派逻辑—数学结构为个体认知发展最高形式的理解，建造主义成为一种对技术工具支持的创造性思维方式、学习方式和学习主体的独特理论。其一，思维实在化。派珀特提出建造主义的学习环境应为学习者提供承载其思考活动的心智模型，正如其幼年时用"齿轮"来理解周围事物，也如 Logo 的屏幕海龟图标和海龟机器人以及触摸、制作和搭建具体实物等。教学组织者需要为学习者创建其"思考的对象"。其二，方式具体化。建造主义主张更加具体的学习方式，在制作和创造中将抽象思维转换为可见可感的实物结构，如创建程序、编码机器人活动以及组织逻辑活动等。其三，主体个性化。建造主义关注制作中个体学习的发生过程，提倡以活动激发个人积极情感的重要性，由此促进儿童自我导向的学习，而非建构主义对儿童群体阶段性认知和思维特征的描绘。沟通协作、内容创作、连接分享、行为选择正是建造主义为编程教学活动所提供的理论框架。② 所谓"非计算机化"编程教育其本质并非以教学材料代替了计算机，而是以程序逻辑性的教学活动组织代替了虚拟交互的计算环境。因此，对具体活动要素的功能分解和活动安排是连接"非计算机化"实践活动的关键。

（二）理论与实践的连接：活动理论

活动理论强调了活动在知识技能内化过程中的桥梁性作用。活动构成了人的认知和思维发生发展的基础，并且人的活动兼具对象性和社会性特征。恩格斯托姆（Engestrom）在列昂科夫（Leont'ev）等人的基础之

---

① Bers，M. U. ，"The Seymour Test：Powerful Ideas in Early Childhood Education"，*International al Journal of Child-Computer Interaction*，Vol. 14，2017，pp. 10 – 14.

② Bers，M. U. ，*Coding as a Playground：Programming and Computational Thinking in the Early Childhood Classroom*，New York：Routledge，2018.

上发展出第三代活动理论，以活动系统的成果转化为驱动力，以多活动系统之间的矛盾为发展契机，活动理论系统性考量了主体、客体、工具、共同体、规则与劳动分工六要素间及活动系统间的多重诉求。① 在"非计算机化"编程活动中，师生（主体）之间利用日常学习生活中简易可得的材料（工具）以组织逻辑性的活动（规则）的方式结成学习社区（共同体），通过成员之间的协作交流和分享评价（劳动分工）以此来学习基本的计算概念（客体），最终指向学习者计算思维技能的发展。

1. 活动主体

"非计算机化"编程形式避免了计算机教学中师生之间互动的空间转换和疏离感，明确了师生交互的双主体地位。基于计算机以及终端设备的传统教学形式不可避免地影响师生之间的近距离互动，使得教师和学生分别在自身面对的虚拟时空中对话交流。"非计算机化"活动中教师以猜谜、魔术以及邀请学生上台演示等形式与其展开直接互动，从而使得师生之间建立更加紧密的连接，促使教学过程中师生间的主体性地位得以凸显。

2. 活动客体

客体即主体所追求的物质或精神产品。"非计算机化"编程活动中的客体即活动中所蕴含的计算机程序概念内容以及包括课程、教材和教学任务等的综合体。活动客体兼具聚焦性和专业性特征，是区分活动特质的标志。如伯南和雷斯尼克以层次性框架的方式给计算思维以定义，计算概念、计算实践以及计算观念是对计算思维综合的理解。但在实际的教学中，研究者们多利用条件、循环、排序、事件等独立的概念来设计"非计算机化"类型的活动。

3. 活动工具

"非计算机化"活动形式离开了计算机支持的技术环境，强调学习者基于身边易得的学习材料以及有形实体等展开学习。活动工具是人的思维能力和问题解决能力发展的载体支撑，同时教学和学习者也能根据自身发展需要对工具进行改造、重构以至于内化，体现出工具的历史积累

---

① Engestrom, Y., "Learning by Expanding: An Activity-theoretical Approach to Developmental Research", *Educational Researcher*, No. 1, 2004, pp. 16 – 25.

效应。① 从纸、笔、卡片、棋盘网格以及积木块和地面机器人等，"非计算机化"编程的活动工具日渐丰富，并不断融合创生。

4. 共同体

共同体是一个集合的概念，包含了活动系统中的所有参与人员以及交互关系。共同体恰如广泛存在于编程教育环境中的学习社区理念。如在 Scratch 社区连接了世界各地的儿童，作品在共享开放的社区中不断被探讨、修改和完善。② 在"非计算机化"编程活动中，师生、生生以及学习主体与活动之间组成了学习和实践共同体，成员之间通过交流探讨，互助协作围绕编程概念主题的核心内容，探索学生计算思维能力发展的有效路径。

5. 活动规则

规则是规范主体和共同体的行为准则，作为主体与工具之间以及共同体内部成员之间的中介，以调节各要素之间的相互关系。"非计算机化"编程活动的规则体现在计算机程序概念贯穿下的逻辑性活动组织，其中以算法逻辑为程序原则、教学逻辑为教育准绳、活动逻辑为组织制度。如在计算思维棋盘游戏中，玩家需要按照游戏规则收集任务卡上的运动步骤以完成建构任务。学生需要综合考虑时间和金钱成本从多条路线中选择一条更好到达目的地的路线，因此必须从实际生活中的情境中抽象并定义问题，并最终形成解决问题的步骤（算法）。③

6. 劳动分工

劳动分工同样也在共同体和客体之间起到中介调节的作用。根据"非计算机化"编程活动中学习内容、活动形式以及能力结构等因素的差异，共同体成员在活动系统中扮演着不同的角色并承担不同的功能。在"非计算机化"编程活动中应当明确：一是突出教师在活动中的引导和支

---

① 屠明将、刘义兵、吴南中：《基于 VR 的分布式教学：理论模型与实现策略》，《电化教育研究》2021 年第 1 期。

② Resnick, M., Maloney, J. & Monroyhernandez, A., et al., "Scratch: Programming for All", *Communications of the ACM*, Vol. 52, No. 11, pp. 60 – 67.

③ Kuo, W. & Hsu, T. – C., "Learning Computational Thinking Without a Computer: How Computational Participation Happens in a Computational Thinking Board Game", *Asia Pacific Education Review*, Vol. 29, No. 1, 2020, pp. 67 – 83.

持者的地位；二是凸显学习者的自主探索和主动构建的学习特点；三是体现活动对教学的支撑和推动作用，以促进教师、学生与活动之间的相互协调与共同发展。

非计算机化教学中，逻辑性的活动组织代替了计算机交互的虚拟情境，"活动性"是非计算机化编程教育的"灵魂"。建造主义对"思维实在化、方式具体化、主体个性化"编程活动方式的理解为后世提供了探索"非计算机化"编程意义的"理论视角"，而这一视角的落地实践需要一种"理论框架"的承接，活动理论将教学活动要素分解为主体、客体、工具、规则、劳动分工和共同体六部分，通过赋能活动系统各教学要素的责任分工，架起教育理念与教学实践的桥梁。结合非计算机化编程的实践特征，最终形成非计算机化编程教学设计分析的"实践框架"，为教学活动设和实践落地提供指标与要素参照。非计算机化儿童编程教育教学理论模型如图4-3所示，体现了建造主义、活动理论和实践特征三者理论关系的由内而外层层剥离和实践关系的由抽象到具体逐步落地。

图4-3　非计算机化儿童编程教育教学理论模型

（三）教学模式建构

非计算机化编程教学重在活动组织，从活动的设计、情境、空间和过程维度切入，设计非计算机化编程中教学实施主体、教学目标客体、活动工具的具体行为，并明确活动规则、共同体以及劳动分工的行动原则。基于对非计算机化教学实践特征以及对活动理论原则的分析，本章将教学模式划分为六个实施阶段，如图4-4所示。

1. 计算概念选定

"计算机化"编程活动的设计围绕技术主体展开，程序原理蕴含在技术运行的内部逻辑之中，学习主体在与技术的交互中建构自身认知和心智结构，发展思维客体。而非计算机化编程活动缺少外在的技术形式支撑，则首先需要将程序运行的逻辑"外显化"，通过活动选定某一计算概念并理解其程序原理，如循环、条件、序列、结构化等，作为教学活动组织的目标贯穿始终，并将其与可能的问题情境相联系，以此引出后续具体的活动设计。

2. 创设游戏情境

在活动实施阶段伊始，教师可以通过设计并组织不同形式的小游戏"抛出"教学要点，在调动兴趣提高动机的同时加强活动的规则和组织性。但在开展小游戏时应当注意：一是游戏的目标应当清晰明确，紧密服务于教学内容（计算概念内容），切勿偏颇或过度使用走上"为了游戏而游戏"的道路；二是游戏的组织应当具有规则性，以保证活动的有序开展，游戏组织的有序性是活动有序性的前提和基础；三应当注意游戏开展的适时性，非计算机化教学并非每一环节都要以游戏化形式贯穿，结合传统教学优势并把握好游戏插入的节点是发挥最大教学成效的关键。

3. 故事引领切入

非计算机化活动"游戏化"的组织框架需要"故事化"内容的填充，这就要求教师创设一类贴近不同学段儿童认知和思维方式的问题背景。其中，对于年龄层次较低的儿童而言，可以采用童话故事和影视动画中的人物情节引入，而对于高年段的学生群体，则可以利用家庭、学校和社会中发生的社会时事、热点问题以及公共问题等作为叙事背景，以此激发儿童学习兴趣并调动情感投入。

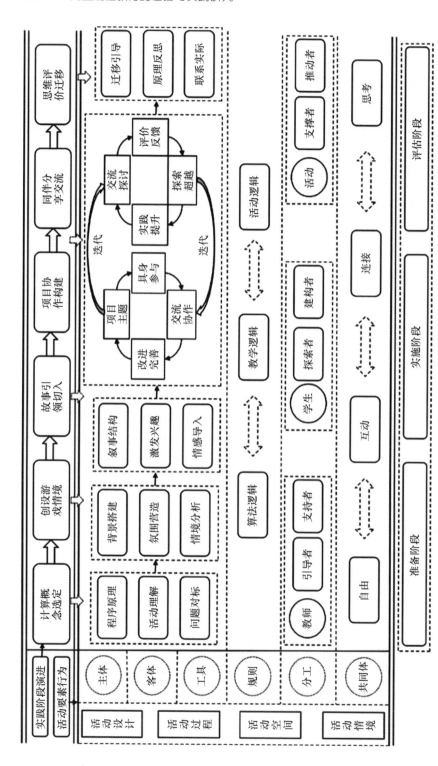

图4-4 非计算机化儿童编程教育教学模式图

4. 项目协作构建

项目协作构建环节是非计算机化编程活动的主体环节，在摆脱技术束缚的学习中能更大程度发挥"人"之主体地位的教学和学习效果。儿童与同伴、教师作为各自独立的责任主体，为共同的学习目标而努力，并协同构建知识与技能。在此过程中，通过明确某一项目主题，如搭建一个纸牌屋，学生和教师则需要利用有限的材料和工具构想设计方案，不断提出可行的方法、观点和操作流程与同伴间进行沟通探讨，通过多次迭代试误完善案，并最终完成项目作品。

5. 同伴分享交流

非计算机化编程的活动组织特点体现在"小群体"规模的内部活动，同伴关系成为这一活动中的普遍关系，同伴关系不仅是主体与主体间相互影响的状态，同样也是情感上的碰撞与联结。而同伴的作用不仅是交流沟通，同样也体现在行为的反馈互鉴中。在项目作品完成后，同伴之间互相交流探讨学习经验，按照评价标准完成自评和互评，以破除自身认知壁垒，不断提升自身认知结构。

6. 思维评价迁移

迁移是学习过程中思维的高级形态，同样思维评价迁移环节是非计算机化教育旨趣的落实与教学价值的升华阶段。计算理念指引的教学活动需要迁移提升，使思维得以发展和延伸。非计算机化编程教育形态的价值所在即程序原理的逻辑性对学习者思维和行为的影响，儿童在活动中所训练的计算概念纳入其原有的心智结构中，并在其面对不同的学习和生活问题情境时适时提取，以指导问题的解决。

第 五 章

儿童编程教育教学案例与实践

　　儿童编程教育实践最核心的是学习活动的设计，教学目标最终能否实现，课程教育的质量是否能够提升，最关键的是要落实到教育教学活动中。纵览当前儿童编程教育相关研究，呈现出了"断点式"的研究态势，研究者们多从经验主义的视角出发"截取"编程理论或教学的某一个点展开探究讨论。而在本课题的研究中，我们力求实现"稳扎根、宽辐射"的原则，遵循"理论—调查—实践"的研究逻辑和范式，循序渐进展开研究与教学活动。课题开展初期，我们对儿童编程教育和计算思维的相关理论基础研究做了深入的挖掘与细致的探讨；之后通过对幼、小和初各学段儿童计算思维的调查，我们发现了许多影响儿童计算思维发展以及编程教学开展的事实性教育规律，这也为编程教学活动的设计与实施提供了更加科学的理论指导和行动指南。基于丰富的理论研究结果和科学的调查数据，课题组深入幼儿园、中小学开展教学实践活动，并将近年来在幼儿园和中小学课堂的教学实践成果整理如下。但由于篇幅和阐述重点的原因，我们主要对教学实践的内容设计与实施过程以及课后的师生反馈情况进行了系统性的展示和分析，力求呈现课堂编程教学活动全景，而对于其中一些教学因素分析和数据处理过程则做了简化处理。

　　儿童编程教育教学案例与实践主要从三个维度展开，一是计算机化儿童编程教育教学活动设计与实施。计算机化儿童编程教育以图形化编程工具为依托开展，主要在幼儿园和小学阶段实施了教学干预，考虑到不同学段儿童认知水平和学习形式的差异性，我们在教学设计中的侧重点也有所不同，其中幼儿园阶段的图形化编程重在活动设计，而小学阶段则主要关注编程如何作为一种"工具"促进儿童在数学和科学知识的学习以及其计算思维能力的提升；二是我们在小学和初中阶段开展了非计算机化儿童编程教学活动，探讨了非计算机化这种具身实践的活动形式对学生计算思维能力的影响；三是通过整合计算机化与非计算机化教学形式，我们在小学与初中分别开展了"混合"教学，以明确两种编程活动"混合"的教学效力。

第一节　计算机化儿童编程教育
教学实践及其案例

计算机化儿童编程教学实践活动以图形化编程工具 ScratchJR、Scratch 为载体设计开展，课题组以天津某幼儿园、北京与河北等地的小学生为对象，在幼儿园日常活动中、小学数学和科学课堂中设计并实施了编程教学实践活动。

一　基于图形化编程的幼儿教学活动的设计及应用

（一）活动目标

图形化编程教学设计与实践首先在幼儿园阶段展开。虽然儿童编程教育逐渐走向低龄儿童的趋势更加明显，但目前在幼儿阶段的编程教学设计与实施活动还是相对较少。幼儿课堂与教学方式的特殊性也是在活动设计中需要考虑的根本问题。幼儿园课程没有明显的分科倾向，而是以领域活动开展，并且幼儿园的课堂教学多为游戏化与故事化的形式。因此，我们在设计幼儿园图形化编程教学时并没有依托于某一学科背景或知识，而是单纯教授儿童开发并编写编程游戏活动，以检验幼儿在编程干预后计算思维能力的提升和编程学习态度的转变。同时，由于幼儿阶段缺乏有效且适应性的计算思维测评工具，幼儿计算思维测评工具的开发也是本次实践的重点研究活动之一，相关工作已在第三章第二节的"幼儿计算思维能力调研报告"中呈现。在图形化编程教学模式的指导下，我们以天津市某幼儿园 31 名大班学生为对象设计并实施了图形化编程教学活动。

（二）活动内容

本次教学活动以 ScratchJr 为载体展开，ScratchJr 作为入门级程序语言，可以让 5—7 岁的幼儿建立自己的交互式媒体，幼儿通过图形化的程序方块，像组合积木般来让所建立的角色移动、跳跃、旋转、唱歌等。同时他们也可以利用绘图编辑器来描绘出心目中的角色人物或对角色进行色彩更改，使用麦克风录制自己的声音或其他音效，利用照相机来拍摄自己的照片或放入其他图片创建自己喜欢的动画角色，帮助儿童将心中的想象带到真实世界。ScratchJr 编程恰是符合幼儿课堂游戏化的学习特点，幼儿可以通过认识各种功能程序块，组合积木并创建自己的动画故事与游戏。幼儿阶段的图形化编程教学设计完全由我们团队自主设计开发，基于 ScratchJr 程序块的功能特点，我们共设计了 5 课时的教学活动，通过活动形式重点强调"事件、排序、条件、循环"等计算概念的教授，在活动中渗透计算思维能力的发展，具体如表 5-1 所示。

表 5-1　　　　　　　　　　教学内容具体分类

	课程名称	课程内容	计算概念
第一课时	了解 ScratchJr	围绕 ScratchJr 指令的相关操作进行设计。通过此次主题活动，学生能够理解 ScratchJr 中 28 个积木块的具体含义	事件程序块功能
第二课时	小小舞会	以儿童计算思维能力中"排序"为主要出发点，围绕 ScratchJr 指令操作进行设计。通过此次主题活动，学生能够按照一定的顺序编写序列指令，理解编码活动中"排序"的具体含义	排序
第三课时	小猴摘桃子	以儿童计算思维能力中"控制结构"为主要出发点，围绕 ScratchJr 指令操作进行设计。通过此次主题活动，学生能够按照一定的要求编写序列指令	条件语句
第四课时	小企鹅回家	以"循环"指令的用法为主，强调"控制结构"的概念。通过此次主题活动，学生能够按照一定的要求编写序列指令	循环 无限循环
第五课时	疯狂的小鸟	"收发指定消息"指令的用法为主，强调"控制结构及数据表示"的概念	条件语句 数据表示

（三）活动过程

1. 教学准备

图形化编程教育需要一定的技术设备条件支持。图形化编程软件ScratchJr有着在手机、平板等移动终端安装的技术优势，使学习者能够"随时随地"进行编程学习。为在真实的课堂中观察幼儿的学习状态，在本次活动中，我们把编程"送"进了幼儿课堂，编程活动通过课题组为幼儿提供的安装有ScratchJr应用的平板电脑进行。这样既能够便于观察幼儿在编程活动中的行为表现，同时也能够灵活地对教学形式进行调整。此外，针对每节课的活动内容，研究者提前准备好了课程教学的PPT，以及学生表达自己学习状态的"态度贴纸"，如表5-2所示。同时，为激发幼儿的学习热情并且作为课程中"编程活动竞赛"的奖励，我们还准备了各种卡通小文具等。

表5-2 编程态度贴纸

态度类别	高兴	一般	不高兴
表情符号			

2. 教学设计

幼儿图形化编程活动的5次课程内容为我们课题组基于ScratchJr的功能特点以及贝斯提出的"算法""模块化""控制结构""描述和表示""硬件/软件""设计过程""排除障碍"等计算思维的"强大想法"概念而自主开发。通过前期的调研发现，幼儿课堂的教学可以说徒有教学之"表"，却普遍忽视了教学之"实"，因此幼儿编程教学在兼具游戏化实践特征的同时需要秉承教学性的根本宗旨。下面以《小猴摘桃子》一课为例对教学设计进行具体介绍，如表5-3所示。《小猴摘桃子》一课是本次活动的第三次课程，在前两节课中，学生已经基本对ScratchJr的功能有了一个大致的认识与了解，对排序概念有了一定的理解，并且也能够进行基本的程序操作。在此基础上，本节课继续引入"条件"概念，教师需通过"小猴摘桃子"的故事逐步引导学生理解并设计"如何设计小猴子的活动让它碰到桃子,桃子就会消失",帮助学生理解程序中"条件"的概念,最后学生自由发挥设计类似原理的项目作品。

表5-3 　　　　　　**《小猴摘桃子》教学设计案例**

《小猴摘桃子》教学设计

教学目标

1. 通过教师引导,使学生了解 ScratchJr 中对多个"角色"设置相同指令的操作。

2. 学生能够初步掌握并使用 ScratchJr 体现"控制结构"中"条件语句"的概念。

3. 自由探索,让学生通过动手操作再次加强对"条件语句"相关概念的了解。

教学重难点: 通过教师讲解和主题活动探索,学生能否理解并使用 ScratchJr 指令积木为"角色"创建序列指令。

活动环节	教学内容	师生活动	计算概念
	回顾上节课"小小舞会"内容。以故事导入,说明本节课的情境并交代问题,即设计算法让小猴子按照规定的路径摘到桃子。	师:播放 PPT、视频等课件,带领学生回顾指令用法,特别强调"开始"和"结束"程序块指令。 生:领悟指令积木用法,并邀请小朋友进行"复述",然后进行"抢答",并给予奖励。	
定义抽象	告诉学生完整的指令应该包含"开始"和"结束"程序块以及执行的顺序,强调程序块中数字的用法,通过实践操作增强"数感"。播放"小猴子摘桃子"的视频,吸引学生,并引出新知识。 	师:播放课件,进行视频演示,讲述"小猴子摘桃子"的故事,并提出需要解决的问题。 生:理解程序块驱动小猴子运动的基本原理以及程序块中不同的数字代表小猴子运动多远的距离。	事件算法抽象

活动环节	教学内容	师生活动	计算概念
算法设计	创建新项目，根据桃子的位置进行相关算法设计，为小猴子的活动轨迹编写程序。 	师：播放课件，创建新项目，操作演示的过程中请同学们思考并回答运用哪些程序块，教师先不判断对错，而是通过学生提出的操作进行演示，以此师生之间通过交互式"试错"了解编程的过程。 生：通过同伴之间的不同尝试以及对数字大小的感知，再次了解通过屏幕的实物运动思考对小猴子进行代码的编程过程，重点涉及算法中的序列程序逻辑。	序列条件
迭代实施	引导学生为"小猴子"添加指令进行编程，使它碰到第一个桃子，并不断尝试程序块中的数字大小，提高学生的真实情境中的数感。 	师：为"小猴子"添加单独的指令积木并进行演示。 生：说出"小猴子"运动轨迹。	事件序列条件
	为"桃子"添加指令，让同学们明白当小猴子碰到"桃子"时，桃子会消失。 	师：告诉学生积木 用法为"桃子"添加单独的指令积木并进行演示。 生：说出"桃子"的指令用法。	

活动环节	教学内容	师生活动	计算概念
	引导学生完善该项目指令，实现所有桃子都被摘到 	师：为"小猴子""桃子"添加单独的程序块指令并进行演示。 生：明白如何为"小猴子"与"桃子"的添加各自的指令，并理解"碰到"即"消失"的条件思维模式。	
迭代实施	给出与小猴子摘桃子原理相同的练习题目："《小女孩摘花》"，即当花朵被小女孩碰到时就要消失，直至所有的花被采完。在教师引导下让学生通过不断试误自主探索。 	师：维持课堂秩序，必要时为学生提供帮助。课后收集各学生创建项目。 生：自由探索，创建一个新的角色并按照规定的动作设计动作脚本。	事件 序列 条件
拓展延伸	引导学生反思 升华总结主题	师：总结本节课的活动要点，强调"条件"算法的作用。 生：理解并与生活实际问题相联系。	一般化

3. 教学实施

幼儿编程教学活动总跨度 7 周，教学活动第 1 周对教学对象幼儿园大班 31 名学生进行了计算思维能力的测评，并且与该班级的班主任、生活教师等提前沟通了解班级学生的基本情况；中间五周为教学干预周期；

最后一周对教学效果检验进行计算思维后测，并通过课堂教学视频分析解释幼儿编程学习和计算思维的发展情况。在每节课开始之前，课题组会准备好平板电脑、教学课件、态度贴纸以及奖励用的文具奖品等，并做好教学分组。本次课程全程由项目组研究人员承担授课任务，研究者首先讲解本节课所涉及的程序概念，并与学生积极互动，引导他们发散思维，与自己生活中的真实情境联系。之后，研究者投屏演示并讲解如何进行本节课的编程程序块操作，在这个过程中教师会与学生进行多次的积极互动，例如共同回答这是哪一类型的程序块、功能是什么，等等，并且教师在编程教学演示过程中，通过学生提出的编程思路进行操作，例如当有的同学说在向左的程序块中设置数字 5 才能碰到"桃子"，可当教师演示后并没有碰到桃子；或当设定数字为 7 时，小猴子已经越过了桃子，通过这些互动的方式让学生一边理解数字大小（数感）与小猴子移动距离之间的关系，一边全体同学共同协作对小猴子进行编程，直到通过不断的错误尝试完成最后的作品创作。讲解完毕之后是学生自主练习时间，为保证学生的问题都能及时得到回答，确保每一小组都配备有一名课题组成员或教师。每节课程的结尾都会邀请每组一位同学共同开展一个编程游戏制作的小比赛进行收尾，并对学生进行相应的奖励。项目制作完成后还会要求学生用态度贴纸对学习的感受进行表达，研究者和教师可以通过分析不同学生的态度来对其编程学习过程进行深入分析。课程结束后也会要求学生可以在家中与父母共同练习项目的制作，亲子共同基于 ScratchJr 进行创作是促进幼儿编程能力发展的最有效方式之一，这不仅对增进亲子情感关系有益，也能实现从"被屏幕消费"到"屏幕为我所用"的工具价值观转变。（见图 5 - 1）

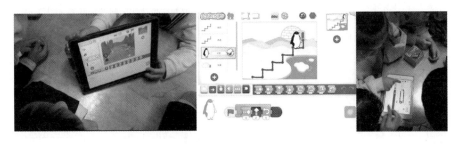

图 5 - 1　教学活动实施过程

（四）活动反馈与效果分析

1. 学生学习反馈分析

第一，幼儿对编程学习的理解较差，对他们而言编程就是一种有趣的活动。由于幼儿的语言表达与学习体会能力相对较差，其在编程学习中的表现多通过研究者与教师的课堂观察来发现。首先，幼儿在图形化编程中表现出的积极性和兴趣感是有目共睹的，并且"竞赛"性质的编程小游戏激发了他们的胜负欲，使他们在编程活动中更加主动和活跃。但可能是因为学生年龄较小，他们并不能真正理解学习编程的意义，在与平台互动的过程中也表现出了很多问题。如在最后的项目制作比赛中，一个孩子非常高兴地告诉我们，她做完了某一活动的编码程序，但我们进行检查时却发现，程序块根本没办法正常运转，焦急的孩子使劲点击做好的程序块，但程序就是没办法按照预想的方式运行。或许这次编程学习对他们而言就是一次游戏，但是我们更希望幼儿能明白的是：这就是程序的本质所在，如果不按照程序的规定性进行操作，机器是无法理解我们的语言与动作的。这也正是儿童编程教育的核心：知己知彼才能让机器更好地赋能人类的学习与生活。"彼"重要的不是冰冷的人工物的"表皮"，而是驱动机器智能运转的"程序"。虽然无须每一个人都具有给机器编程的能力，但至少应该清楚机器驱动程序运转的逻辑，而这才是儿童编程的教育核心所在。技术具有一定的规定性，所谓规定性，就是必须按照技术本身的逻辑与其交互。在技术的泛在时代，不懂得与技术交互显然是不行的，不能以我们的语言告诉机器应该如何，而应该用机器的语言（程序）告诉机器应该如何。

第二，幼儿在小组活动中的合作意识较差，并不能承担角色分工的责任。本次活动分小组进行，按照班级原本的座位排序，每组3—4位学生。在活动开始之前课题组成员会完成分组以及组内角色的分工说明。但是在编程学习的过程中，幼儿并不能完全承担起角色任务，甚至有小组出现某一个学生"霸屏"而使得全组同学起争执的情况，不仅破坏了教学秩序并且也影响了作品的完成程度。我们在课后也对这一现象进行了反思：学生的年龄较小，规则意识还未完全建立可能是造成这一现象的主要原因；同时，本次课程中的大多数学生都是独生子女，他们可能更加不善于分享、在观念中并没有"你的"与"我的"之分，因此角色分工意识并不明显，这也足以说明未来进行合作学习的必要性，破解的关键便落在了如何设计协作活动以实现有效分工。编程学习活动能够训练儿童的角色工分和责任意识，一个人如果没有合作意识有时很难完成一项工作，要让幼儿在合作中体会到编程的乐趣并发展学习获得感，这一点在未来的编程教育中应该得到积极的改善。所以，未来关于幼儿编程活动的小组角色以及分工问题将会是我们教学设计的重点所在。

2. 教师教学反馈分析

第一，幼儿"态度贴纸"是与其沟通交流的"桥梁"。班主任也反映道：编程教学中态度贴纸的设计想法很巧妙，能够帮助我们更好地引导孩子们说出自己的真实想法。因为平常与幼儿沟通的过程中，他们并不能准确描述自己的心情，也无法真实复述事件的原因与结果，也就是说他们还不具备完善的学习反思能力。以态度贴纸的方式记录幼儿学习时的情感体验，事后可以针对贴纸的表现询问他们当时的学习感受，让学生自己回想并分析造成这一现象的原因，这样更加有利于他们反思自己的行为活动。如从态度贴纸的统计结果来看，大部分儿童对评估活动充满了极高的兴趣，并愿意继续参与或学习图形化编程教学活动，但也有部分幼儿保持中立或低沉的态度，与其交流后发现也许是因为"今天有点感冒"或"某某影响了自己"等。研究者或教师会对其态度贴纸不太高的幼儿在接下来的教学干预中给予更多的关注，并进行积极的引导。我们的宗旨是如若不能在编程教学活动中给予儿童"快乐的编程体验"，还不如不去进行这项工作，因为让儿童保有一种对编程活动的积极态度，关系到其未来对编程学习的认知和学习的欲望。

第二，重视编程教育的家校合作功能，最大化编程教学的影响效果。通过与班主任教师的沟通了解到，幼儿在学校学习的时光有限，并且他们的学校日常也会被吃饭、睡觉等这些基本的日常所占据。更重要的是，幼儿教师在承担教学任务的同时更多的时间也被照顾学生的日常所占用，因此让幼儿教师学习编程并在课堂中开展相关活动的能力还是十分有限。因此，我们也倡导应当充分利用起编程教育的"家庭时间"，通过家长与学生的共同编程学习，为家庭教育亲子时光增添更加丰富的内容。我们一再重申，编程并不是让儿童学会多么高级的程序语言与专业技能，而是希望编程作为一种学习的方式，一种创造性表达的方式，以及一种承载和容纳其他教育内容的方式之道。

二 基于图形化编程的小学科学教学活动的设计及应用

（一）活动目标

基于图形化编程的小学科学教学活动的设计意图与活动目标旨在通过编程方式学习学科内容以实现编程与学科内容协同发展的目标。本次实验活动开展于 2020 年年初，因此我们在进行实验设计时主要参看的还是之前的课程标准。2017 版《小学科学课程标准》中较之前的课标增加了科学、技术、工程与环境教学目标，倡导科学跨学科融合教学的要求。[①] 在此影响下，3D 打印、Arduino 编程、图形化编程等也都成了小学科学教育的主要内容，但目前常规课堂的科学课程还沿用传统教学模式，以教师讲授知识、演示实验过程为主，先进的智能技术并没能影响和改进科学教学。探究式教学在科学学科中的地位仍不可撼动，但科学课在学校的开展情况不容乐观，科学探究也未得到充分践行，因此科学教学亟待教育理论研究和教学方式的激活与创新；同时对于一些实践周期较长或不适合学生接触与体验的操作在教学中的效果也不尽如人意，如科学课在观察植物的生长周期时由于时间较长，很多学生并不能做到全程跟踪，对植物生长顺序的描述和记忆也不完全准确。基于此，课题组以小学科学课堂为背景结合图形化编程教育教学模式设计了基于 Scratch 的小学科学教学方案并在课堂中开展实施，对应小学科学知识、态度、探究以及科学、技术、社会与环境四维教学目标以检验并分析学生在此模式教学后的学习态度的变化、科学知识的掌握程度以及计算思维技能的发展情况。2022 年版《义务教育阶段科学课程标准》中对科学教学目标进行了重新修订，从科学观念、科学思维、探究实践和态度责任四个维度对新时期科学教学提出了新要求，未来融合小学科学的图形化编程也将以新的课程标准思想为指导不断探索如何将编程更好地整合到小学科学课堂之中。

---

① 中华人民共和国教育部：《义务教育小学科学课程标准》，北京师范大学出版社 2018年版。

（二）活动内容

活动内容的形成需要从两方面考虑，一是明确需要教授的程序语言的基本概念，在本次教学活动中我们选择了 Scratch 的四个基本功能：认识、序列、条件、循环；二是寻找科学课程内容中蕴含这些程序原理的内容，为配合学校教学和学生的学习进度，我们均选取新课标教科版一至六年级下册的科学教材内容，具体如表 5 - 4 所示，其中程序原理与学科内容的对应关系一一呈现如下。同时，学生在通过 Scratch 编程创作以表现科学知识的内容与逻辑时，能够加深他们对程序概念的理解与记忆，同时也能够发展学生的计算思维能力。在 Scratch 中设计动画角色行为，需要学生深入思考如何设计角色指令顺序，不断调整直至最终作品能够合理呈现角色之间正确的捕食关系。

表 5 - 4　　　　　　　　　教学内容具体分类

教学模块	解释	对应科学内容
Scratch 基本功能的认识	Scratch 各功能程序块、角色、背景等基本要素	《前后左右》 《东西南北》 《校园"寻宝"》
序列	按照正确顺序执行动作的技能	《凤仙花的一生》 《简单电路》 《食物链与食物网》
条件	根据不同条件得出不同结论的能力	《各种各样的叶》 《比较土壤的不同》 《垃圾的处理》
循环	多次运行相同程序的操作技能	《月亮》 《春夏秋冬》 《机械摆钟》

（三）活动过程

1. 教学准备

图形化编程与学科融合教学的设计与实施对教师、学生和教学设备支持等方面都具有一定要求。对于科学教师而言，他们需要具备基本的图形化编程知识与技能，在教学中能够理解并有效践行编程原理，同时学生也需要有一定的编程学习体验。并且，计算机设备的支持是本活动开展的基础，在教学活动设计与展开之前都需要综合考虑各类实际情况。本次活动的教学对象为河北某小学学生，该学校科学课的开设年级为一至六年级，较重视科学课程的开展以及跨学科教学活动的开展。学校同时具备先进的科学实验室和多媒体技术设备等，并且学校开设了与Scratch 编程相关的校本课程，学生对 Scratch 有一定认识，能够进行简单的程序操作，这一条件为教学应用的展开提供了教学环境和氛围支持。

2. 教学设计

遵循图形化编程教学模式结合具体的科学课程内容设计教学活动，内容的设计应重点考虑学生的学习基础和内容的衔接问题。下面将以《凤仙花的一生》一课为例进行具体的教学设计介绍，如表 5 – 5 所示。《凤仙花的一生》一课是人教版三年级下册第二单元第五节的内容。按照教科版科学教材的编排，本课属于一节总结课，学生在之前已经学习了种植与养护凤仙花以及凤仙花的组成器官等内容。而本课的主要目标是要对凤仙花一生的成长过程进行总结，了解每一时期所历经的时间，明晰凤仙花生长周期的概念。但在实际的教学中在一节课时中无法使学生亲身体会凤仙花的周期性生长，如果仅通过观看视频并不能调动学生的积极性并全身投入其中。因此，利用 Scratch 编程让学生通过项目动画制作的方式排布设计凤仙花的周期性生长过程来体悟植物生长的顺序性与计算机序列原理互通性。学生通过设想排列程序块等能够有效地锻炼计算思维能力，同时动手参与到凤仙花生长的一生之中，加深对知识的理解与记忆。通过第一课时《Scratch 基本功能的认识》的学习，学生已基本能够了解 Scratch 的简单操作与应用，熟知动画角色、背景以及功能程序块的大致作用，能够明确与设计简单的动画程序序列，为本节课的学习打下了坚实基础。

表 5 – 5　　　　　　　　植物的生长发育教学设计案例

《凤仙花的一生》教学设计

教学目标

科学知识：了解凤仙花一生的生长过程：从种子→发芽→茎叶→花蕾→开花→结果的生长顺序。

科学探究：通过 Scratch 展示凤仙花的一生。

科学态度：培养逻辑性思考与科学探究精神。

科学、技术、社会与环境：认识到生物的生长发育繁殖过程的顺序性，正常生长顺序的繁衍价值。

教学重难点：如何通过程序设计利用 Scratch 表示凤仙花一生的生长过程。

		学生活动	教师活动	计算概念
定义抽象	目标任务	理解教师要求。	引出本节课的教学内容"凤仙花的一生"。学生之前学习了如何种植凤仙花以及凤仙花的组成器官等。说明本节课的设计意图即利用 Scratch 呈现凤仙花生长的各个周期。	
	内容呈现	积极参与，设计舞台。讨论并得出凤仙花一生所经历的时期。	 呈现场景：辨认 Scratch 的舞台上凤仙花的各个时期，引导学生创建布置属于自己的舞台。 任务呈现：利用 Scratch 呈现凤仙花的不同时期。	事件算法

		学生活动	教师活动	计算概念
	设计构思	根据任务特点，分解实施步骤，思考应如何编排各个实施环节。	引导学生思考如何在一节课中呈现凤仙花的一生经历。	
算法设计	学习指导	积极思考，运用程序块的不同功能来设计表达效果。	指导学生集思广益，分享自己的想法，教师做出评价。并针对算法设计的难点做出提醒，即下一时期出现之后上一时期如何消失？由此讲解"外观"程序块中的"隐藏"和"显示"功能。	序列条件

		学生活动	教师活动	计算概念
迭代实践	迭代创新	在老师的指导下不断尝试实践，探索角色等待时间和"隐藏""显示"块的正确顺序，以此加深对排序原理的理解以及对凤仙花一生所经历周期的认识与记忆。	 根据"种子—发芽—长苗—开花—结果"来设计程序块的顺序，讲解"控制"程序块中"等待时间"功能块的作用，并从其等待的时间数字感悟生命的成长过程。强调只有正确的排序才能使凤仙花正常生长，这不仅仅说明程序的编写要遵循一定的顺序，植物的成长也是按照一定的顺序进行的，顺序是万物进行的发展的基本逻辑。 	条件循环
	练习反馈	在此阶段不断地调整设计、修改完善并与同伴交流方法、互相考查或向老师进行求助。	请学生动手尝试操作，体会并理解排序原理由此加深对凤仙花生长周期的理解，不同的学生或不同的情境对时间的感悟是不一样的。	

续表

		学生活动	教师活动	计算概念
拓展延伸	评估巩固	向同学展示表述自己作品的原理与特点并进行评价。最终可以将其上传到 Scratch 社区进行交流借鉴。	邀请学生将设计好的角色动画发送到群里以及 Scratch 社区与大家共享。并介绍自己所设计的动画逻辑原理。	事件条件序列循环
	知识转移	积极思考，主动迁移。善于发现并理解生活中的计算原理。	引导学生联系生活实际，理解生活中的时间概念以及时间的顺序对每个人的意义。	

3. 教学实施

基于图形化编程的小学科学教学活动的实施过程与之前的设计相比做了相应的调整。教学活动设计之初是在科学课堂中，由研究者与一线科学教师合作，探讨教学的设计与应用过程，并由一线教师引导学生参与。研究者通过课堂观察和实施后调查访谈等获得教学反馈信息，对教学之后的教学设计做出及时调整。但该活动开展之际，恰是新冠疫情全国大流行之时，全国投入抗击疫情的战斗中，学校也纷纷停课，最终教学活动采用了录播课的方式进行。科学课程的探究过程是其学科的灵魂所在，编程与科学知识融合教学的方式在某种程度上能够弥补在线课程中学生无法实操体验的缺憾。

在线学习活动与真实的课堂情境相比其教学效果还是稍有逊色，学生们各自在一个独立的环境中进行学习与操作，教师并不能精准把握学生真实的学习状态。不过部分学生也拍摄了学习时的照片向教师反馈。在课程开始之前，教师会在班级钉钉群里提前布置科学教学的预习内容，并且发布相关视频资料和新闻链接等向学生科普 Scratch 的相关知识。课程开始后，教师会播放录课内容，并适时停顿，引导学生思考并动手制作。在制作过程中有任何问题都可以发布到讨论区，教师针对共性问题进行解答。最终，项目制作完成之后，邀请部分学生分享交流自己的作品以及在此过程中遇到的问题，请所有学生思考并点评。在整体课程全部结束之后，研究者通过与授课教师交流详细了解学生学习情况以及这种教学形式存在的问题。教学实施过程如图5-2所示。

图5-2　教学活动实施过程

（四）活动反馈与效果分析

1. 学生学习反馈分析

第一，学生学习态度积极，学习兴趣浓厚。学习态度调查旨在了解学生对此类型活动的兴趣、情感体验和积极的行为倾向。调查分析的结果表明，基于Scratch的科学教学对学生的学习态度产生了积极影响，能够有效促进学生主动地参与到项目创作中学习与建构学科知识，并发展计算思维能力。这一结果在学生的课堂行为表现观察中也得到了验证，如部分家长反映：学生的学习状态与之前也有很大变化，可能是第一次接触这种类型的教学活动，学生在收到项目制作的"任务"之后，马上聚精会神地参与到了项目制作的活动中，这一点通过家长发送到群里的照片也能够得到证明。

第二，学生对计算思维与科学知识概念学习效果良好。学生对计算与科学知识概念的掌握情况同样也以在线试题的形式发布。结果显示，学生对程序块的功能和作用有了一定了解，如他们对"事件"程序块的熟悉和了解程度最高，这可能与每次设计开始之前都需要使用有关。但是对于一些功能程序块的分类并不能很好地把握，如对"控制角色"的程序块的颜色这一题目的正答率不高，原因可能是学生在程序块的拖动中直接目标是寻找自己所需要的程序块，但是某种程序块属于哪种类别之下则并没有仔细辨别；在科学知识的评测中，"凤仙花的生长顺序"一题的正答率在90％以上。学生提道：他们在设计和呈现凤仙花的生长顺序时，需要反复去思考凤仙花的生长流程才能正确排列不同时期凤仙花角色的出场顺序，所以这在无形当中也促进了学生的知识记忆。同时学生自己也反映："在活动中并没有有意识地去识记一些知识，但是因为设计程序需要用到，所以自己慢慢就记住了。"

第三，通过 Scratch 学习科学知识这一形式使学生的认知迁移技能得到了发展。认知技能的迁移重点考查学生在项目活动之后的学习反思情况，也就是学生是否真正思考并反思自己在学习中用到的一些程序知识。调查结果表明，学生已经开始意识到利用程序原理去对应与解决生活中的一些问题，大部分学生也表示："自己在考虑问题的时候也更加注意逻辑性了，因为在编写程序的时候如果有一处算法出错，最后的程序都无法正常运行，所以现在思考解决问题时会一步步来思考解决方案，可能这样会更加容易一些。"由此可见，利用编程的方式来学习能够明显地改善学生思考问题以及解决问题的方式。

2. 教师教学反馈分析

第一，教师课堂组织和计算机操作存在困难。授课教师在与研究者沟通中也表述了一些关于组织教学中的想法。她表示对"用编程的方式来学习"这种理念还是比较认同的，但软件操作和课堂组织对于她而言还是有一定的困难。因为自己之前并没有编程的基础，对于本次活动而言，因为是线上的录播课，所以对教师的专业要求就少了很多。虽然 Scratch 相对来说比较简单，但是在实操的过程中还是有些陌生，所以这一方法在科学课堂上的推广的前提还需首先考虑这一问题。

第二，课程节奏难以把控，指导学生存在困难。在教学活动实施中也存在着一些问题。通过制作项目来学习科学知识内容这种形式十分新奇，但考虑到常规课堂的课时长度，在教学中的项目编写活动开展起来有些局促。并且受到学生编程经验的影响，很多学生在操作中也存在很多困难，基本跟不上教师的节奏。并且，学生反馈到群里的问题来不及一一讲解与回复，这一情况可能是受到线上授课的制约，教师没有办法到现场去"巡视指导"造成的。所以活动难度和时长以及学生的编程经验等问题在之后的教学设计中可作为改进的方向之一。

综合上述观点，我们可以看到，科学课堂中师生渴望新型教学模式与教学活动来激活与深化科学课堂的教学。学生在此类活动中表现出了积极的学习热情，更加愿意投入其中，并且也表达了继续学习的意愿。但与此同时，编程经验参差不齐是影响教学模式大力推广的一大阻碍，这一问题也与我国儿童编程教育学校开展研究的现象一致，儿童编程教育只是部分学生所能接触的教育培训，而不是惠及全体学生的普遍形式，若要在学校开展基于 Scratch 的科学教学模式则要切实考虑到这一点。

三　基于图形化编程的小学数学教学活动的设计及应用

（一）活动目标

基于图形化编程的小学数学教学以北京某小学六年级学生为对象，以学生的计算思维技能和数学学习态度为教学指向以探究基于图形化编程的小学数学教学的有效性。数学学科旨在培养学生利用数学知识与技能解决问题的数学思维，其目标在于发展学习者的逻辑思维与创造性能力。同时，数学思维往往与抽象性思维、逻辑思维、归纳能力等密不可分。在数学课程中引入指向计算思维的编程教学无疑是一种"双向促进"的教学改革。一方面，编程教学以其逻辑化、抽象化、创新性的特点，能够有效培养学生的数理能力与计算思维，从而提高学生的数学水平；另一方面，数学学科知识点的学习能够合理运用到编程活动中，在实践中培养数学思维。因此，在小学阶段开展指向计算思维的数学课程与编程教学的整合具有重要的教学价值。

（二）活动内容

基于图形化编程的小学数学教学活动内容同样以数学知识与计算思维技能概念对应呈现，但这次所不同是研究者首先确定了学科内容，之后挖掘其中的计算思维概念来设计教学活动。计算思维的内容以伯南和雷斯尼克提出的计算思维定义为参考，具体内容可参看第三章第一节内容，在此不再赘述。而数学学科知识内容以北京版六年级数学（上册）第三章《百分数》、第四章《解决问题》以及第五章《圆》为主。其中，《百分数》章节涉及数学中的代数知识，《解决问题》章节主要考查学生应用数学知识解决实际问题的能力，《圆》章节涉及数学中的几何知识。
具体教学内容安排如下，如表 5-6 所示：

表 5-6　　　　　　　　　　　教学内容具体分类

章节	教学课程	计算思维概念
第三章《百分数》	第一节：百分数的意义	分解
	第二节：百分数和小数的互化	算法思维
	第三节：百分数和分数的互化	评估 概括
	第四节：生活中的百分数	抽象
第四章《解决问题》	第一节：整数与分数、百分数相乘解决问题	抽象
	第二节：列方程解决问题	分解
	第三节：有关百分数的计算	算法思维
	第四节：关于单位 1 的应用	评估
	第五节：利息的计算	概括
第五章《圆》	第一节：圆的认识	分解 算法思维
	第二节：圆的周长	评估 概括
	第三节：圆的面积	抽象

（三）活动过程

1. 教学准备

基于 Scratch 的小学数学教学活动同样对教师、学生、教学设施和环
境等提出了一定要求。在设计教学之前，研究者与教师进行了长时间的
沟通交流，了解教学进度并向教师解释本次教学的意图，同时也对授课
数学教师的 Scratch 操作能力提出了要求并进行了基本的培训。此后，为
全面了解学生基本情况，我们对学生基本情况、对 Scratch 的了解和掌握
情况以及对用 Scratch 来学习数学知识的意愿等进行了调查。结果表明：
目前的小学生对计算机、平板电脑和手机等电子设备平时接触较多，并
且都有比较积极地使用技术工具的体验。所在学校信息技术课程中开设
了 Scratch 教学内容，并且 90% 以上的同学也具备基本的 Scratch 操作能

力。此次活动的实验校具备丰富的多媒体资源，覆盖全校的校园网络，人—机比率充足，能够确保 1—2 学生有一台计算机或平板。

2. 教学设计

在图形化编程教学模式的指导下设计相关教学活动。下面我们以《百分数和小数的互化》一课为例展示具体的教学设计过程，如表 5－7 所示。《百分数和小数的互化》一课是北京版数学六年级上第三章内容，本节在《百分数的意义》一节之后进行设计，教学目标为使学生理解百分数和分数、小数互化的必要性，并在计算、比较、分析与探索百分数和分数、小数互化的规律过程中，发展自身的抽象和概括能力，而这一目标与计算思维的抽象和一般化等内容相呼应。教师通过搭建 Scratch 编程情境，提出数学问题，将学生带入问题情境，学生则通过探索设计程序帮助动画角色解决问题。

表 5－7　　　　　　　　　　《百分数》教学案例示例

《百分数与小数的互化》

教学目标：

1. 知识与技能：掌握百分数与小数互化的方法；能够将百分数化为小数；能够将小数化为百分数；

2. 过程与方法：熟练掌握百分数与小数互化的过程；能够利用 Scratch 完成百分数与小数互化的练习题；

3. 情感态度与价值观：能够联系实际感悟百分数的奥妙之处；准确理解百分数的实际意义；体会数字的魅力；培养逻辑思维与动手操作能力。

教学重难点：

1. 教学重点：掌握百分数与小数互化的方法。

2. 教学难点：理解百分数与小数互化的数理逻辑并能够利用 Scratch 软件完成巩固练习。

教学环节	教师行为	学生行为	计算思维要素
定义抽象	引入问题：如何将百分数与小数互化。	跟随教师思路，积极回答问题，进行思考。	分解

教学环节	教师行为	学生行为	计算思维要素
算法设计	1. 讲解如何将百分数化为小数，并举例说明；把百分数化为小数，需要把百分号去掉，同时把小数点向左移动两位。 如何将以下百分数化为小数？ 52%、125%、4%、12% 2. 讲解如何将小数化为百分数，并举例说明；把小数化为百分数，需要把小数点向右移动两位，同时在后面添上百分号。 如何将以下小数化为百分数？ 0.25、0.036、0.2、0.3 3. 举例含有百分数与小数的几个数字，带领学生完成大小比较。 比较 0.745、75%、0.739、72.8% 的大小。	1. 跟随老师思路，进行学习理解；并积极回答问题。 2. 开动大脑，掌握百分数与小数互化方法。	算法思维
迭代实施	1. 提供学生利用 Scratch 软件编写的百分数化为小数的程序，组织学生利用程序自由练习。 ①使用实践与外观语句引出问题； ②设置数字与答案变量，并设置其范围，同时说明将答案设置为数字/100 的原因； 	利用程序进行题目的自由练习，在练习中巩固知识。 	评估

教学环节	教师行为	学生行为	计算思维要素
迭代实施	③加入侦测语句以及"如果……那么……否则……"从而设计一个完整的控制语句； ④加入循环 语句，重复执行程序，完成百分数化为小数的程序设计，并向学生演示使用步骤。 2. 提供学生利用 Scratch 软件编写的小数化为百分数的程序，组织学生利用程序自由练习。 ①使用实践与外观语句引出问题； ②设置数字与答案变量，并设置其范围，同时说明将答案设置为"连接数字和%"的原因； 	利用程序进行题目的自由练习，在练习中巩固知识。 	评估

续表

教学环节	教师行为	学生行为	计算思维要素
迭代实施	③加入侦测语句以及"如果……那么……否则……"从而设计一个完整的控制语句； ④加入循环 语句，重复执行程序，完成小数化为百分数的程序设计，并向学生演示使用步骤。 3. 提供学生利用 Scratch 软件编写的百分数与小数互化的程序，组织学生利用程序自由练习。	利用程序进行题目的自由练习，在练习中巩固知识。 	评估
拓展延伸	总结百分数与小数互化的方法，带领学生深入理解，并说明什么时候适合用百分数表示，什么时候适合用小数表示，联系实际进一步拓展。	跟随教师思路，进一步理解百分数与小数、分数之间的互化。	概括抽象

3. 教学实施流程

此次教学活动为期 10 周，教学活动第 1 周为教学对象进行计算思维能力和数学态度的前测，收集并保留相关数据；教学活动第 2—9 周按照教学内容安排开展基于 Scratch 的数学教学活动；最后一周则对教学对象开展计算思维和数学态度的后测，同时与授课教师和学生进行访谈，了解他们对教学活动的看法和对教学的学习体验。每节课开始之前，教师会讲解本节课的数学知识目标，并通过 Scratch 搭建问题情境，引导学生积极参与其中并动手制作，帮助角色解决问题，此时教师则以指导者的身份巡视指导。最终，教师总结本节课知识点并请学生发表自己的看法与见解，并做好课堂教学记录。（见图 5 - 3）

图 5-3　教学活动实施过程图

（四）活动反馈与效果分析

1. 学生学习反馈分析

第一，首先学生的数学学习态度提升明显。教学前后测的分析结果显示，参与教学活动学生的后测数学学习态度与前测数据相比均有显著提升。访谈结果也进一步证实了学习者对在数学课堂中引入 Scratch 软件表示支持，同时表现出极高的兴趣与探索欲。他们提道："没有想到能够在数学课上使用这样的软件""感觉数学课有意思了很多""感觉很神奇，能够在一个编程软件中解决数学问题，在以前没有想过这样的学习方式"。学生积极的学习体验也支持了在小学数学课堂引入 Scratch 教学的可行性。

第二，学生的计算思维水平显著提升。学生的计算思维技能体现在使用 Scratch 解决数学问题的过程中，调查分析结果也进一步证实：学生后测计算思维水平显著高于前测成绩，表明他们在获得数学知识的同时也发展了编程技能。通过 10 周的课堂观察发现，学生对 Scratch 的操作也更加熟练，并且对于各种功能程序块也更加了解，甚至最后部分学生也能在教师的讲授之外创造性地提出新的算法序列来解决问题。但与学生的交流中，也有学生表示，虽然接触到了部分编程知识，也通过 Scratch

实现了程序的书写与运行，但对其中的程序原理并未达到深层次的理解，容易混淆一些编程概念。这样看来，学生对软件操作的熟练程度并不能代表他们对程序原理的真正理解与运用，这可能与编程在数学课堂上的呈现方式有关，学生大多数时间跟随教师演示来编写程序，自己并没有真正地去理解与体悟编程的真正奥秘。

第三，学生在独立使用 Scratch 设计算法解决问题还存在困难。虽然学生对这种数学学习方式表示了认同，但他们在独立使用 Scratch 进行算法设计时还是会感到吃力，如有学生表示"自己使用 Scratch 时感觉有些困难""没有教师帮助时，编写 Scratch 程序需要更多的时间"，这也是目前影响编程与学科融合教学有效实施的现实阻碍之一。

2. 教师教学反馈分析

第一，教师认同数学课堂 Scratch 教学的积极效果。在访谈过程中，教师谈到在小学数学课堂中使用 Scratch 软件对课堂带来的两方面影响。一是学习情境方面，图形化编程软件提供了更强的学习吸引力，相较于以往学习者带着问题进入课堂，这种带着兴趣与探索欲进入课堂的情境铺垫更利于学习者进行学习与探究；二是学习沉浸感方面，Scratch 软件为学习者创设了丰富生动的学习环境，利于学习者将自我完全沉浸在数学学习过程中，软件极强的吸引力便于学习者思维聚焦在知识学习与技能培养上，从而实现良好的学习效果。

第二，Scratch 的加入给教师教学带来了挑战。基于 Scratch 的教学活动从两个方面改变了原本课堂的步调，一是教学活动的改变，二是教学工具的改变。教师表明，相较于教学活动的改变，在课堂中引入 Scratch 软件对教师的挑战性更大。软件的加入将以往的备课过程变得复杂，教师不仅要考虑"备教学内容"，还要考虑"备学生"（主要是学生在使用软件过程中可能面临的诸多问题），即分析学习者对编程软件 Scratch 的掌握程度，从而构建编程能力均衡的学习共同体，实现学习过程中交流合作任务的顺利开展。同时，时间较难把控这一因素也成为教师进行教学实验过程中遇到的阻碍之一，学习者主导课堂意味着课堂存在诸多不可控因素，这为教学实践活动的顺利开展与实施提出了更高的要求。

第三，学生课堂表现存在性别差异。根据教师观察，学习者在课堂中的表现存在一定的性别差异，这在引入了 Scratch 软件的课堂中较为凸显。男生面对图形化编程软件 Scratch 时表现出更强烈的兴趣与好奇心，同时展现出更积极的探索行为，其接触与获取编程知识与编程技能的速度更快。而女生虽然并未展现出格外强烈的探究欲，但其在编程过程中获得的成果体验更好，当其完成编程任务后，得到的满足感与荣誉感可能相较于男生而言更深刻。但性别差异性主要体现在课堂学习过程中，在最终的知识与技能掌握方面，男女生表现并无较大差异。

综合来看，图形化编程软件与小学数学课程整合对教师的未来发展要求可以从以下三方面入手，一是强化教师对图形化编程软件的理解与掌握。教师在掌握原本学科知识的同时也需掌握图形化编程软件的相关使用，深入领会图形化编程的内涵、意义与方法，切实感悟图形化编程软件与小学数学课程整合的必要性与意义，从而实现有效的教学活动；二是教师需对学科知识进行更深入的理解，尤其注重学科知识与编程知识的契合之处，建立学科知识与编程知识间的联系，才能真正实现将图形化编程软件融入课程教学中；三是教师应对教学目标有着更全面与更详细的规划与设计，编程软件的引入促进了课堂教学的改变与调整。教学目标在原本数学知识理解与数学技能掌握的基础上，增加了思维技能的培养，教师应当不断注重学习者思维能力的提升，并在教学过程中有所引导。

第二节　非计算机化儿童编程教育教学实践及其案例

一　基于非计算机化的小学生编程教育教学设计及应用

（一）活动目标

儿童编程在我国学校教育中的认知和普及程度还远远不足。在小学阶段实施"非计算机化"编程活动主要有两方面考虑：一方面信息技术课堂成为目前我国儿童编程教育在学校的主要实施场域，但我国很多省市地区在小学三年级才开始开设信息技术课程，并且在课程中的编程学习内容模块也相对较少。部分地区如山东青岛在小学一年级就已开设信息技术课程，学生对技术的接触和操作熟练可能更好。同时，许多市区学生能够在课外资源中享受到更多编程教育资源，这在某种程度上加重了儿童编程教育的"信息鸿沟"。另一方面，儿童进入小学阶段，他们的学习时长和内容也比幼儿时期相对较多，小学生电子设备的使用时间和频率等问题受到各方关注，我国多省（自治区、直辖市）相继颁布了"严格控制小学生的屏幕时间"以及"禁止手机、平板等电子产品进入学校"等政策规定。综合上述考虑，我们设计了面向小学生的"非计算机化"儿童编程教育活动，并以河北某小学一年级学生为对象实施了教学活动，检验教学干预对一年级学生计算思维能力的影响。

（二）活动内容

本次活动共设计了 8 节非计算机化课程，活动内容主要参考了Code. org 中的不插电活动内容，但我们对整体的内容逻辑和结构进行了本土化的调整，使其更加符合我国小学生认知特点与成长情境。通过不插电编程活动形式重点强调"事件、排序、实践、循环"等计算概念，具体内容如表5-8所示。

表5-8　　　　　　　非计算机化编程教学活动内容

课程名称	课程内容	计算概念
第一课时	堆叠游戏	序列、算法
第二课时	汽车加油	循环
第三课时	设计最短路线	循环
第四课时	水果采摘	序列
第五课时	送小朋友回家	序列、算法
第六课时	挖花生	循环
第七课时	动物按钮	事件
第八课时	勇闯迷宫	事件

（三）活动过程

1. 教学准备

"非计算机化"编程需要教师利用身边易得材料和工具设计活动教具。如在《设计最短路线》一节，教师需要在活动前准备好"汽车路线的活动图纸"、空白纸与笔等，预设活动中可能会出现的问题。同时，"非计算机化"活动最重要的教学准备是学生的学习心理状态，因为没有了图形化编程等提供的情境空间，儿童需要在教学之前清楚地理解活动开展意图（本节课需要学习的算法概念）以及活动逻辑（活动的具体安排及流程）。

2. 教学设计

小学"非计算机化"编程的 8 次课程除对问题情境本土化之后，也加入了更多的学生动手制作与行为活动的环节。重点选择了"序列、算法、循环"等概念展开具体的活动设计。以《设计最短路线》一课为例，首先由教师讲解"循环"的概念，并创设为汽车"设计最短行进路线"的问题情境，演示相关的设计过程。之后，以日常中常见的"家长送学生上学"的问题作为故事背景，请学生独立设计汽车的最短路径的算法序列。为使学生更清楚地理解算法路径，教师会引导学生到教室后面的空场地进行演示，并结合学生的行动加以引导与点评。之后，学生则独立完成汽车的路线规划，并在全体学生都完成之后由小组代表与大家分享本组编程中遇到的问题，师生共同讨论解决。最后，教师再次升华"循环"概念主题，引导学生在日常生活中可以怎么应用这一概念以帮助更好地解决问题。

表 5 - 9   **《设计最短路线》教学示例**

《设计最短路线》教学活动设计
教学目标：
1. 学生在编程活动过程中，理解编程概念"循环"的含义，明晰"循环"在生活中以及程序中的意义，可以让计算机重复执行相同的任务。
2. 清楚循环可以通过重复执行任务来缩短指令，完全不用重复写多次指令，发现计算机的奇妙之处，但并不具有一定的不可替代性，同时使学生清楚编程的意义不仅在于问题解决，还要以最简洁的方式进行问题解决。
3. 加强问题解决能力、自主探究能力，在过程中培养学生的计算思维能力。
教学重难点：
1. 编程概念"循环"的含义。
2. 嵌套循环的使用，根据要求完成路线设计并编写正确的"循环"指令完成收集宝藏的编程任务。

实施阶段	教学主体		教学客体	工具	规则	共同体	劳动分工
	学生活动	教师活动					
计算概念选定	认真聆听并积极思考。	讲解"循环"概念，并将其与"设计小汽车的路线"这一问题相联系。					
创设游戏情境	观看教师的讲解和操作演示，并理解"循环"概念。	1. 创设问题情境：如何才能让小汽车最快到达目的地？ 2. 出示"小汽车路线图"，并提问学生："小汽车到达星星的位置，应该如何编写编程指令？" 3. 提问："同学们，利用上节课知识，你知道要循环几次吗？" 4. 教师演示操作结果。 	计算思维	"小汽车路线图"、"行驶的汽车"活动纸、空白纸、笔	算法支撑	师、生、活动实践共同日	教师引导
故事引领切入	了解叙事结构，理解问题	在之前的练习基础上，以讲故事的方式引导学生独立做题："新学期开学了，小明的爸爸要送小明去上学，我们一起来帮助小明爸爸，找出到学校的最短路径吧。"			教学贯穿		学生主导

实施阶段	教学主体		教学客体	工具	规则	共同体	劳动分工
	学生活动	教师活动					
项目协作构建	在图纸上设计汽车行进路线的算法程序	分发"行驶的汽车"活动纸、空白纸和笔，提示学生：小汽车要到达旗帜的位置，请学生在答题纸上用编程指令表示汽车的行驶路线，然后再用"循环"的方式表示。	计算思维	"小汽车路线图"、"行驶的汽车"活动纸、空白纸、笔	教学贯穿	师、生、活动实践共同日	学生主导
同伴分享交流	与小组同伴交流自己设计中的问题并与大家讨论	1. 维持课堂秩序，为学生提供帮助，鼓励学生合作交流，教师邀请学生分享自己的"循环"作品。 2. 在学生完成编程游戏任务后明确编程概念"循环"的含义。循环：是一种特殊的代码，可以让计算机重复执行相同的指令。			活动组织		活动支撑
思维评价迁移	将算法设计与生活实际问题相联系	1. 引导学生思考和讨论将使用编程概念"循环"与生活实际应用联系起来，帮助学生将编程概念内化到他们的认知结构中。 2. 提问一些新的问题，比如："边走边拍篮球，该如何用循环语言去描述？"					

3. 教学实施

小学生"非计算机化"编程活动教学时长共10周，教学活动第一周对小学48名学生开展了计算思维能力的测评活动，并与班主任与任课教师沟通了学生的具体情况。此后我们开始了8周的教学干预，在活动的最后一周进行了计算思维后测，并对教师和学生展开了访谈，以了解他们学习体验、学习态度、学习收获和继续学习的欲望等信息。在每节课活动之前，教师会提前准备好本节课需要使用的"非计算机化"材料。由于实验校一年级并没有开设信息技术课程，我们需要提前跟教师合作沟通协调课程时间。在教学实施中，首先由教师讲解概念，之后详细介绍本节课的活动流程，课程的大部分环节以纸笔形式进行设计，并且会穿插一些小游戏活动，调动学生参与活动的积极性，课程最后以学生的问题解决程度和解决所需时间长短进行学习评判，并给予相应的奖励。（见图5-4）

图5-4 教学活动实施过程

（四）活动反馈与效果分析

1. 学生学习反馈分析

第一，"非计算机化"活动的新奇形式引发了学生的极大关注和学习兴趣。"非计算机化"编程活动对于一年级小朋友而言是"新奇又有趣的"。一年级学生刚刚进入小学阶段的学习，对于学校"一日常规"和课堂规则的适应程度还不是很好。教师反映：一般课上的三分之一的时间都要用来维持秩序，稳定课堂。在组织测评活动之前，班主任教师还告诉了我们班级课堂常用的口号，帮助我们能够更快地让课堂安静下来，包括"坐姿端正""小嘴巴不讲话"等。在课程开始之前的计算思维测评活动中，我们一直利用口号稳定课堂，并且教师也帮我们维持课堂纪律，但是学生则表现得异常兴奋。在活动开展中，我们发现在为学生们讲清楚意图之后，他们都能够很快地安静下来投入"编程"设计之中，班主任说这是他们难得的安静时间，并且在完成之后也非常愿意向大家展示自己的结果。

第二，一年级学生"非计算机化"教学的课堂组织形式还有待进一步完善。在本次活动设计中，我们除纸笔活动之外还加入了使学生通过行为活动理解编程概念的环节，实施场所选在了学生们上课的教室。我们将桌椅推到一侧之后在中间的空场地进行活动。但在此过程中也出现了一些问题：一是场地局限的问题，由于场地过小并不能满足所有小组的学生都参与到活动中来；二是因为不能将全部学生组织起来，造成了课堂教学的"混乱"。在某一个小组同学做活动时，其他小组的学生则表现得极为"兴奋"，在教室后面奔跑打闹，这不仅影响教学效果同时也存在着安全隐患。因此，后续活动中应当根据课堂的实际情况和学生的年龄特点适当调整教学的环节和内容，在保证教学组织的前提下创造最好的课堂教学效果。

2. 教师教学反馈分析

第一，教师支持小学生"非计算机化"编程活动，但对课程应如何在小学"安置"的问题存在疑问。与教师的沟通中我们了解到，教师认同在小学阶段开设"非计算机化"活动，这对于提升小学生的编程技能，发展计算思维能力，更好地适应未来并与智能技术的互动中起到了很好的"缓冲"和"铺垫"作用。但目前此类活动应如何在学校中开设仍然是一个问题。一年级学生目前还没有信息技术课，如果占用其他的课程并不是"长久之计"。我们在课程设计之初也考虑过这一问题，在与教学专家和教师沟通后大家也都提出了自己的观点，多数教师认为"双减"

政策出台后的课后服务课程可以引入"非计算机化"编程课程,这可以说是丰富学校课后服务课程并明确"非计算机化"课程定位的"共赢"之作。

第二,"非计算机化"活动使教师与学生的互动更加密切。受访教师也表示,"非计算机化"的形式回归了教学的本真,使得教师和学生在教学中的角色地位都得到了"回归"。教师在活动中给了学生更多的导引。更重要的是,"摆脱"电子屏幕的形式消除了师生间的阻碍,大家不用再透过计算机屏幕的虚拟界面对话,而是开展面对面互动。在教学中,教师会走下讲台,到学生身边讲解,师生间的交流互动也更加频繁。无论何种原因,"非计算机化"编程都应是编程教育的不可忽视的形式,尤其是在倡导编程思维教育的今天,推广和践行"非计算机化"编程形式将会对此后编程教育的发展产生深远影响。

二 基于非计算机化的初中生编程教育教学设计及应用

(一) 活动目标

我国初中课堂编程教学多以信息技术课程为载体展开,教学形式主要是基于图形化或文本编程平台。但基于计算思维的调研结果显示,多数编程课堂的教学形式还沿用传统的信息技术课程模式,由教师讲解演示,学生则在教师的指导下进行练习,教学形式较为单一,并且长时间的教学会使学生的兴趣降低,课堂活动的组织性较差。与此同时,类似不插电等"非计算机化"的编程教学形式也逐渐受到教师的关注,但目前此类活动在实施中多"流于形式",教师对于所要教授的计算概念和活动设计之间的关联并没有展开深入的理论探讨和分析,甚至仅限于活动前的材料准备,并未考虑如何组织并开展活动以调动学生积极参与其中。不可否认,这与"非计算机"编程活动形式多变,工具载体的种类多样有关,在无形中增加了教师教学设计的难度。在"非计算机化"编程教学活动模式的指导下,我们以北京市某学校初中一年级93名学生为实验对象设计并实施了"非计算机化"编程教学活动。

(二) 活动内容

与计算机化活动相比,"非计算机化"编程活动缺少了技术载体的支持,同时也就缺少了学习活动情境。因此,"非计算机化"编程教学活动主要以计算概念为基本"骨架"，以活动组织为教学实践核心构成其教学的基本内容。在此次教学活动中，我们将序列、方向、迭代、循环等计算概念作为不同的主题，设计各种"脱离"计算机环境的编程活动。本次活动共包括 8 个主题项目，具体内容如表 5 – 10 所示。

表 5 – 10　　　　　　　　　不插电编程活动描述

时段	主题活动示例	内容概要	计算概念	计算实践
第一周	计算思维前测			
第二周	主题1： 魔法指令	使用指令完成折叠杯子的任务，并理解运行程序需要符号和顺序指令	序列 方向	迭代
第三周	主题2： 简化指令	使用说明完成路线，到达水果的位置，并与之前的活动联系起来，之后简化重复的指令	序列 重复	迭代 循环
第四周	主题3： 奇妙的方格纸	画出自己喜欢的图案，并将其转化为指令，使其了解计算机基本操作；之后根据路线，找出提供的说明中的错误并改正	序列 评估	迭代 调试
第五周	主题4： 快乐计算	使用循环语句来完成计算任务，将需要重复的命令分组，以简化代码并了解循环的作用	循环 序列	测试 调试
第六周	主题5： 图形转换	根据色块的转换规则，使用条件语句完成颜色转换。然后将图与算法对应起来，按顺序完成任务	条件 序列	抽象 迭代 泛化
第七周	主题6： 玩转地图	通过了解问题情境、抽象和分解问题情境过程来解决问题； 根据事件完成地图的绘制	事件 并行性 条件	抽象 分解 模块化
第八周	计算思维后测			

（三）活动过程

1. 教学准备

"非计算机化"编程活动没有了对技术设备支持的要求，但在活动中需要其他材料来帮助教学活动的展开。除课堂常用的纸、笔和卡片之外，可能还需要教师自制教具。如在《奇妙的方格纸》一节活动中，教师需要利用胶带自制棋盘矩阵区域等，对教师的教具制作和活动组织能力等方面提出了新的要求。并且，对于学生而言，没有了计算机环境的"束缚"，如何积极地在教师指令指导下理解活动规则并与小组成员通力合作完成项目是他们在参与"非计算机化"活动之前需要重点准备的。

2. 教学设计

遵循非计算机化儿童编程教学模式，我们以《奇妙的方格纸》一节为例展示教学活动设计的具体过程，如表5-11所示。第一，在计算概念选定环节，明确《方格纸编程》对序列、迭代和调试概念的训练，教师则需要向学生讲解此类概念原理，帮助学生理解并与具体问题相联系。第二，建立现实空间的棋盘网格矩阵，创设游戏化的学习情境，使学生熟悉游戏情境并与计算概念相联系。第三，引入"营救柯南"的故事背景，通过结构性叙事讲述行动目的，调动学生学习积极性，使其全情投入其中。第四，活动的主体部分以三种类型的游戏形式展开，一是单人游戏，此类型游戏与之前的《方格纸编程》活动设计类似，要求学生在A4网格之中设计程序指令；二是双人游戏，此时回归现实场景，一人读取"程序"语言，一人则在网格矩阵中移动以执行指令；三是多人游戏，此类活动凸显了非计算机化编程教学的精髓，在本环节中加入了"掷骰子"的环节，小组成员通过掷骰子获得使用指令卡片的次数，学生需要在有限的卡片使用次数中调试卡片的顺序和数量以最快达到营救"柯南"的目的。第五是小组成员之间在活动中需要密切沟通以明确方案。并且活动结束后，小组之间也可以就路径设计提出改进意见。第六，在教师的引导下实现计算概念的生活化迁移与升华。

表5-11　　　　　　　　非计算机化编程教学活动示例

《奇妙的方格纸》活动设计
教学目标
1. 在活动过程中，学生将理解将实际问题转化为程序的过程，对编程形成初步的认识。
2. 在合作完成方格纸编程活动的过程中，学生将体会序列的作用，掌握相应的编程概念知识。
3. 练习通过代码和符号交流想法，实现计算思维技能的提升。
教学重难点：编排方格纸编程活动，引导学生创建图案的过程中需调用创造力。

续表

实施阶段	教学主体		教学客体	工具	规则	共同体	劳动分工
	学生活动	教师活动					
计算概念选定	理解概念 问题设想	选定概念（序列、迭代、调试）； 教师讲解	计算思维	方格纸若干、"柯南"头带每组一个、营救人头带每组若干、8×8棋盘矩阵（30厘米×30厘米区域，胶带制作）、指令卡片（直行、左转、右转、重复执行N次等）	算法支撑	师、生、活动实践共同日	教师引导
创设游戏情境	熟悉游戏情境 联系计算概念	创设棋盘游戏情境； 介绍并组织学生参与					
故事引领切入	了解故事背景 调动情感代入	以"营救柯南"故事切入； 搭建叙事背景					
项目协作构建	单人游戏：执行"程序"指令，纸上绘制简单形状 双人游戏：回归现实场景，"程序员"理解并读取程序语言；"机器人"行动执行 多人游戏：掷骰子获得行动步数，通过在固定的步数中迭代设计指令卡片顺序，寻找解救"柯南"的最短路径	讲解规则组织游戏			教学贯穿		学生主导
同伴分享交流	程序设计者与行为执行者之间密切沟通； 活动结束后不同组之间互相评价对方的执行方案，提出改进意见	适时点评巡视指导			活动组织		活动支撑
思维评价迁移	联系生活实际，将概念知识迁移到生活情境中	教师引导联系实际					

3. 教学实施

本次教学活动跨度 10 周，除去第 1 周和第 10 周对学生计算思维技能展开前后测，其余 8 周分别以不同的项目主题活动开展，每项活动时长 45 分钟。并且针对每个主题课题组还为教师提供了教学活动指南以及相关可能用到的材料工具，每一项非计算机化编程活动主题的教学设计均按照教学模式的实施阶段和实施原则进行详细规划以保证教学活动的顺利执行。具体到每个"非计算机化"课堂教学活动中，教师不再是演示者与主导者，而是活动的组织者和维持者。而学生则是活动的主导者与探索者。（见图 5 - 5）

图 5 - 5　教学活动实施过程图

（四）活动反馈与效果分析

1. 学生学习反馈分析

第一，通过"非计算机化"编程活动，学生的计算思维技能得到了显著提升。"非计算机化"编程活动以具体的计算概念为支撑以此来设计不同主题的教学活动，使得之前"隐藏"在计算机中的程序原理更加"外显化"。受访学生也表示，通过参与"非计算机化"编程活动，对计算机概念原理的理解更加深刻了。因为在计算机编程中，学生更多将关注放在了如何操作计算机，关注动画角色如何活动，却忽视了对其背后蕴藏的原理的感悟和理解。但是在"非计算机化"活动中，教师会在课程开始之前首先讲解本节课要学习的计算概念是什么，之后介绍具体的活动规则和流程，让学生自己亲身来参与完成活动，这在无形中也加深了他们的学习体验。从这一层面来看，"非计算机化"编程教学活动具有思维培养的"先天优势"，并且对技术设备没有特殊要求，应当考虑将其作为此后中小学编程课堂的主要教学形式之一。

第二，学生对"非计算机化"活动表现出了积极的态度倾向。本次"非计算机化"活动与完全借助纸笔的不插电活动形式有一定的区别，我们遵循派珀特在 Logo 中的教学原则，即"与其让学生在头脑中想象如何操作屏幕海龟，不如学生先自身演示海龟的动作"。因此，我们也注重让学生"动"起来，使学生以小组群体为单位参与到游戏化的活动之中，全面调动学生的多感官参与和行为互动，相比于传统单一的课堂教学形式，该形式提供了更加丰富的情境刺激，并且竞赛形式的游戏活动也激发了学生的参与感。通过课堂观察发现，学生在每节课中的热情都十分高涨，他们愿意与同伴沟通交流制定出最佳行动路径，并且"设计者"与"行动者"能够为了最终的目标进行有效配合，这与传统课堂相比，显然是更积极的。

2. 教师教学反馈分析

第一，教师"非计算机化"活动设计存在困难。授课教师表示："非计算机化活动确实形式新颖，能够调动学生的学习积极性，但目前设计非计算机化活动对我来说可能还存在着困难，不仅是因为教学材料准备和组织学生的问题，更重要的是我如何想到将一个计算概念和游戏活动相连，让学生在游戏活动中发展计算思维。"我们对授课教师的反馈也进行了认真的反思，之前也提到，目前在课堂开展非计算机化活动还没有制定的教材和活动指南，本次活动的设计方案主要由研究者开发，对之前没有接触过相关编程学习形式的教师而言可能存在一定困难。教师在设计活动时可以参考目前的一些思维游戏和不插电活动的实施逻辑，以获得设计灵感。同时，我们希望研究者和教师们共同努力使得"非计算机化"活动形式能够得到认同与全面推广。在教学设计和实践者们互相交流学习中形成标准化的"非计算机化"活动案例集以供更多的教师参考和借鉴。

第二，课堂管理存在难度。授课教师也表示，"非计算机化"活动的课堂确实很活跃，但这同时也对课堂管理造成了困难。这可能与我们传统的课堂形式有关，从小学入学起我们就对学生在课堂中的表现做出了规定，要求他们"坐姿端正，认真听讲"，并且随着学生的年级增长，他们在课堂中也更加安静，更不愿意和教师交流和互动。反观国外的课堂则更加自由和开放，在课堂中学生经常以小组为单位讨论和探索问题解决方案，教师在一旁观察并适时指导。因此，在我们的课堂中开展此类活动的课堂管理和组织形态对教师和学生而言确实也是一种"冲击"。通过观察我们还注意到部分学生对自己在小组中的角色认识不清，即没有教师"手把手"的引导下"不知道自己应该干什么"；并且，活动太过自由，教师对教学节奏的把控和现场纪律的维持也表现出了无力感。这些都应当作为我们之后的思考和改进"非计算机化"活动的努力方向。

综上，"非计算机化"编程活动在中小学课堂的推广目前在理念认知、活动设计和课堂组织方面还存在着诸多待完善的问题。因此，未来的工作可从以下三方面入手：一是加强对教师的培训以帮助教师更好地适应"非计算机化"的教育理念，切实理解开展"非计算机化"编程活动的意义和作用；二是通过教学研究者和实践者们的沟通交流，收集教师们的"非计算机化"教学案例并制定相关教学活动指南；三是探索"非计算机化"活动的课堂组织和管理机制，讨论如何将"非计算机化"活动更好地引入我国课堂情境中，这可能是一个比较庞大的系统性工程，需要国家、学校和社会各方力量的协同配合。

第三节 "混合"式儿童编程教育
教学实践及其案例

一 小学生非计算机化与计算机化编程教学混合活动设计及应用

（一）活动目标

在小学生计算机化与非计算机化编程教育混合活动设计中，我们探索了先进行不插电形式的"非计算机化活动"之后进行基于图形化编程的"计算机化活动"对学生计算思维能力发展的影响，这种混合方式是我们经过实验验证的最佳混合方式。同时，考虑到小学生刚刚接触编程，对基本的编程知识和操作技能的认识还不到位，因此我们在设计中也考量了学生结对编程（Pair Programming）对他们在编程学习后计算思维的影响。在相应教学模式的指导下，我们以河北省某学校小学一年级 44 名学生为对象实施了混合编程教学干预。

（二）活动内容

本次活动共设计了 16 节课程，包括 8 节计算机化课程以及 8 节"非计算机化"课程，我们比照了 Code. org 中的内容逻辑和不同年龄段难度等级设置对课程内容进行了本土化改编。课程内容所涉及的计算概念包括"条件、排序、实践、循环"，以此作为小学生计算思维能力的表征。具体如表 5 - 12 所示。

表 5 - 12　　　　　　　　混合编程课程信息

阶段	计算机化 活动名称	计算概念	"非计算机化" 活动名称	计算概念
第一阶段	拼图和松鼠吃坚果	序列	猴子摘香蕉	序列
	迷宫编程	序列和算法	搭建纸杯塔	序列 算法
	机器人编程	循环	小朋友回家	序列 算法
	松鼠循环	循环	汽车加油	循环
第二阶段	收集宝藏	循环	行驶的汽车	循环
	小小艺术家	循环	挖花生	循环
	我的游戏朋友——乔治	条件	动物控制器	条件
	游戏活动室里的故事	条件	机器人迷宫寻宝	条件

（三）活动过程

1. 教学准备

混合编程活动在教学准备上可能需要教师做更多准备工作。在课程准备上，信息技术教师除需要做好图形化编程的备课工作外，同时还需要准备"非计算机化"活动材料。面向小学生的混合编程活动需要准备"非计算机化"活动用图纸以及必备的纸笔等文具，计算机化活动则主要在 Code. org 中开展。作为一类入门级的免费编程课程形式，Code. org 为本活动提供了技术环境支持。因此，这也要求学校能够保障每一位学生拥有一台计算设备。

2. 教学设计

我们分别以"非计算机化"与计算机化各一节教学设计为例进行简要介绍，如表5-13、表5-14所示。按照不同教学模式的指导，我们设计了两种类型编程活动的教学设计。"混合"教学中的"非计算机化"编程活动设计与单独的"非计算机化"编程活动设计并无差别，主要以教学"活动"为支撑，以计算概念为骨架设计展开。

表5-13   非计算机化教学示例

《猴子摘香蕉》教学活动设计

教学目标：

1. 学生在完成"猴子摘香蕉"编程任务的过程中，理解编程指令符号与使用规则，理解编程概念"序列"的含义，能够按照正确的顺序编写编程指令符号。

2. 体会每张编程指令卡片可以转化为一个动作，理解事情需要一步一步按照顺序来完成，提高学生学习编程的兴趣。

3. 敢于回答问题，乐于表达自己的想法，在不断合作过程中培养学生的计算思维能力。

教学重难点：

1. 编程指令符号的使用规则与编程概念"序列"的含义。

2. 根据要求正确完成编程指令符号的编写，指挥小猴子摘到香蕉。

实施阶段	教学主体		教学客体	工具	规则	共同体	合作分工
	学生活动	教师活动					
计算概念选定	学生仔细观察和分析并举手回答教师的问题，说出自己对编程指令卡片上符号的理解。	出示"编程指令卡片"，并提问学生对"编程指令（系列）卡片"上符号的理解。	计算思维	"小猴摘香蕉答题纸"、空白纸、笔	算法支撑	教师学生共同实践活动	教师引导
创设游戏情境	认真倾听教师分析理解问题情境	创设"小猴摘香蕉"的问题情境。					

续表

实施阶段	教学主体		教学客体	工具	规则	共同体	合作分工
	学生活动	教师活动					
故事引领切入	深入故事情节理解问题内容	引出主题活动：小猴子想要在果园里摘到香蕉，请大家帮助它，写出正确的指令。					
项目协作构建	1. 学生完成《摘水果》编程任务1和《摘水果》编程任务2，并且在编程指令方格中写出所使用的编程指令。2. 学生完成《猴子摘香蕉》任务3和《猴子摘香蕉》任务4，并且在编程指令方格中写出所使用的编程指令。3. 学生在探索编程指令的使用规则和方法的过程中，明白必须把编程指令按顺序排列好。	（1）解释编程指令符号的使用规则，例如："➡"表示向右一个格子，然后进行实际教学活动演示。（2）分发"猴子摘香蕉"活动纸、答题纸与笔，提示学生：将编程指令符号按顺序写在右侧的方框里。	计算思维	"小猴摘香蕉答题纸"、空白纸、笔	教学过程	教师学生共同实践活动	学生主导

实施阶段	教学主体		教学客体	工具	规则	共同体	合作分工
	学生活动	教师活动					
项目协作构建	1. 学生完成《摘水果》编程任务 1 和《摘水果》编程任务 2，并且在编程指令方格中写出所使用的编程指令。2. 学生完成《猴子摘香蕉》任务 3 和《猴子摘香蕉》任务 4，并且在编程指令方格中写出所使用的编程指令。3. 学生在探索编程指令的使用规则和方法的过程中，明白必须把编程指令按顺序排列好。	（3）维持课堂秩序，为学生提高帮助，鼓励学生合作交流。教师分发"猴子摘香蕉"活动纸 2。	计算思维	"小猴摘香蕉答题纸"、空白纸、笔	教学过程	教师学生共同实践活动	学生主导
同伴分享交流	学生思考和交流，举手回答问题，深入理解编程概念"序列"的内涵。	（1）邀请学生分享自己的作品。（2）在学生完成编程游戏任务后再次强调编程指令符号的含义，然后明确编程概念"序列"，序列即必须遵循的命令顺序。（3）引导学生思考和讨论将使用新学概念"序列"与生活实际应用联系起来，鼓励学生将编程概念内化到他们的认知结构中。			活动组织		活动支撑

续表

实施阶段	教学主体		教学客体	工具	规则	共同体	合作分工
	学生活动	教师活动					
思维评价迁移	将算法设计与生活实际问题相联系	(1) 教师提问一些新的问题，比如："穿衣服的步骤是什么?""你可以举一个有关'序列'的例子吗?" (2) 利用课堂观察记录表对学生在探究、解释与拓展应用环节的学习动态进行评价。	计算思维	"小猴摘香蕉答题纸"、空白纸、笔	活动组织	教师学生共同实践活动	活动支撑

　　计算机化编程形式与科学和数学课堂中的图形化编程相比，这里的图形化编程并没有具体的学科背景，而是以活动来渗透计算概念。如在《迷宫编程》一课中，教师通过提出一个"帮小鸟到达小猪那里"的问题情境，之后为学生讲解相关算法过程，并由学生来尝试编写程序并不断试误；最终引导学生将计算思维与生活实际问题相联系。

表 5－14　　　　　　　　　　计算机化活动教学示例

《迷宫编程》教学设计

教学目标:

1. 学生在编程活动过程中，理解"序列"和"算法"的含义，能够完成路线的设计然后编写出正确的编程指令。

2. 体会为了解决问题，需要根据目标去思考设计算法的乐趣，提高学生对编程的兴趣。

3. 提升学生比较判断能力，使学生乐于解决问题，在过程中培养学生的计算思维能力。

教学重难点:

1. 编程概念"算法"的含义。

2. 根据要求完成路线设计并使用正确的指令模块完成编程任务。

教学环节	教师活动	学生活动	计算概念
定义抽象	出示《迷宫编程》游戏的第2关，提出问题情境："小鸟应该怎么走才能到达小猪那里?"	认真听讲举手用语言描述小鸟的路线，理解问题情境。	抽象算法

教学环节	教师活动	学生活动	计算概念
算法设计	 （1）提问学生："教师编写了一些代码，你知道教师是如何让小鸟到达小猪那里的吗?" （2）引出新主题，提问学生："你可以用更短的代码让小鸟到达小猪那里吗? 自己尝试一下吧。"	观察、分析和猜测，然后举手用语言描述教师编写的代码所指的路线。 	序列 算法
迭代实施	（1）打开 Code. org《迷宫编程》第 2 关活动界面。 （2）在游戏 2 中提示学生：摆弄这些模块，把小鸟带到小猪那里。	1. 完成《迷宫编程》2、4—7、9—10 关卡。 A. 练习使用编程指令模块，尽量使用最少的指令模块。	序列 算法

续表

教学环节	教师活动	学生活动	计算概念
迭代实施	（3）在游戏4中提示学生：先点击运行，看看程序是否有错。 （4）在游戏5、6中提示学生：自己设计路线，并编写正确的编程指令。 （5）在游戏7中提示学生：从现在开始，难度增加。 （6）维持课堂秩序，为学生提高帮助，鼓励学生合作交流。 （7）邀请学生分享在游戏中自己创建的指令模块。 （8）在学生完成编程游戏任务后明确编程概念"序列"与"算法"的含义。	 （游戏2） B. 练习添加模块。 （游戏4） C. 设计路线（练习使用"向上"和"向右"模块）。 （游戏5） D. 设计路线（练习使用"向右"和"向下"模块）。	序列 算法

教学环节	教师活动	学生活动	计算概念
迭代实施		 （游戏6） E. 设计路线绕开障碍物（练习使用"向上""向右"和"向下"模块）。 （游戏7） F. 设计路线，自由创建指令模块。 （游戏9）	序列 算法

续表

教学环节	教师活动	学生活动	计算概念
迭代实施		G. 练习设计路线，然后创建自己的项目。 （游戏 10） H. 学生分享自己作品。	序列 算法
拓展延伸	（1）引导学生思考和讨论将使用编程概念"序列"和"算法"与生活实际应用联系起来，鼓励学生将编程概念内化到他们的认知结构中。 （2）提问一些新的问题，比如："体会编程中'序列'和'算法'的概念，描述你在家打扫卫生的过程或者你可以举一个有关'算法'的例子吗？"	（1）结合教师讲解和在探究活动中的编程任务，体验编程概念"序列"与"算法"的内涵。 （2）思考与交流，举手回答问题，深入理解编程概念"序列"与"算法"的内涵。	一般化

3. 教学实施

面向小学生的混合编程教学实践跨度为 8 次课，其中包括 4 节非计算机化课程与 4 节计算机化课程。具体的活动安排与实验细节有待后续整理分析后进行学术发表，我们不便做过多的叙述。在每节课开始之前，课题组会协助教师准备好本节课的答题纸，并调试好计算机设备。教师按照课题组提供的教学设计方案与授课课件进行讲授。最后，课程结束之后，分析测评数据并与教师和学生访谈以全面了解教学信息。（见图5-6）

图5-6 教学实施过程

（四）活动反馈与效果分析

1. 学生学习反馈分析

第一，学生计算思维水平提升显著，小学生在编程学习中希望获得更多心理支持。研究结果表明，混合编程形式能够有效提升学生的计算思维水平，但在教学中我们也发现小学生编程学习具有明显的群体性倾向，即他们更希望从教师和同伴那里获得支持，这不仅是知识与技能上的支持，更是心理上的依靠与"安全感"。受访学生表示：由于缺少编程经验，自己还不习惯与计算机"互动"，当遇到困难时的第一反应不是自己思考解决，而是向他人寻求帮助。这一现象可能与一年级小学生编程经验匮乏，并且抽象逻辑思维还没有完全形成有关。当面临问题解决时，他们更喜欢"外化于行"，从外界获得支持与帮助，而不是"内化于心"，靠自己来解决问题。因此，这时教师和同伴的适当支持对于儿童编程学习的帮助和收获可能是巨大的。

第二，混合编程形式能够长效激发儿童学习编程的兴趣与动力。在教学中我们发现，在每次学习开始时学生们的状态都十分投入。这可能是由于混合形式的编程设计为儿童编程学习带来了源源不断的新鲜"刺激"，使得儿童在参与每一次活动时都能够全情投入其中，而这正是混合编程教学形式的价值所在。学生表示：在完成一种类型的编程课程之后，会十分期待下节课程的内容，并且两种形式交叉的教学也让他们更喜欢编程这项活动了。由此看来，教学顺序的改变对儿童学习产生的影响或许可以媲美教学方法的作用，在编程课堂中不断探索混合教学的效果是当前和今后研究落脚点之一。

2. 教师教学反馈分析

第一，学习中的"协作"因素在小学生编程活动中的支持作用显著。无论是基于计算机化活动还是非计算机化活动，学生在结对编程中的学习效果相比而言都更好一些。研究结果显示，结对编程的方式对小学生计算思维的发展作用显著。教师也表示，结对编程中，学生更安静一些，而个人编程中它们会一直向教师进行提问。结对编程是指两个学习者共同在一台计算机上协同开发同一个编程任务的工作方式。人们常用驾驶汽车时的角色分工来解释结对编程：控制键盘、鼠标并编写代码的人为驾驶员（Driver），而旁边持续观察、监控程序逻辑并提供辅助支持的人为领航员（Navigator）。一旦遇到问题，双方共同讨论解决。驾驶员和领航员可以根据工作内容自由地、周期性地交换角色，但在任何时候双方都应是平等参与并共享编程产出。[1] 因此，结对编程在某种程度上意味着学生协作中的责任感和角色意识。通过在幼、小、初多次的教学实践干预我们也发现了一个有趣的现象：幼儿在小组编程学习中表现出了"自私"与"霸道"的一面，而升入一年级之后却更倾向于与同伴之间合作，到底是怎么样的力量使得儿童发生了如此的重大转变呢？在与授课教师沟通之后我们认为可能是升入小学后学生的集体感与规则意识增强，他们感受到了要为自己的行为后果负责的"代价"，不再像幼儿园时期那般自由和散漫。如完不成作业就要被教师批评；不遵守课堂纪律同样要接受相应的惩罚；课堂的规则就是要求上课时间需要坐姿端正，不能随意外出，否则都会付出一定的代价，所以他们在心理上也会对学习逐渐产生敬畏感。而此时则需要更多的同伴支持才能消除他们内心的"恐惧"，同时获得情感上的慰藉。

第二，编程是小学生"创造性表达"的一种方式，小学编程活动应

---

① 刘敏、汪琼：《结对编程：中小学编程教育的首选教学组织形式》，《现代教育技术》2022 年第 32 卷第 3 期。

重在形式上的训练与支持。通过多次的小学生计算思维调查和编程教学实践研究我们也体会到：其实对于幼儿与小学阶段的编程教学而言，我们并不能要求学生对计算机程序运行与计算系统的原理达到完全且深刻理解的程度，这对于他们而言也是不现实的。教师也反映："学生在这门课上大都是抱着'玩'的心态在学习编程，这种形式对他们来说非常有趣。"诚然，小学生编程教育教学的重点应落在活动的形式上，对于其中内容的学习则相对做了"淡化"处理。这并不是说编程概念与原理的学习不重要，只是对于小学生而言，尤其是刚从幼儿园升入一年级的学生来说，他们的抽象思维发展尚未成熟，对于学习活动的认知和理解需要循序渐进的发展过程，而编程对于小学生而言正如派珀特所说的是一种让他们"创造性"与"自由"表达的语言。我们不应过分在乎他们在编程中能不能完成任务，做出了什么，而更应该将关注的重点放在编程活动这一活动形式对儿童思维发展的影响。正如乔姆斯基所言，语言是一种心理客体，有与之对应的思维建构。① 小学生通过编程语言"表达"的过程也正是其思维发展的过程，尝试、探索与表达正是小学编程教学的最重要的价值指向。

二 初中生非计算机化与计算机化儿童编程教育混合活动设计及应用

(一) 活动目标

初中生非计算机化与计算机化混合编程的教学目标除丰富初中信息技术课堂的教学形式外，更重要的是深化编程教学内容以促进学生的计算思维能力发展。初中生相比小学生而言，其独立思考与解决问题的能力得到了明显的发展，并且在逻辑性理解和计算机操作能力方面也更加成熟。面向初中生的混合编程以丰富初中信息技术课堂编程教学形式并发展学生的计算思维能力为教学目标。在第四章教学模式的指导下，我们以北京市某学校初中一年级158名学生为对象实施了编程教学干预，先进行非计算机化编程活动，然后进行计算机化编程活动的实验组共计29人，我们着重介绍这一"混合"编程教学形式，因为我们的实验证明此

---

① ［美］诺姆·乔姆斯基：《乔姆斯基精粹》，李梅译，上海人民出版社2021年版。

种方式是提升学生计算思维能力的最佳方式。

（二）活动内容

本次活动中所选择的"非计算机化"与计算机化编程活动同样从 Code. org 平台课程 E（8—12 岁）和课程 F（9—13 岁）组中进行选择，计算机化活动以平台中基于块的图形化活动支撑开展；考虑到课程时长和教师教学任务量的问题，"非计算机化"活动我们同样选择了平台中的不插电活动，这类活动形式主要表现为要求学生以纸笔的形式完成逻辑游戏和棋盘游戏等。教学内容主要涉及计算思维相关概念，如排序、循环、函数和调试等。本次混合编程活动共包括 8 节课程内容，其中 4 节计算机化课程内容，4 节"非计算机化"课程内容。我们共安排了单一计算机化活动组、单一"非计算机化"活动组、先计算机化后"非计算机化"活动组和先"非计算机化"后计算机化活动组四组实验对照展开以明确不同编程方式的教学顺序对初中生计算思维提升的有效性，如表 5 - 15 所示。最终分析结果表明：学生在学习计算机化活动之前先进行"非计算机化"编程的学习更加有利于其计算思维能力的发展。① 因此，我们主要基于这一事实性结论对初中生混合编程的学习过程和教学效果展开分析，具体混合编程教学活动组合设计如表 5 - 16 所示。

表 5 - 15 编程活动设计

课时	计算机化编程活动	非计算机化编程活动	编程概念
1	前测：计算思维技能、编程态度		
2	活动 1 迷宫中的序列	活动 1 方格纸编程	排序
3	活动 2 冰河世纪在线拼图	活动 2 叠杯子	排序、算法
4	活动 3 艺术家里的编程	活动 3 快乐地图	循环
5	活动 4 小艺术家	活动 4 For 循环乐趣	循环、功能
6	中测：计算思维、编程态度		
7	活动 5 冰河时代与事件	活动 5 事件计算	事件、功能

① Sun, L., Hu, L., & Zhou, D., "Single or Combined? A Study on Programming to Promote Junior High School Students' Computational Thinking Skills", *Journal of Educational Computing Research*, Vol. 59, 2021, pp. 1 - 39.

续表

课时	计算机化编程活动	非计算机化编程活动	编程概念
8	活动6 我的世界	活动6 图形着色	条件
9	活动7 农夫和条件	活动7 颜色转换	条件、分解
10	活动8 斯奎特和调试	活动8 我哪里做错了	调试
11	后测：计算思维技能、编程态度		
	教师和学生访谈		
12	延后测试：计算思维技能		

表5–16 非计算机化与计算机化混合编程教学活动设计

非计算机化与计算机化混合编程教学活动设计	
非计算机化活动	活动1 方格纸编程
	活动2 叠杯子
	活动3 快乐地图
	活动4 For循环乐趣
计算机化活动	活动5 冰河时代与事件
	活动6 我的世界
	活动7 农夫和条件
	活动8 斯奎特和调试

（三）活动过程

1. 教学准备

本活动的教学准备主要包括纸笔、卡片、纸杯等材料；对学生而言，他们大多时间需要独立完成一些活动任务，但同时也有部分环节需要和小组同伴合作完成。学生首先需要理解不同形式编程活动的教学意图，具备一定的图形化编程技能以及独立的项目制作能力，并且做好参与不同形式编程学习活动的思维与行动准备；充足的计算机等硬件设备是保证活动完成的关键，混合编程活动在信息技术课堂中完成，需要保证每位学生拥有一台计算机设备。

2. 教学设计

我们分别选取两类活动各一节教学活动设计进行具体介绍，如表5–

17、表 5 - 18 所示。混合编程活动中的计算机化和"非计算机化"活动教学设计同样遵循各自的教学模式展开。本次活动的"非计算机化"编程形式减少了学生的课堂行为活动，而是以纸笔的方式引导学生来编"写"程序，这种方式减少了教师课堂组织和材料准备的任务量，同时也保留了"非计算机化"编程活动的教学形式。《叠杯子》一节的教学目标为教授学生"序列"的概念，学生除需要在纸上编写纸杯正确的堆叠顺序外，教师还为学生提供了真正的纸杯用以演示练习，使学生在真正动手操作的过程中对头脑中抽象的逻辑有更加清楚的理解。

表 5 - 17　　　　　　　　非计算机化：叠杯子

《叠杯子》活动设计

教学目标：

1. 在活动过程中，学生将理解将实际问题转化为程序的过程，对编程形成初步的认识。

2. 在合作完成"叠杯子"的过程中，学生将体会"序列"的作用。

3. 练习通过代码和符号交流想法，培养学生的合作意识。

教学重难点：使用一组符号代替代码，设计指令完成杯子的堆叠

实施阶段	教学主体		教学客体	工具	规则	共同体	劳动分工
	学生活动	教师活动					
计算概念选定	倾听教师讲解，理解计算概念。	回顾上节课方格纸编程所学习的序列的相关内容，引出本节课继续学习序列的内容。教师介绍本节课会用到的指规则。 向上表示将杯子上升到需要的高度　向下表示将杯子落下，直到降落在某物上 向前表示将杯子向前移动一格　向后表示将杯子向后移动一格	计算思维	纸笔、纸杯	算法支撑	师、生、活动实践共同日	教师引导
创设游戏情境	进入游戏情境，积极情感参与。	教师创设竞技叠杯的游戏情境，引导学生积极参与的兴趣。					

续表

实施阶段	教学主体		教学客体	工具	规则	共同体	劳动分工
	学生活动	教师活动					
故事引领切入	了解故事叙事架构。明晰活动操作流程。	以故事化的方式向学生讲述"叠杯子"活动的操作过程。					
项目协作构建	独立按照指令排列纸杯顺序；之后与小组成员合作互相检查对方堆叠杯子的算法顺序。	组织学生通过将纸杯摆出形状并为编写出相应的操作指令。在学生完成任务后，可以互相为对方检查所编写的指令是否正确。	计算思维	纸笔、纸杯	教学贯穿	师、生、活动实践共同日	学生主导
同伴分享交流	同伴之间交流"叠杯子"中蕴含的序列原理，并表达现在对程序原理的理解。	在学生完成任务后，教师对"序列"的概念进行阐释。使学生进一步加深对"序列"这个概念清晰的认识。			活动组织		活动支撑

续表

实施阶段	教学主体		教学客体	工具	规则	共同体	劳动分工
	学生活动	教师活动					
思维评价迁移	联系生活实际，将概念知识迁移到生活情境中。	教师将"序列"的概念与实际应用相联系。并结合学生的任务完成情况对学生进行拓展延伸。	计算思维	纸笔、纸杯	活动组织	师、生、活动实践共同日	活动支撑

与小学混合编程中的教学方式一致，初中计算机化编程活动也没有基于某一学科背景，主要是在一定游戏情境下的在线图形化编程活动。学生通过教师构建的问题情境抽象出能够用算法解决的问题，并根据问题的要求进行算法设计，之后通过不断试误操作设计出解决问题的最优算法路径，最终深刻理解算法概念并将其迁移到生活问题情境中。

表5-18　　　　　计算机化：冰河世纪在线拼图

《冰河世纪在线拼图》教学设计

教学目标

1. 使学生在操作和完成课程11的过程中，对上节课所学习的序列内容进行回顾，并在课程中引入循环的相关内容。

2. 让学生了解循环块的功能，并体会使用循环而不是重复的好处。

3. 使用序列命令和循环的组合来移动并执行动作以到达宫中的目标。

4. 在学习过程中，培养学生的计算思维能力。

教学重难点：如何合理地利用循环和序列算法使"鼠奎特"走出迷宫

教学阶段	学生活动	教师活动	计算概念
定义抽象	理解情境并将其表征为能够用算法表示和解决的问题。	以学生较为熟悉的"冰河世纪"为切入点，引入本节课所要进行的编程活动，即如何让鼠奎特到达迷宫的目标。	抽象

续表

教学阶段	学生活动	教师活动	计算概念
算法设计	学生动手设计鼠奎特行动的算法序列。	教师引导学生利用序列和循环算法,帮助将鼠奎特从冰河的一侧移动到另一侧的松果的位置。	循环 算法
迭代实施	首先通过完成 puzzle1 - 6（https：//studio. code. org/s/coursef - 2017/stage/11/puzzle/1）回顾上节课所学习的序列的内容。其次在教师的引导下完成 puzzle7,可了解新元素循环块的功能,并通过观看 puzzle8 中的视频掌握如何使用该功能块,并自主完成 puzzle9 - puzz15 这些带有"冰河世纪"小松鼠角色的系列编程活动。	教师巡视指导,及时解答学生疑惑。	事件 循环
拓展延伸	学生联想生活实际,并与大家交流分享。	教师可以提出一个新的问题,例如,让学生列举生活中的循环问题。	一般化

3. 教学实施

面向初中生的混合编程教学活动在初中生信息技术课堂展开,为期一学期,总时长为八课时,每周一课时。课程教学任务由信息技术教师执行,课题组成员全程参与,课程内容由我们设计并提供给授课教师。学生先进行"非计算机化"活动后进行计算机化活动的实施过程中,教学第一周进行计算思维的前测,之后四周为第一阶段的"非计算机化"教学干预;紧接着展开计算思维的中测,记录学生计算思维变化的过程;接下来进入到第二阶段的计算机化编程活动阶段;随之对教学对象展开计算思维水平的后测，以达到对学生计算思维纵向追踪的效果；最终，对参与教学的师生展开焦点性访谈，了解教学中的具体活动细节。在每节课开始之前，课题组成员会协助教师准备材料，调试设备并组织和指导学生学习，全程参与到混合教学的课堂之中观察并记录教师和学生们的课堂反应。（见图 5 - 7）

图 5 - 7　教学活动实施过程

（四）活动反馈与效果分析

1. 学生学习反馈分析

第一，初中生在"非计算机化"活动中的投入程度较好，而在计算机化活动中更为活跃。通过课堂观察发现，学生在非计算机化活动中的学习状态和投入程度比较好，他们能够安静独立地思考问题，并利用现有的材料来帮助他们解决问题直至最终解决问题。初中阶段学生与小学相比，其抽象思维开始占主导地位，辩证逻辑思维和推理能力不断提高，他们对于问题和自己的想法通常会"不宣于口"，开始尝试自己寻求解决的办法；而初中生在计算机化编程的活动中则表现出了更高的学习兴趣，并且全程处于比较兴奋的活跃状态。这可能与不同编程形式的特点有关，如图形化编程活动为学生带来的感官刺激更丰富，并且需要学生"摆弄"与"拖动"一些功能程序块来解决问题，而非计算机化活动题目形式则更加类似于"试题"一样，学生编程的过程更像是在"解题"，或者是在做规划和设计图一般。因此，在非计算机化活动中学生会看起来状态更安静一些。

第二，混合编程活动能够助力初中生编程知识与技能的提升。访谈结果也进一步证实了这一观点，学生表示："自己刚开始接触图形化编程活动感觉有些困难，需要摆弄好久才会，并且还需要教师帮助，但是首先通过不插电活动的学习再在计算机上操作就觉得顺手多了。"由此可见，对于一些没有编程经验的学生来说，不插电作为一种学习铺垫不失为一种向计算机化编程学习过渡的好方法。初中生混合编程与小学相比重在编程内容学习，在图形化编程活动之前进行不插电学习使学生对计算概念的理解更加深刻并具体，帮助学生适应计算机编程操作，增进编程能力，也为初中生未来的职业选择和更专业的计算机编程学习打下了基础。

2. 教师教学反馈分析

第一，打造多元化的编程教学课堂是儿童编程教育未来的努力方向。随着儿童编程教育在我国的不断发展，图形化编程活动已经进驻到中小学的信息技术课堂中，"计算机科学不插电"作为一种典型的非计算机化活动理念在也很早就已传入我国信息技术教学中，却少有在课堂中真正开展。儿童编程教育的兴起也为不插电编程这一活动形式注入了新的活力。与授课教师的交流中他提道："不插电活动很早就知道，但是一般在课堂中我们不会开展不插电活动。这一学习理念非常好，但是老师并不知道怎么来设计和实施这一活动，感觉支撑不起来一节课，所以在这方面还是希望能够得到更多的支持与指导。研究者们设计的混合编程这一形式为信息技术课堂中的编程教学带来了新鲜感，激发了学生们的学习兴趣。"调查结果也表明有97％的学生在活动之后表达了积极的情绪。混合设计的编程活动形式不仅是对中小学编程课堂教学的革新，同时也是对组合不同编程形式以优化教学效果的探索。未来中小学儿童编程课堂也更加呼吁多元化的教学形式的加入。

第二，初中生在混合编程学习中表现出的性别差异是未来编程教学研究的重点。受访教师反馈道：不同性别学生在课堂中的表现也存在差异，女生的编程学习沉浸感更强一些，而男生则在行为上更加积极，并且完成任务的速度要快一些。但测评结果显示女生的计算思维水平要优于男生。教师也反思到，初中女生性格大多文静内敛，她们内在心理活动的发展可能更突出一些，并且女生思维"多重性"的特点也使得她们在解决问题时会考量多方面的因素；而这一时期的男生身心则得到迅速发展，智力发育突飞猛进并且逐渐与女生的智力发展水平相持衡，思维和想法也更加活跃一些，[①] 这些都表现在了男生的行动力上。女生的思维往往不外扬，可这却使她们发展出了强大的内在思维。授课教师也表示，在编程项目中女生有时候能提出更加独到的想法和问题解决方式。一项男女生图形化编程学习的调查结果也支持了我们的分析：在编程学习中女生的总体表现稍逊于男生，男生在技术操作层面和逻辑思维层面优于女生，但是女生的创造性方面的表现更为突出。[②] 在编程学习方面，男生可能更善于抽象问题的本质，更加快速精准地解决问题；但女生更加丰富细腻的"内在世界"往往能收获意想不到的学习效果。因此，女生在编程课堂中的学习状态必须应当引起教师的关注，并可以考虑为女生提供特殊的学习支持以提升和维持她们对编程的兴趣。

[①] 林崇德：《发展心理学》，人民教育出版社 2018 年版。

[②] 王海鹏、朱青云、郭子叶：《男女图形化编程学习差异性研究》，《中国教育技术装备》2018 年第 14 期。

第 六 章

儿童编程教育的未来发展
及其研究展望

儿童编程教育历经几十年的发展，并借力于计算思维的广泛普及，已然成为世界各个国家基础教育改革的行进方向。然而，如何赓续儿童编程教育为儿童这一初心使命不变是摆在所有利益攸关者面前重要的课题与责任。儿童编程教育不能"片面化"走向计算机教育的低龄化误区，也不能只顾编制各种试题或量表"简单粗暴"式地从测量心理学视角解读编程对学习者认知发展的影响效果，因为我们知道儿童编程教育的"根"不是计算机科学也不是心理学，而应是综合不同学科以此解决具体的编程教育所面临的基本问题，"教育性"是其根也是其发展的"锚点"，推进过程中更应该尽可能多地付诸课堂的教学实践，而不是仅仅停留在某些工具或方法在准实验或实验研究中的效用，过分追求某一个工具或教学方式的统计学的显著性差异的"P值"对儿童编程教育的实践意义并不大，更不能停留在"炒概念"上，而应要做到"知行合一"，扎扎实实地做下去。一种理念或方式对教育的影响可能并不会"立竿见影"，要站位于面向长远的复杂多变的人工智能时代去考量，编程教育对儿童的发展不仅仅是"现在时"，更应是"未来时"。儿童编程教育的"教育性"才是其"长盛不衰"的根本所在，这也是一直指引我们研究开展的最坚实的信条。

第一节　中国儿童编程教育政策制定与
实施的期望和建议

智能时代创新人才需求的呼唤之下，儿童编程的教育价值已然达成世界共识。编程教育价值重燃的缘由指向计算思维发展的低龄化普及特征，但教育目标归根结底需要通过课程实践得以实现。然而，儿童编程教育并非计算机科学学科，在中小学也不可能发展成为犹如数学、物理、化学等的学科，所以仅凭借基础教育的"自律"课程普及推进是不大可能的，而基于国际主要国家的实践路径可知，国家层面的编程教育政策对该国编程教学实施的发展蓝图的具体描绘和方向调控起到了积极的普及化促进作用。我国目前正处于编程教育发展的初期阶段，编程教育政策以及编程课程模式的建设还有诸多待完善之处，这也正是阻碍我国编程教育有效开展的症结所在。借鉴编程政策的国际经验能够帮助我们规避风险、减少试误并最大化"收益"，以此或许能在短时间内进入符合儿童认知规律的科学发展轨道，使其惠及所有儿童，使儿童能更好地适应并改造未来的人工智能时代。

一　政策定位层面

（一）落实编程教育学校课堂地位，探索不同阶段的课程体系

编程教育是各国基础科技教育发展的着力点，我国也紧跟编程教育发展的进程，立足人工智能时代的发展修订义务教育阶段《信息科技》课程标准，聚焦中小学各阶段编程教育促进计算思维发展的层级标准与能力进阶课程体系。同时，国务院出台的一系列人工智能发展规划中明确提出在中小学各阶段逐步推广编程课程，标志着编程教育正式进入国家层面的关注，并在各省（自治区、直辖市）逐步落实推广。但在实际的教学与研究中还面临诸多困难，无论是学校、教师或学生各主体对编程教育理念的接受与否、重要性及未来的意义认识程度如何，还是在各阶段如何设计符合儿童认知发展规律的编程课程教学体系等都是编程教育领域需要持续关注并深度研究的重要课题。编程入校进课堂是保证编程教育资源面向所有儿童公平享有的关键之举，因此必须落实编程教育的学校课堂地位，保证编程课程的切实开展。同时，编程教育进入学校系统的"安置"问题也是当前需要迫切突围之瓶颈，其重点在于处理好编程课程如何在学校"自处"的问题，以及如何更好地融入学校当前的课程群体，这一问题在中小学计算思维的调查结果中信息技术教师也有所提及，这不仅仅是信息技术教师的责任，而是需要所有学科教师通力

合作，无论是作为工具的编程还是作为思维的编程逻辑与学科之间的融合都是可行的，毕竟世界各个国家都进行了积极的探索，并基本给出了初步证据。世界各国多样化的课程模式给我国编程教育提供了可借鉴的经验。无论是将编程作为一门独立的课程还是学习模块，是作为选修课程还是必修课程，都是我们需要根据当前自身发展情况进行进一步决定的议题。综合考虑我国现阶段的教育体制和发展现状，儿童编程教育在我国的切实推行必须要有"必修化"这一"强制性"政策的加持并且也不能脱离学校的现实情况。我国小学阶段课程以综合课程形式为主，而到了初高中阶段学科分科倾向则更加明显。因此，我们建议：小学编程教学可以作为一种跨学科的学习主题存在；到了初中和高中阶段，可以将编程作为某学科内容的一部分呈现，如在数学课程教学中增加对使用编程学习的要求，以编程的形式帮助学生更好地理解和掌握数学内容。同时，保留并强化信息科技课程中对学生编程学习的"竞赛型"和"专业型"训练，打造编程学校教学的"全面普及＋重点培养"的教育模式。

（二）构筑校企研合作的课程发展模式，营造各方协同的编程教育生态

编程教育在学校长期有序发展的教学生态需要国家、学校和社会各方的共同营造和维护。如欧盟国家编程教育官方组织中设有专业的编程教育委员会或非营利性行业协会，以达到宏观统筹与弥足调节的作用。我国编程教育行业发展迅猛，在"政策利好"和"资本加持"的双重支持下，各类教育培训行业也纷纷转型参与其中，社会教育培训占据我国编程教育开展规模的较大部分。但目前儿童编程教育市场的发展存在着两方面问题，一方面表现在编程教育的"非刚需性"特征，与传统的学科知识培训相比，家长们认为编程学习还是像艺术类或体育类的一种"才艺"培训一样，对于孩子们来说可学也可不学，这也足以见得编程教育在我国社会的认知程度不足并且也存在着巨大的区域差异；另一方面，编程学习的持续性不足也是影响企业编程教育发展的主要问题之一。企业编程课程一般由企业自主开发，很多编程企业尤其是一些刚刚涉足编程教育领域的企业而言，其课程体系比较单一，可能仅针对春季或秋季学期的招生开发了一套课程，还不具备系统性。但也有部分企业打造了自身特色的课程体系，如编程猫提出的"阶段＋并行"的课程体系，包

括了图形化编程（4—12 岁）、数学编程（8—12 岁）、硬件编程（10—12 岁）、Python 编程（12 岁以上）等课程类型，课程内容和编程工具种类全面，为学习者提供了更多的选择性；① 还有如幼儿编程（4—6 岁）—图形化编程（7—10 岁）—Python 代码编程（10—16 岁）的企业进阶课程体系等。我国儿童编程教育企业课程体系主要呈现出了以电子积木块到图形化编程再到 Python、Java 和 Html 的进阶特征。并且部分企业也开始探索以编程"送课入校"的方式，为条件不足的学校提供教学培训与课程支持，编程教育当前在我国的发展可概括为"以企带校"的特色发展模式。校企合作助推了儿童编程教育和谐生态系统的建立，但"以企带校"的形式对于儿童编程教育的长期发展仍然有一定阻碍，"送课入校"的形式对企业的运营而言是一种挑战，同时企业课程与学校课程以及对学生学习的适切性也难以保证。因此，从教育公平和规范发展的长远角度来看，编程教育的发展重心仍需落到学校课堂教学。编程教育企业应树立责任与担当意识，成为我国编程教育发展的积极参与者与坚定支持者。企业编程教育的发展则应从学校需求入手，致力于编程软件和技术功能的研发更新以及学校编程课堂教学和课程设计难点的突破。

二　政策制定层面

（一）遵循儿童认知发展阶段性规律，打造一体化衔接性的课程体系

无论是皮亚杰的儿童认知发展阶段论还是埃里克森描述的儿童到成人期的阶段性，都说明在教育与发展儿童的过程中把握其认知发展规律的重要性。教师有效教学的前提是为学生提供对应其发展阶段的结构性知识，并以学生此阶段心智水平易于接受的方式呈现出来，儿童的阶段不仅仅与年龄有关，还与其生活经历有关。新知识的习得要建立在旧有的心智结构之上，正如戴维·奥苏贝尔认为，影响学生学习新内容最重要的因素是他们已经掌握的内容，教师要根据已知教新知。而这也正是编程课程应当建立系统连贯的知识体系的原因所在。图形化及有形编程软硬件环境让儿童能够跨越思维阶段发展的限制，更早地开展编程实践以完善自身"心智模型"，但这同时也对编程课程体系的安排提出了更高

---

① 编程猫：《编程猫社区》，2022 年 5 月 9 日，https：//shequ. codemao. cn/course。

要求。学校编程教学课程不应是"一时兴起"和"心血来潮"的游戏活动，而应当探索设置系统连贯的正式课程体系。无论是独立的编程课程还是融入学科教学的编程思想，都应当对编程学习内容按照年级阶段进行划分，对学生编程学习内容和能力的发展进行系统设计。如作为独立编程课程国家的代表，英国要求小学 1—2 年级的学生能够了解一些序列、条件等一些简单的算法，会使用图形化编程工具；3—6 年级则要学会通过抽象、分解问题来设计、编写和调试较复杂的程序以此来解决问题；而到初中阶段后，则要求学生能够使用两种或以上的编程语言，并且能够利用程序原理来模拟和评估现实世界的问题；高中阶段则以深化培养学生在计算机科学、信息技术和数字媒体方面的综合能力为主。同时，芬兰作为编程跨学科教学的国家代表，编程学习要求融入了数学和手工课程之中，如在数学学科中，1—2 年级要求在游戏化学习中初步了解编程知识并掌握最基本的指令；3—6 年级的学生则要能够在图形化编程软件中编写程序来解决数学问题；7—9 年级学生需要能够利用多种编程软件进行自主编程来探究问题的解决方案，重在发展计算思维和问题解决能力。通过对幼小初计算思维水平的调研我们也了解到，我国目前学校儿童编程教育开展了初步探索，但大多限于信息技术教育课程体系，并且教学方式过于单一，无论是教材设置还是课程安排的持续性都不够充分，教师也反映教材上的编程内容不够连贯，授课教师一般会在组内教研之后自己设计教学主题和内容，并且编程教学模块内容也不会持续多长时间，因此编程课程迫切呼唤国家层面一体化衔接贯通性课程体系的建立。

（二）推广编程与基础学科课程融合，丰富问题解决指向的课程类型

编程与学科内容融合教学不仅是编程教育理念与形式的创新，更是促进学科学习态度与知识迁移的重要途径。基于计算机方式的学习是儿童积极"创作知识"（Learn by Making）的广阔途径，只有在亲身实践解决问题的过程中所获得的知识才最有价值。编程与基础教育阶段学科融合教学已成为国际儿童编程教育的主要形态之一，将具体的学科知识以程序算法的形式表示，通过将问题抽象、分解、设计、实践情境化，在此过程中"无形地"训练学生的计算思维技能与创新表达的能力。编程教育再次受到关注的原因在于其背后所蕴含的教育理念和思维方式，学

习编程的意义更注重编程学习中思维发展对儿童未来学习与生活的影响，而这种思维是面向所有人的，不再仅针对专业人士，以至于目前有些研究者和教师们有了"之前我们在计算机课程中放弃的编程又回来了"的感慨。编程与学科融合教学是真正体现编程教育"回归"价值的举措，所以未来的中小学编程教育不再是信息科技教师的专属工作，而应是各学科协同推进的教育追求。芬兰是世界上编程教育整合程度最高的国家之一，更是全球教育质量兼教育公平"双赢"的典范，这得益于芬兰极具特色的国家教育体系。所有课程内容都共同围绕"横向能力"目标设计展开，并且为打造"每个人都是积极的学习者"这一核心目标努力。基础教育核心课程包括学科教学、跨学科主题建模与横向能力培养三部分，专注于发展学生七个维度的核心素养能力，详细信息我们在第二章第二节芬兰儿童编程教育政策内容及实施中具体展开了讨论。芬兰成了全球教育学习的标榜，在我国大力提倡素养教育和思维能力培养的今天，芬兰编程教育的成功经验值得我们学习，同时其国家教育模式也给我们以启示，儿童编程教育在我国若想有"颠覆性"的变革和长足的进展，应考虑从我国基础教育课程体系全局处着手整饬，而非仅是针对某一学科的"各自为政"或"独自美丽"，这或许是破解我国当前素养教育困境的有效途径。当然，这一想法的实施还有待综合我国教育体制现状与实情进行深入考量，但不论从哪种角度出发，都应当推广编程与基础教育学科课程的融合发展，不断丰富问题解决指向的课程类型，使"编程思维"成为表达"学科知识"的"魔法"。

三　政策实施层面

（一）满足兴趣天赋学生的学习需求，做好普、职分流的课程规划

义务教育阶段开展编程教育的来源和出口问题同样值得我们深入思考。目前编程教育形式的根本目的并不是为国家培育专业化的计算机人才，而重在全民性思维素养或信息素养的培育。因此，学校编程课程体系也应当考虑全方位育人的目标，满足兴趣与天赋型学生的学习需求，尤其是在我国初高中学生学业压力更加繁重的情形下，更应当做好教学分流安排。教育"分流"的实践特征存在于多个国家的计算机教育体系之中，尤其是一些老牌计算机强国，与英国类似，以色列在 1979 年就已

将编程纳入其高中计算机课程，并于 2000 年就已要求在小学一年级开设编程课程。以色列于 2011 年面向初高中教育阶段启动了科技卓越计划（Science and Technology Excellence Program，简称 STEP）以满足国家理工科人才培养需求，该计划致力于学生思维技能而非编程技能的培养。在此计划之下，新的高中计算机课程以"双轨制"开展，学业轨道为《计算机科学》课程，主要教授计算机操作及简单编程知识；科技轨道为《软件工程》课程，针对有特殊计算机兴趣天赋的学生更加专业化和职业化的培训。[①] 并且每一轨道都开设"必修 + 选修"课程，这种以"拉链原理"设置的双轨课程力求涵盖人才培养模式的各要素环节。在崇尚编程"育思维"的素养教育时代，编程职业技能道路也不应当被放弃。正如德国教育家卡尔·雅斯贝尔斯说道："真正的教育不是期望每个人都成为富有真知灼见的思想家，教育的过程是让受教育者在实践中自我操练、自我学习、自我成长。"[②] 在我国普通教育和职业教育横向融通发展的趋势下，建立编程教育普职分流机制也是为我国编程教育搭建多元化发展平台的关键举措。

（二）重视编程教师专业化发展培训，完善课堂教学模式及配套设施建设

"用编程学"和"编程助学"的前提是教师在课堂中要学会"用编程的方式教"，师资培训与教学材料等配套设施的支持是编程教学系统在学校持续发展的有力保障。我们的一项关于职前教师和在职教师计算思维的研究也表明了，未接受过编程和计算思维干预的教师，尤其是非计算机学科的教师对计算概念的理解十分有限，但教师经过一定的编程学习培训之后，其计算思维水平得以有效提升，并且对未来开展相关教学应用的意向也更加积极。如前所述，英国在师资培训方面建立了多样化的教师研讨和交流社区、职业性的教师资格认定与评价制度，并发布编程教学指南及教师针对性教学提升的学习平台等措施，为教师更好地开

---

① Judith, G. E., & Chris, S., "A Tale of Two Countries: Successes and Challenges in K – 12 Computer Science Education in Israel and the United States", *ACM Transactions on Computing Education*, Vol. 14, No. 2, 2014, pp. 1 – 18.

② ［德］卡尔·雅斯贝尔斯：《什么是教育》，童可依译，生活·读书·新知三联书店 2021 年版。

始和实施编程教学奠定了基础。以色列以高阶思维技能发展为目标的编程课程体系对师资建设也提出了更高要求，以色列编程师资培训模式可概括为三方面：一是强制性的教师资质认证要求，二是高等院校开设的岗前及在职教师研修项目，三是专业编程教育管理机构的介入，如编程课程委员会及研究社区参与编程教师的统一培训和管理。完善的人才培养机制以及教师专业发展支持成为编程教育取得成功的关键。这些编程教育先进国家的发展经验都值得我们进一步思考与借鉴。2020年，我国教育部学校规划建设发展中心启动了《编程课程体系与教学模式研究课题申报项目》，编程教育在我国学校初步开展，亟待课程体系与教学模式的完善与创新。因此，在教学中教师应不拘泥于单一的编程形式，积极探索混合多样的编程教学模式，尝试融合以文本编程、图形化编程、有形编程以及教育机器人计算机化编程教育和以纸笔编程、不插电编程等非计算机化编程教育形式，不断丰富编程教育的理论与实践内涵。

第二节　儿童编程教育教学实践研究的现实启示与发展分析

　　课堂是人才培育的主阵地，教学实践是促进学生发展的最主要的手段，决定了教育理念、方法、工具是否能够协同发挥最大效力，关系着人才培养的质量和学生高阶思维的发展。国际儿童编程教育丰富的研究实践成果以及我们基于我们大量的调研与编程教学干预实践，对我国儿童编程教育的开展有一定的启示作用与借鉴意义，主要表现在教育理念层面和教学实施层面。

一　教育理念层面

　　从儿童编程教育理念先行出发应正确理解儿童编程教育的本真之意，重视儿童在编程学习中的思维能力的发展是教学目标的根本，建造主义的学习方式是编程活动的灵魂，编程思维与学科内容结合的教学方式是编程赋能的本质，其最终都指向帮助儿童掌握未来智能时代生存与发展的技能。

（一）实践理念先行，正确理解儿童编程教育的本真之意

无论是研究者、教师抑或是企业团体，如果对儿童编程教育意义的把握存在偏差，是非常危险与可怕的。儿童编程教育体现的是"用编程学"而不是"学编程"的思想，切勿受社会选拔因素等的影响把儿童编程教育作为计算机编程教育的"少儿化"，这不仅仅影响了儿童认知能力的发展，也会遏制儿童未来研究计算机的好奇心。儿童编程教育工具的研发是为了降低儿童编程的门槛，为儿童创设广阔而自由的发展空间，使他们创造属于自己的项目，提高编程学习信心，体验到编程学习带来的乐趣；国际编程教育的课堂实践应用研究中，研究者们相较于儿童编程认知的提高也将更多的关注放在学生们编程学习过程中的情感体验上，学习动机、兴趣和自我效能感的提升更加能体现儿童编程教育的理念真谛；编程教育作为一种辅助儿童提高认知和思维能力的学习方式，最重要的是教授思考而不是思考什么，故儿童编程教育的开展和普及不应作为学业选拔的手段，而是训练儿童提升能力的方式，使儿童能够凝练和掌握编程教育背后所蕴藏的能力本质，对其日后的学习生活产生指导作用，所以国际研究者也将研究重心放在了不同编程工具对儿童各类心理认知能力的提升上，认知能力、排序能力、计算思维能力都是儿童编程活动所应重点训练且对儿童学习生活有深远意义的技能。所以，我国教育工作者在推广普及儿童编程教育时，应当精准把握儿童编程教育理念精髓，以更加广阔和长远的视角来看待儿童编程教育，注重编程学习过程中儿童的积极体验，以提高动机兴趣，训练提升理论能力为出发点和落脚点，使儿童编程教育教学活动能够真正有效地在我国开展。

（二）超越工具形式，注重儿童编程教育中计算思维能力的发展

计算机多变且适应性强的特点为儿童自我认知及智力模型的创设提供了强大的工具支持，传统的教育将大脑限制在严格的机制框架中，而媒体环境能够服务于每个人的需求与兴趣，使得学生自由发展。自技术进入学生学习情境至今，似乎并没有对学生的学习方式及能力发展产生"颠覆式"的转变，技术几乎是处于被"孤立"的尴尬境地，在教育信息化的当代，这一问题仍值得我们深思。同时也为儿童编程教育教学活动的开展以启示，儿童编程教育的开展也主要是利用编程软件或实物工具

借助一定的教学活动帮助儿童习得编程相关知识，并且随着时代的发展与科技的进步，各种儿童编程工具不断推陈出新，各具特色。研究人员和教育工作者在开展儿童编程教育活动的同时需要认识到，儿童编程教育的开展并非在于编程工具使用本身，派珀特也强调技术工具的使用最重要的是关注教学活动的开展对儿童思维能力训练与提升的发展，即使儿童在远离计算机环境下，故当编程真正地成为一种"文化"的象征，"编程式"思考真正成为人们的思维方式时，才是技术与学习的真正融合，这也许将带来信息化教育的深刻变革。而其中计算思维对于编程的重要地位和价值都不容忽视。计算思维源于编程教育，但发展到今日已经成为编程教育的上位概念，各国纷纷以不同的方式将计算思维教育融入国家课程体系之中，以计算思维为落脚点丰富并充实编程教学的形式与内容方能避免落入"唯工具论"的教学误区。

（三）创设学习情境，使"建造主义"在儿童编程课堂学习中真正落地

儿童编程教学活动的开展需要借助于一定的学习情境，使儿童在具体的情境空间内接触编程知识，构建自我认知框架，获得编程知识。儿童编程教育活动想要大规模地开展需要在学校情境下进行，学校是儿童习得知识，培养能力的首要场所，Logo 语言改造之初就是为适应学校的教学环境，以及之后多种编程工具和编程教学活动的开展也是在学校环境中开展，编程教学活动的开展和技术工具的使用并不是孤立的，学校情境中教师、课程、学生团体等的相互影响会为儿童编程学习提供丰富的情境刺激与环境支持。当儿童编程教育真正进入学校学习环境，编程思想真正渗透到学生学科课程之中时，才能真正发挥儿童编程教育真为儿童发展的作用。此外，不论是学校环境抑或是课外培训的形式，教育工作者都要真正做到为儿童编程创设真正自由探索的空间，以学生为中心，让他们真正通过"制造与设计"来学习。通过我们调研发现，已经开展编程教育活动的小学或儿童编程科技公司关于儿童编程课程体系大多是既定的，或许这有利于教学活动的有序开展和儿童编程学习后的评价，但也违背了创设学习空间，让儿童自我建构知识的本真之意。当然我们并非否定通过已有且成熟的课程体系来开展编程教学，但更提倡在教学形式框架中，能够给儿童更加自由开放的探索环境，关注儿童编程

学习过程中某些"强大且奇特"的想法，不以单一的评价标准来规范儿童学习行为，鼓励儿童积极探索、建构、沟通与合作，帮助儿童在此过程中多种能力的习得与发展。

（四）结合学科知识，达到编程思维方式与课程领域的深度融合

通过对派珀特早期儿童编程教育思想的追溯以及其后发展的归纳整理，我们认为儿童编程教育的本质并非为了在儿童早期进行程序编写，而是将编程作为一种"新文化"，编程活动的开展能够为儿童提供思维方式以及表达交流的形式支持。故儿童编程教育的学校开展并非要如语文、数学一样成为一门独立的学科，这至少到目前为止还不现实，我们希望编程思想以及思维方式能够渗入各学科领域，与恰当的学科课程内容有机结合，以计算式思考的方式来帮助儿童更好地学习课程内容，了解事物逻辑规律。多弗·塞德曼（Dov Seidman）指出，方式有时是能决定一切的，在方式时代，怎么做远比做什么更重要，① 教育的真谛，就是当人忘记一切所学之后剩下的东西，儿童编程教育之于儿童的最大财富正是编程思维方式，编程思维与学科内容的深度结合才是儿童编程教育的最终的发展所指。

（五）面向未来发展，帮助儿童掌握生存发展技能

儿童编程教育不应单纯地作为儿童竞赛加分项和儿童未来职业的预演，而应是一种读写能力的教育，通过形成一种人工智能时代的生存技能与方式，突破时空界限来表达思想与创造作品，以帮助儿童适应面向未知的未来。有专家预言，当代儿童面临的未来职业有三分之二是现在所没有的，人工智能以及机器人技术所拥有的海量存储以及快速算法将取代人类的多数工作，只有人类经由实践操作所升华而来的智慧与技能才是不可被替代的，故当代教育的理想模式并非是按原有的填鸭方式进行知识教授，而是要传授给学生结构化的知识和建构知识的能力。家长、教师、儿童编程研发团队抑或是企业团体应当达成共识，在儿童早期教授编程知识，并不是要倡导所有的儿童都成为软件工程师，而是希望他们具备计算思维能力，成为面向时代数字化产品的生产者，并非是完全的"屏幕"消费者，就如从小教儿童读书写字，并不是期望每个孩子都

① ［美］多弗·塞德曼：《HOW 时代方式决定一切》，陈颖译，广东出版集团 2009 年版。

能成为职业作家一样。雅典时期，不具备读写能力的人被排除在权力结构之外，那在未来不具备计算与程序思维的人也可能遭到时代的淘汰，故儿童编程教育的开展应当面向儿童的未来生存与发展，培养学生创造性地思考以及综合解决问题的能力，帮助儿童更好地适应未来世界所面临的诸多"不确定性"问题。

二　教学实施层面

计算机化的编程方式与非计算机化的编程方式具有各自不同的特点与适用条件，并以或独立或组合的形式存在于编程教育活动中，其相互之间并无优劣之分，而是以各自不同的侧重点助力编程活动的实践。同时，在学校推广编程教育实践过程中，应结合各地学校的具体情况，例如当我们缺乏大量的硬件基础设施时，我们应多设计一些基于具身认知的编程教学活动，不仅让学生思维动起来，身体也动起来。基于对不同种编程方式特点的分析与比较，我们提出了对儿童编程教育教学实施的未来愿景，以期为儿童编程教育的开展提供方向指引。

（一）各显神通：编程语言设计混合化

不同的编程方式对其输入及输出环境具有不同的要求，其实施特点与依托技术决定了编程工具各自的使用环境，而其统一的培养目标带来编程语言间的互通性。不同编程方式间的完美配合能够实现编程课堂教学效果的优化。纸笔编程可以作为编程活动的辅助手段，成为开展编程活动的指导"图纸"。图形化编程继而将"图纸"中呈现的思维预设转换为虚拟环境中的实验验证，通过计算机提供的网络环境形成活动可行方案，并对方案进行修正及优化。在物理条件允许的情况下，通过有形编程、机器人技术在真实物理环境中完成活动设计，其中蕴含的编程原理可通过文本编程以及更为复杂抽象的纸笔编程方式进行展现。从展现预设问题解决方案的纸上"代码"到验证与优化设计方案的图形化编程，再至依托真实环境开展的编程形式，形成编程活动的方案预设、方案验证调整及优化、方案实现的思维流程。不同编程方式间并不是相互隔离、水火不容的割裂现象，而应相互配合，为儿童打造流畅、丰富的编程学习环境。

（二）降低门槛：编程学习入门简单化

编程教育的实践是一个长期的过程，儿童编程兴趣的培养无疑是编程教育开展的重中之重，在编程教育引入儿童教学课堂的初期，激发儿童对编程的兴趣、形成儿童对编程活动的正向反馈尤为关键。因此，编程入门工具的选择不宜过于复杂，应依据儿童年龄及认知理解程度选择较为简易的编程方法，以实现编程活动的"低地板"，为更多的儿童提供编程的机会。不插电编程可以作为编程启蒙，启迪儿童对编程活动的理解及对编程课堂的兴趣。因幼儿对有形物品的探索性更强，有形编程被认为是适合于幼儿的编程方式。针对年龄较大的儿童，图形化编程往往被作为儿童学习编程的初始语言，儿童的创造力在图形化编程活动中显现，不同程序块间的调整与组合中孕育着编程的"文学"。在一定程度上，文本编程更适合高级的专业人士使用，相较于其他类型的编程方式，文本编程语言因其单一的使用界面及复杂的代码形式，并不是向年轻学习者传递编程概念最有效的方式。儿童接触编程的初始工具应符合儿童的认知需求，以简单、通俗为主。

（三）寓教于乐：编程教学开展游戏化

编程课堂以培养儿童编程思维能力为目标指向，游戏化教学是开展编程活动的最好的教学方式。通过组织游戏活动，为编程课堂创建编程活动的游戏化情境，帮助儿童树立学习编程的兴趣，以游戏驱使儿童完成教学任务，激励儿童动手实践，促进儿童之间的合作，在活动过程中培养儿童的交流协作能力，帮助儿童实现"做中学"以及"教中学"。游戏化学习的方式贯穿编程教育的始终，游戏是皮亚杰所指出的儿童在同化与顺应中达到动态平衡的学习方式，是派珀特所提出的儿童在探索、设计和建造活动中的行为载体，也是雷斯尼克所认为的儿童创造性表达的一种激发形式，游戏化编程的课堂氛围应以轻松愉快为主，鼓励儿童动手操作、深入思考，从而培养儿童解决问题的能力，发展儿童的计算思维。通过游戏设计设定编程活动的起点、促进编程活动过程的开展、引导儿童实现编程活动方案。设计完备的游戏化教学方案是探索适合儿童进行编程活动课堂模式的重要突破口之一，帮助儿童在编程课堂中收获乐趣与技能。

第三节 面向未来脑科学阐释机制的 儿童编程教育发展

脑科学的发展能够更加精准地解释编程过程背后涉及的认知机制，为儿童编程教育提供更加可靠的依据。脑科学狭义上也被称为神经科学，其中教育神经科学是神经科学、认知科学与教育学等不同学科交叉融合的新兴学科。近年教育神经科学已成为许多国家教育发展战略的基础，它的研究成果也为教育政策与实践提供了严格、系统、科学的证据。值得注意的是，在有效落地儿童编程教育已成为当前研究热点的背景下，增强儿童编程落地的有效性离不开对于儿童编程认知机制的探索，正如 Fedorenko 等人的观点，理解编程的认知和神经基础可以有助于破译人类思维结构，[1] 对儿童编程认知机制的明晰也将有助于更有针对性地改善儿童编程教育方式。

一 编程语言与人类语言机制相关

关于人类大脑如何广泛地适应编程的假设中，一个较为流行的观点是代码理解循环利用人类语言机制。由于编程语言与自然语言在"语法"与"语义"上的相似性，探索计算机编程的认知机制中自然语言的重要性受到了广泛关注。自然语言与计算机语言的相似性在于它们都依赖于有意义的结构模块，如单词、短语、函数等，自然语言的某些特征可能会在编程语言中得以复制，即使编程语言设计者并没有意识到这一点，这种现象最简单的例子就是在编程中被称为"巴科斯——诺尔形式"，即在语言学中的"无上下文短语结构语法"。[2] 自然语言和编程语言的相似性早在 20 世纪 70 年代就已经被相关研究者所关注，之后逐渐被重视，如 1993 年 John S. Murnane 就在其文章中就提及了编程语言与自然语言的关

---

[1] Fedorenko, E., Ivanova, A., Dhamala, R., & Bers M U., "The Language of Programming: A Cognitive Perspective", *Trends in Cognitive Sciences*, Vol. 23, No. 7, 2019, pp. 525–528.

[2] Tseytin, G. S., Features of Natural Languages in Programming Languages. Studies in Logic and the Foundations of Mathematics, 1973, pp. 215–222.

系，这种关系当前仍然被编程认知机制的相关研究者所关注，如费多伦科在其 2019 年的相关研究中指出传统上编程除与科学、技术、工程和数学（STEM）学科相结合外，编程也与自然语言相似，这些相似性可能会转化为重叠的处理机制。[①] 然而，虽然关于语言与编程的认知机制的诸多思考由来已久，但由于以往技术条件限制，鲜少有人通过实验进行分析编程和语言在大脑认知机制上活动的差异。[②] 随着脑科学的发展，功能性磁共振成像（FMRI, Functional Magnetic Resonance Imaging）的出现以及应用促进了对自然语言和计算机编程相关性的探究。许多认知过程会引起特定大脑区域、网络中的活动，因此在具有已知功能的特定区域或网络中观察感兴趣任务的活动可以表明哪些认知过程可能参与了该任务，FMRI 实验就利用了这种对大脑区域活动图像的观察。波特诺夫等人于 2014 年发表的 FMRI 相关研究证实，对计算机程序的理解发生的区域与大脑中处理自然语言的区域相同，这一发现使人们重新认识到了编程语言在编程教育中的重要性，以及自然语言和编程语言的密切联系，同时他们还认为编程语言对于教育十分重要，编程语言在程序员的大脑中像他们所说的任何自然语言一样活跃，这对于丰富编程语言方面的认知具有深刻的教学意义。[③] 同年，Siegmund 等人也通过 FMRI 发现了代码理解与工作记忆、注意力和语言处理有关。[④]

虽然波特诺夫等人的 FMRI 研究已经证实代码理解和自然语言在大脑中处于相同的区域，但是此领域的研究还未停止。关于编程与语言的相似性，除了相关实验探究，还在其他方面有所体现，如在自然语言对于编程语言的替代性的可能性考量以及在符号的使用上。首先，在编程语言的替代性上，由于计算思维等概念相对于编程更加重要的观点，并且

---

① Fedorenko, E., Ivanova, A., Dhamala, R., & Bers, M. U., "The Language of Programming: A Cognitive Perspective", *Trends in Cognitive Sciences*, Vol. 23, No. 7, 2019, pp. 525–528.

② Fedorenko, E., Ivanova, A., Dhamala, R., & Bers, M. U., "The Language of Programming: A Cognitive Perspective", *Trends in Cognitive Sciences*, Vol. 23, No. 7, 2019, pp. 525–528.

③ Portnoff, S. R., "The Introductory Computer Programming Course is First and Foremost a Language Course", *ACM Inroads*, Vol. 9, No. 2, 2018, pp. 34–52.

④ Siegmund, J., Kästner, S., & Apel, S., et al., Understanding Source Code with Functional Magnetic Resonance Imaging. Proceedings of the 36th International Conference on Software Engineering, New York: ACM, 2014, pp. 378–389.

出于更加高效地教授计算概念，并增多使用者成为技术生产者的目的，2017 年 Good 等人考虑用"计算符号"帮助个人发展他们在现实世界环境中对计算或使用计算的理解，他们主要考虑了自然语言作为"计算符号"的可能，并质疑它是否可能是替代传统编程语言的首选符号，[①] 结果显示自然语言用于帮助程序理解和调试时是有益的。其次，在符号的使用上，2019 年贝斯等人的研究中主张将编码作为一种识字活动，他们认为当学习者学习一种编程语言时，会获得一个符号系统，可以用来创造性地表达自己并与他人交流，培养编程能力可以通过增强语言的流畅性来促进。[②] 这一观点与刘云飞等人的研究结论相似，他们通过 FMRI 实验观察代码理解和其他认知领域之间的重叠，研究结果显示语言和代码的横向性在个体之间共同变化，包括代码在内的文化符号系统依赖于大脑中的一个独特的前顶皮质网络，[③] 由此可以发现语言与代码在大脑认知机制中具有密切的联系。

此外，除了对编程和语言的相关性发现，Fedalenko 等人的研究还指出绝大多数编程语言直接依赖于程序员对自然语言中特别是有关"英语"的知识。[④] 编码中有许多关键字、可变名称、函数名称和应用程序编程接口遵循指示其功能的命名规定，而"不直观"的命名增加了使用者的认知负荷，[⑤] 并阻碍了使用者对程序的理解，[⑥] 此时自然语言语义的重要性

①　Good, J., & Howland, K., "Programming Language, Natural Language? Supporting the Diverse Computational Activities of Novice Programmers", *Journal of Visual Languages and Computing*, Vol. 39, pp. 78 – 92.

②　Fedorenko, E., Ivanova, A., Dhamala, R., & Bers, M. U., "The Language of Programming: A Cognitive Perspective", *Trends in Cognitive Sciences*, Vol. 23, No. 7, 2019, pp. 525 – 528.

③　Liu, Y. – F., Kim, J., Wilson, C., & Bedny, M. (2020). Computer Code Comprehension Shares Neural Resources with Formal Logical Inference in the Fronto-parietal Network. ELife, 9, e59340.

④　Fedorenko, E., & Thompson-Schill, S. L., "Reworking the Language Network", *Trends in Cognitive Sciences*, Vol. 18, 2014, pp. 120 – 126.

⑤　Fakhoury, S., Ma, Y., & Arnaoudova, Y., et al., The Effect of Poor Source Code Lexicon and Readability on Developers' Cognitive Load. Proceedings of the International Conference on Program Comprehension (ICPC), 2018, pp. 286 – 296.

⑥　Lawrie, D., Morrell, C., Field, H., &Binkley, D., What's in a Name? A Study of Identifiers. 14th IEEE International Conference on Program Comprehension (ICPC'06), New York: ACM, 2006, pp. 3 – 12.

进一步凸显出来，母语为非英语的人往往难以学习基于英语的编程语言。[①] 此外，计算机代码通常伴随着注释以及相关文档，这些文档有助于框架程序的理解，因此处理代码的过程必然涉及计算机和自然语言知识的紧密结合。华盛顿大学 Prat 等人于 2020 年的一项研究也发现与数学相比，学习代码更像是学习汉语和西班牙语，同时他们的研究也指出个人学习第二语言能力的差异预测了学习程序的能力。[②] 有相关研究在更加详细地探究语言涉及的大脑网络时，发现大脑对语言的反应被观察到在左前叶前颞叶语言网络区域。然而，虽然大部分研究显示自然语言与编码相关，但是 2017 年 Floyd 等人的研究却发现编程语言与自然语言的神经学表征是不同的。[③] 并且，2020 年 Ivanova 的研究也得出了类似结论，即成功地理解计算机代码可以在不参与语言网络的情况下进行。[④] 因此，当前关于自然语言和编程的关系仍存在争议，相关研究也在持续不断探索中。

二 编程活动与多需求网络（MD）区域相关

虽然以往有众多研究显示大脑中处理自然语言区域与计算机编程关联密切，但是最近麻省理工学院的神经科学研究者发现阅读计算机代码并不能激活大脑中涉及语言处理的区域，相反它激活了一个称为多需求网络的分布式网络，即多需求网络（Multiple Demand Network，MD）区域。MD 区域并非某一特定区域，而是脑中部分区域的集合，主要包括双侧额叶和顶叶区域。MD 区域是大脑中广泛连接的中心之一，它与其他大

① Guo, P. J., Non-Native English Speakers Learning Computer Programming: Barriers, Desires, and Design Opportunities. Proceedings. ACM Conference on Human Factors in Computing Systems (CHI), 2018, pp. 1 – 14.

② Prat, C. S., Madhyastha, T. M., & Mottarella M J., et al., "Relating Natural Language Aptitude to Individual Differences in Learning Programming Languages", *Scientific reports*, Vol. 10, No. 1, 2020, pp. 1 – 10.

③ Floyd, B., & Santander, T., & Weimer, W., Decoding the Representation of Code in the Brain: An FMRI Study of Code Review and Expertise. International Conference on Software Engineering, New York: ACM, 2017, pp. 175 – 186.

④ Ivanova, A. A, Srikant, S., & Sueoka, Y., et al. (2020). Comprehension of Computer Code Relies Primarily on Domain-general Executive Brain Regions. Elife, 9, e58906.

脑网络有动态的、依赖于任务的连接。有实验以猴子为对象对 MD 区域进行了分析，成像数据表明猴子 MD 网络与人脑有些相似，包括横向正面、前额和下部皮层区域。MD 系统可以将复杂问题划分为不同部分，从而在构建成的组件片段中起着关键作用。这一观点支持了 Duncan 等人的观点，即智能行为通过组装一系列子任务、创建结构化的心理程序来实现目标，而 FMRI 的数据结果表明 MD 皮层在定义和控制此类程序的各个部分方面都发挥着关键作用。Duncan 等人认为 MD 皮层的心理程序类似于人工智能中的解决结构化问题，似乎是智能思维和行动的核心。①

Fedalenko 等人指出 MD 系统可以在短期内灵活地存储任务相关信息。随着研究的不断推进，Amalric 等人于之后的研究更加详细地显示出 MD 系统可以长期存储一些特定领域的表征，可能用于进化后期出现和个体遗传后期获取的知识领域。Assem 等人指出此网络参与执行过程，如注意力、工作记忆和认知控制。此外，该网络也被用于复杂的认知任务，如解决数学问题或填字游戏。MD 网络以上的广泛作用引起了相关研究者的注意，并将其引入了编程的认知机制进行分析。在最新的研究中，Ivanova 等人研究了 MD 和语言系统对以 Python（基于文本的编程语言）和以 Scratch（图形化编程语言）编写的代码的响应，发现 MD 系统在两个实验中都表现出了对代码的强烈响应，语言系统对句子问题的反应强烈，而对代码问题的反应则极其微弱。他们的研究结论主张参与程序理解的主要是 MD 区域，而不是语言区域，但是在他们的研究中也同时指出了当语言系统还在发展时，特别是在儿童代码中，语言系统或一般语义系统可能在学习处理计算机代码中发挥作用。此外，他们还发现代码处理广泛分布于 MD 系统，而不是集中于一个特定区域或一个小子集。总的来说 MD 系统对代码的响应很强，代码理解得到了 MD 系统的广泛支持，但此系统在功能上没有专门处理计算机代码的区域。②

综上可以发现，通过以往研究发现虽然近年来针对计算机编程背后

---

① Erez, Y., & Duncan, J., "Discrimination of Visual Categories Based on Behavioral Relevance in Widespread Regions of Frontoparietal Cortex", *Neurosci*, Vol. 35, 2015, pp. 12383–12393.

② Marc, D., "The Faculty of Language: What Is It, Who Has It, and How Did It Evolve?", *Science*, Vol. 298, No. 5598, 2002, pp. 1569–1579.

的认知机制以及脑回路已经进行了诸多探索，但是仍未形成统一的、确切的结论。分析其原因，不排除源于计算机编程自身作为一系列反应的综合系统具有一定复杂性，其背后所涉及认知机制以及脑回路有诸多关联。当前关于编程背后的认知机制的观点主要为两部分：一种为编程认知机制与自然语言相关，另一种为编程认知机制与 MD 区域相关，并且从最近的研究结论中可以发现，MD 区域似乎相比于自然语言区域对编程的响应更加强烈，但是关于自然语言与编程的相关关系至今也还未有明确定论，虽然当前的实验研究中大部分研究者给予了肯定态度，但是少部分研究则持怀疑态度，并且随着年龄的增长理解代码的脑科学机制是否会发生改变等问题也未有十分科学的结论，尚待更深入的研究。

三 基于脑科学研究证据的儿童编程教育发展建议

儿童学习与理解编程过程并不是一个单一的线性过程，也并非独立依赖于大脑的某一确定区域，其中编程不同的阶段依赖于脑部的不同区域，且不同区域之间协调配合，在不同阶段发挥功能有所侧重。脑部的正常发展是儿童编程教育正常且高效进行的前提。大脑区域中即额叶、顶叶和颞叶对于编程工作来说都极为重要，因此可以发现培养学生编程首先要顺应脑的认知机制。以往研究也同样指出学习是建立在神经网络的突触活动和神经递质的合成与分泌的过程中，是中枢神经系统的整体功能，而不是几个分离的脑区或核团就可以完成的。

第一，要培养教育工作者对于儿童大脑发展的认知与意识。儿童编程教育主要由教育工作者来进行引导，教育工作者对于儿童脑部认知和发展的关注直接影响儿童对于编程的学习。脑科学家彼得森（Pedersen）认为，为了遵循儿童早期学习的脑活动机制、设计符合大脑规律的教育活动，教育者应该提供有意义的、第一手的经验。[①] 将编码视为一种有意义的活动，而不仅仅是解决问题的技能，对课堂教学和编程的学习都有积极影响。此外，教育工作者也要根据学习编程的认知机制设置课程计划。编程涉及额叶和顶叶等区域，教育工作者在设计课程时要分析此部分认知机制特点，更加有依据地科学教授课程。

---

① 王成刚：《脑科学视野中的儿童早期教育》，硕士学位论文，上海师范大学，2005 年。

第二，关注儿童脑的正常发育，保障生理运转的正常供给，即关注儿童发展中的"营养供给 + 适度锻炼"。无论是语言还是数学逻辑的发展都依赖于其背后的脑部认知机制，MD 区域也更加直观地体现了编程过程中认知机制的作用。MD 区域以及语言、数学背后的脑部区域都离不开脑功能的正常运转。因此除了关注儿童编程的教学内容以外，对于儿童大脑的正常发育的关注也十分重要。大脑发育是一个极其复杂又被精确调控的过程，主要包括神经前体细胞增殖和分化、神经元迁移和形态发生（包括轴、树突发育）、突触形成与修剪、轴突髓鞘化、神经网络的形成与重塑等过程，最终形成功能完善的神经系统。儿童脑的正常发育是编程的基础条件，因此首先要为脑部相关区域正常发展提供一定的必要条件。

第三，要使儿童进行适当的锻炼，设计大量的基于具身认知的编程教学活动。Kolb 等人的研究显示：发育成熟的大脑在受到长期的学习训练干预之后，其结构仍然可以发生改变，[①] 此外脑科学研究成果表明，科学、合理的体育运动不仅能够提高儿童的身体素质、身体机能，塑造良好的身体形态，还能影响和促进大脑的发育，从而保障儿童的身心健康发展，提高认知能力与学业成绩。这些研究均表明大脑皮质之外的因素影响了大脑之内进行的思考，[②] 我们应认识到具身活动对儿童发展早期，脑还在不断被塑造过程之中的意义，这不仅可以帮助我们设计更科学的编程教学活动，更能帮助儿童尽其所能地学习与思考。因此，教育工作者在进行宏观课程构建时要注重身体活动与脑的连接，不能把非计算机化的教学活动设计成类似于填表格的"考试"，也不能长期让儿童静坐在计算机面前进行编程，而更应在课堂中不断地交流、自由移动以此激发儿童更好地通过程序创造项目的价值。

第四，区分程序语言与自然语言之间的逻辑关系。程序语言与人类的自然语言虽然都称为语言，但无论在语言系统的基本要素组成上，还是在激活的脑区功能上都存在着本质性的区别。语音、词汇和语法是传

---

① 姜义圣、许执恒：《脑发育疾病及发病机制》，《遗传》2019 年第 41 卷第 9 期。

② ［美］西恩·贝洛克：《身体如何影响思维和行为》，李盼译，机械工业出版社 2021年版。

统自然语言系统的基本要素，承担着记录和传递信息的作用，程序语言则以逻辑符号来表示问题解决的过程，显然与自然语言的工作过程是不同的，并且自然语言的语义表达不如程序语言具有结构性与精准性，这就像有时我们的一句话具有多种层面的意思一样，而程序语言则必须精准以达到能够让计算机准确无误地识别。因此，程序语言较强的结构性和逻辑性正是其能够训练儿童思维技能的秘诀所在，尤其是被功能块"包装"的图形化编程软件，在淡化了文本编程自然语言的"神秘"色彩的同时，也简化了自然语言的层次和结构。但自然语言也为编程语言的学习提供了文字和符号基础。语言学习与思维的发展密不可分，因此，无论是编程工具的研发还是教学设计中都要重视儿童学习在认知和理解上的衔接性，通过编程语言的"编程逻辑"与自然语言的"通用逻辑"建立教学桥梁，在教学中彼此互相渗透，相得益彰。

当然，我们也必须辩证看待基于脑科学提供的发展儿童编程教育的依据，不能一味觉得越微观越正确。认知神经科学通过脑电以及功能性磁共振成像技术等发现的事实性的知识为教育教学提供了证据性支持和教学经验，但这一"事实"的真实性还取决于操作中技术和方法的科学性与可信性。单凭神经生理学本身难以与教育产生关联，而心理学则架起了两者之间沟通的桥梁。作为最早探讨神经科学发现与教育应用作用的研究者，约翰·布鲁尔（John Bruer）曾指出，"心理、脑与教育"这一术语从另一层面隐喻了脑无法直接与教育相连，而解决该问题的关键即以认知心理学为中间着陆点，建立教育与神经科学的联系。[①] 其中对于脑结构功能及其生理机制的剖析是认识教育认知神经科学的根本，而对学习心理的解读是连接脑与教育的关键。但这一间接性的关系为神经生理学在教育中的应用埋下了"怀疑"的种子，认知神经科学能否为教育教学带来颠覆性的变革还有待实践的长期考证。正如中国心理学会原理事长张侃教授所言，大部分所谓的脑科学研究就是看哪个脑区的活动、哪个核团的功能、哪个细胞内外离子的运动等，试图以机械论还原代替研究对象本身，这不仅在哲学层面难以立足，实际结果必然走向无知论，

① Bruer, J. T., "Education and the Brain: A Bridge too Far", *Educational Researcher*, Vol. 26, No. 8, 1997, pp. 4 – 16.

进而变相忽略了对人的研究。① 因此，我们要立足于编程教育的教育性为第一准绳，以"儿童（人）"为研究对象，注重人本身的特性及人类发展的本质。同时，应当借助于编程活动中脑区激活的证据辅助我们更科学地开展编程教学设计与实践活动，积极将儿童编程教育与前沿科技、先进技术范式接轨，从中汲取"灵感"与"养分"，让儿童编程教育的发展持续焕发本有的"五光十色"，惠及所有儿童，使其成为人工智能时代的主宰。

---

① ［美］爱利克·埃里克森：《游戏与理智——经验仪式化的各个阶段》，罗山译，世界图书出版公司 2019 年版。

参考文献

中文类

著 作

艾格·勒贝奇、多米尼克·朱利亚：《西方儿童史（上卷）：从古代到17世纪》，卞晓平、申华明译，商务印书馆2016年版。

爱利克·埃里克森：《游戏与理智——经验仪式化的各个阶段》，罗山译，世界图书出版公司2019年版。

曹三省、周胜：《信息技术与计算机科学进展及应用》，中国商务出版社2008年版。

多弗·塞德曼：《HOW 时代方式决定一切》，陈颖译，广东出版集团2009年版。

西恩·贝洛克：《身体如何影响思维和行为》，李盼译，机械工业出版社2021年版。

付少雄：《工业机器人编程高手教程》，机械工业出版社2020年版。

怀特海：《思维方式》，刘放桐译，商务印书馆2010年版。

吉尔·多维克：《计算进化史——改变数学的命运》，劳佳译，人民邮电出版社2017年版。

卡尔·雅贝尔斯著：《什么是教育？》，童可依译，生活·读书·新知三联书店2021年版。

卡兹：《数学史通论（第2版）》，李文林、王丽霞译，高等教育出版社2004年版。

康德：《论教育学》，赵鹏译，上海人民出版社2005年版。

李季湄、冯晓霞：《3—6 岁儿童学习与发展指南》，人民教育出版社 2013年版。

林崇德：《发展心理学》，人民教育出版社 2018 年版。

林崇德：《学习与发展：中小学生心理能力发展与培养》，北京师范大学出版社 2003 年版。

林崇德：《中学生心理学》，中国轻工业出版社 2022 年版。

刘兴祥、崔永梅：《计算工具发展史》，《延安大学学报》（自然科学版）2006 年第 4 期。

罗伯特·J. 马扎诺：《教育目标的新分类学》，教育科学出版社 2012年版。

马丁·坎贝尔-凯利、威廉·阿斯普雷：《计算机简史》，蒋楠等译，人民邮电出版社 2022 年版。

玛丽娜·U. 伯斯：《编程游乐园——让儿童掌握面向未来的新语言》，王浩宇译，清华大学出版社 2019 年版。

诺姆·乔姆斯基：《乔姆斯基精粹》，李梅译，上海人民出版社 2021年版。

乔·L. 弗罗斯特：《游戏与儿童发展》，唐晓娟、张胤、史明洁译，机械工业出版社 2019 年版。

渠敬东、王楠：《自由与教育——洛克与卢梭的教育哲学》，生活·读书·新知三联书店 2019 年版。

让·皮亚杰、英海尔德：《儿童心理学》，吴福元译，商务印书馆 1980年版。

让·皮亚杰：《儿童的心理发展（心理学研究文选）》，傅统先译，山东教育出版社 1982 年版。

让·皮亚杰：《教育科学与儿童心理学》，杜一雄、钱心婷译，教育科学出版社 2018 年版。

陶宗仪：《南村辍耕录》，中华书局 2004 年版。

薛维明：《中英文 LOGO 程序设计及教学应用》，清华大学出版社 1993年版。

赵欢：《大学计算机基础：计算机科学概论》，人民邮电出版社 2007年版。

中华人民共和国教育部：《义务教育阶段信息技术课程标准》，北京师范
　　大学出版社 2022 年版。

中华人民共和国教育部：《义务教育小学科学课程标准》，北京师范大学
　　出版社 2018 年版。

邹海林、柳婵娟：《计算机科学导论》，科学出版社 2015 年版。

　　学位论文

李琪琪：《澳大利亚中小学生信息技术素养》，硕士学位论文，华中师范
　　大学，2020 年。

刘博：《计算工具发展研究》，硕士学位论文，辽宁师范大学，2016 年。

石晋阳：《儿童编程学习体验研究》，博士学位论文，南京师范大学，
　　2018 年。

王成刚：《脑科学视野中的儿童早期教育》，硕士学位论文，上海师范大
　　学，2005 年。

　　期刊论文

白倩、冯友梅、沈书生、李艺：《重识与重估：皮亚杰发生建构论及其视
　　野中的学习理论》，《华东师范大学学报》（教育科学版）2020 年第 38
　　卷第 3 期。

辜鸿鹦：《中国古代数学与现代计算机》，《文史杂志》2010 年第 5 期。

姜义圣、许执恒：《脑发育疾病及发病机制》，《遗传》2019 年第 41 卷第
　　9 期。

康建朝：《芬兰中小学编程教育的缘起、实践路径与特征》，《电化教育研
　　究》2021 年第 42 卷第 8 期。

李清月：《小学生编程学习态度的调查研究》，《中国现代教育装备》2020
　　年第 12 期。

刘敏、汪琼：《结对编程：中小学编程教育的首选教学组织形式》，《现代
　　教育技术》2022 年第 32 卷第 3 期。

钱颖一：《批判性思维与创造性思维教育：理念与实践》，《清华大学教育
　　研究》2018 年第 39 卷第 4 期。

山内祐平：《教育工学とアクティブラーニング》，《日本教育工学会論文
　　誌》2018 年第 3 期。

盛群力:《旨在培养解决问题的高层次能力——马扎诺认知目标分类学详解》,《开放教育研究》2008 年第 14 卷第 2 期。

孙金友:《计算机发展简史》,《学周刊》2014 年第 13 期。

孙立会:《聚焦思维素养的儿童编程教育:概念、理路与目标》,《中国电化教育》2019 年第 7 期。

孙立会、刘思远、李曼曼:《面向人工智能时代儿童编程教育行动路径——基于日本"儿童编程教育发展必要条件"调查报告》,《电化教育研究》2019 年第 40 卷第 8 期。

孙立会、王晓倩:《儿童编程教育实施的解读、比较与展望》,《现代教育技术》2021 年第 31 卷第 3 期。

孙立会、王晓倩:《计算思维培养阶段划分与教授策略探讨——基于皮亚杰认知发展阶段论》,《中国电化教育》2020 年第 3 期。

孙立会、周丹华:《基于 Scratch 的儿童编程教育教学模式的设计与构建——以小学科学为例》,《电化教育研究》2020 年第 41 卷第 6 期。

孙立会、周丹华:《国际儿童编程教育研究现状与行动路径》,《开放教育研究》2019 年第 25 卷第 2 期。

屠明将、刘义兵、吴南中:《基于 VR 的分布式教学:理论模型与实现策略》,《电化教育研究》2021 年第 1 期。

王海鹏、朱青云、郭子叶:《男女图形化编程学习差异性研究》,《中国教育技术装备》2018 年第 14 期。

王宏燕:《英国:编程教育进入国家课程》,《上海教育》2016 年第 2 期。

王可佳、任亚杰:《基于爱沙尼亚数字化教育系统对我国教学的启示》,《数字通信世界》2021 年第 12 期。

王琳、耿凤基、李艳:《编程学习与儿童认知发展关系的探讨》,《应用心理学》2021 年第 27 卷第 3 期。

王旭卿:《派珀特建造主义探究——通过建造理解一切》,《现代教育技术》2019 年第 1 期。

王哲然:《第一台获得专利的计算机——帕斯卡计算机》,《自然科学博物馆研究》2020 年第 5 卷第 2 期。

张华:《论学科核心素养——兼论信息时代的学科教育》,《华东师范大学学报》(教育科学版)2019 年第 37 卷第 1 期。

朱小妮、熊冬春、戈琳、曾培辉、许引、李镇慧：《国外跨学科融合的编程教学模式研究——以芬兰、日本的编程为例》，《中国信息技术教育》2021 年第 3 期。

网络文献

百度百科：《编程》，2022 年 5 月 4 日，https：//baike. baidu. com/item/% E7% BC% 96% E7% A8% 8B/139828。

编程猫：《编程猫社区》，2022 年 5 月 9 日，https：//shequ. codemao. cn/ course。

文部科学省：《令和元年度 小学校プログラミング教育指導案集》，[2020 - 04 - 13]（2022 - 04 - 16）. https：//www. mext. go. jp/a_menu/ shotou/zyouhou/detail/mext_1421730. html.

文部科学省：《「小学校プログラミング教育の手引」の改訂（第三版)》，[2021 - 11 - 02]（2022 - 04 - 16）. https：//www. mext. go. jp/a_menu/ shotou/zyouhou/detail/1403162. htm.

文部科学省：《「小学校プログラミング教育の手引」の改訂（第三版)》，[2021 - 11 - 02]（2022 - 04 - 16）. https：//www. mext. go. jp/a_menu/ shotou/zyouhou/detail/1403162. htm。

会议论文

安建新：《利用多元化工具培养学生的"编程思维"》，数字教材·数字化教学——第四届中小学数字化教学研讨会论文案例集中小学数字化教学研讨会会议论文集。

英文类

著 作

Bers, M. U., *Designing Digital Experiences for Positive Youth Development*: *From Playen to Playground*, Oxford：The Oxford Press，2013.

Bers, M. U., *Coding as Playground*: *Programming and Computational Thinking in the Early Childhood Classroom*, New York：The Routledge Press，2017.

Bers, M. U., *Coding as a Playground*: *Programming and Computational Thinking in Early Childhood Classroom*, New York：Routledge Press，2018.

Bers, M. U., *Teaching Computational Thinking and Coding to Young Children*, Pennsylvania: IGI Global, 2022.

Bers, M. U. & Horn, M., S., *Tangible Programming in Early Childhood: Revisiting Developmental Assumptions Through New Technologies*, Boston: Information Age Publishing, 2010.

Denning, P. J., & Tedre, M., *Computational Thinking*, Cambridge: MIT Press, 2019.

Harel, I, & Papert, S., *Constructionis*, New Jersey: Ablex Publishing Corporation, 1991.

Harel, I., & Papert, S., *Situating Constructionism*, New York: Ablex Publishing Corporation.

HarPapert, S., & Harel, I., *Constructionism*, New Jersey: Ablex Publishing Corporation, 1991.

Holbert, N., Berland, M., & Kafai, Y. B., *Designing Constructionist Futures: The Art, Theory, and Practice of Learning Designs*, Cambridge: The MIT Press, 2019.

Martinez, S. L., & Stager, G., *Invent to Learn: Making, Tinkering, and Engineering in the Classroom*, Torrance: Constructing Modern Knowledge Press, 2013.

Papert, S., *Mindstorms: Children, Computers, and Powerful Ideas*, New York: Basic Books, 1980.

Papert S., *The Children's Machine: Rethinking School in the Age of the Computer*, New York: Basic Books, 1993.

Piaget J., *The Origins of Intelligence in Children*, New York: International Universities Press, 1952.

Piaget, J., *La Représentation du Monde Chez l'enfant*, Paris Cedex 14: Presses Universitaires de France, 2013.

Piaget, J., & Cook, M., *The Construction of Reality in the Child*, New York: Basic Books, 1995.

Resnick, M., *Lifelong Kindergarten: Cultivating Creativity Through Projects, Passion, Peers, and Play*, Boston: The MIT Press, 2017.

Resnick, M. , & Lauren, B. , *Education and Learning to Think*, Washington: The National Academies Press, 1987.

Resnick, M. , & Ocko, S. , *Lego/Logo: Learning Through and about Design*, Norwood: Ablex Publishing Corporation, 1999.

Rubie-Davies, C. , *Educational Psychology: Concepts, Research and Challenges*, New York: Routledge, 2010.

Thomas, R. M. , *Comparing Theories of Child Development*, Pacific Grove, CA: Brooks/Cole Publishing Company, 1996.

Wilson, C. , & Sudol, L. A. , *Running on Empty: The Failure to Teach K - 12*, New York: ACM, 2016.

期刊论文

Aanderson, T. , "Design-based Research and Its Application to a Call Centre Innovation in Distance Education", *Canadian Journal of Learning and Technology*, Vol. 31, No. 2, 2005.

Ackermanne, E. , "Piaget's Constructivism, Papert's Constructionism: What's the Difference", *Future of Learning Group Publication*, No. 3, 2001.

Akpinar, Y. , & Aslan, U. , "Supporting Children's Learning of Probability Through Video Game Programming", *Journal of Educational Computing Research*, Vol. 53, No. 2, 2015.

Anderson, T. , & Shattuck, J. , "Design-based Research: A Decade of Progress in Education Research?", *Educational Researcher*, Vol. 41, No. 1, 2012.

Angeli, C. , & Valanides, N. , "Developing Young Children's Computational Thinking with Educational Robotics: An Interaction Effect between Gender and Scaffolding Strategy", *Computers in Human Behavior*, Vol. 105, No. 1, 2020.

Angeli, C. , Voogt, J. , & Fluck, A. , et al. , "A K - 6 Computational Thinking Curriculum Framework: Implications for Teacher Knowledge", *Educational Technology & Society*, Vol. 19, No. 3, 2016.

Anil, D. , "Factors Effecting Science Achievement of Science Students in Programme for International Students' Achievement (PISA) in Turkey", *Egitim ve Bilim*, Vol. 34, No. 1, 2009.

Arfé, B., Vardaneg, T., & Roconi, L., "The Effects of Coding on Children's Planning and Inhibition Skills", *Computers & Education*, Vol. 148, 2020.

Asbell, C. J., Rowe, E., & Almeda, V., et al., "The Development of Students' Computational Thinking Practices in Elementary-and Middle-school Classes Using the Learning Game, Zoombinis", *Computers in Human Behavior*, 2021.

Astrachan, O., & Briggs, A., "The CS Principles Project", *Acm Inroads*, Vol. 3, No. 2, 2012.

Ballard, E. D., & Haroldson. R., "Analysis of Computational Thinking in Children's Literature for K – 6 Students: Literature as a Non-programming Unplugged Resource", *Journal of Educational Computing Research*, Vol. 59, No. 8, 2022.

Bannan, R. B., "The Role of Design in Research: The Integrative Learning Design Framework", *Educational Researcher*, Vol. 32, No. 1, 2003.

Barr, V., & Stephenson, C., "Bringing Computational Thinking to K – 12: What is Involved and What is the Role of the Computer Science Education Community?", *ACM Inroads*, Vol. 2, No. 1, 2011.

Berland, M., & Wilensky, U., "Comparing Virtual and Physical Robotics Environments for Supporting Complex Systems and Computational Thinking", *Journal of Science Education and Technology*, Vol. 24, No. 1, 2015.

Bers M U., "The TangibleK Robotics Program: Applied Computational Thinking for Young Children", *Early Childhood Research and Practice*, No. 2, 2010.

Bers, M. U., "The Seymour Test: Powerful Ideas in Early Childhood Education", *International Journal of Child-Computer Interaction*, Vol. 14, 2017.

Bers, M. U., Flannery, L. P., & Kazakoff, E. R., et al., "Computational Thinking and Tinkering: Exploration of an Early Childhood Robotics Curriculum", *Computers & Education*, 72, 2014.

Bers, M. U., Ponte, I., & Juelich, K., et al., "Teachers as Designers: Integrating Robotics into Early Childhood Education", *Information Technology in Childhood Education*, No. 1, 2002.

Brown, J. S., Collins, A., & Duguid, P., "Situated Knowledge and the Culture of Learning", *Educational Researcher*, No. 1, 1989.

Brown, N. C. C., Sentence, S., & Crick, T., "Simon Humphreys Restart: The Resurgence of Computer Science in UK Schools", *ACM Transactions on Computing Education*, Vol. 14, No. 2, 2012.

Bruer, J. T., "Education and the Brain: A Bridge too Far", *Educational Researcher*, Vol. 26, No. 8, 1997.

Bundgaard, K., & Brogger, M. N., "Who is the Back Translator? An Integrative Literature Review of Back Translator Descriptions in Cross-cultural Adaptation of Research Instruments", *Perspectives-studies in Translatology*, Vol. 27, No. 6, 2019.

Caeli, E. N., & Yadav, A., "Unplugged Approaches to Computational Thinking: A Historical Perspective", *TechTrends: Linking Research and Practice to Improve Learning*, Vol. 1, 2019.

Carey, S., Zaitchik, D., & Bascandziev, I., "Theories of Development: In Dialog with Jean Piaget", *Developmental Review*, Vol. 38, No. 1, 2015.

Cavus, N., Uzunboylu, H., & Ibrahim, D., "Assessing the Success Rate of Students Using a Learning Management System Together with a Collaborative Tool in Web-based Teaching of Programming Languages", *Journal of Educational Computing Research*, Vol. 36, No. 3, 2007.

Cetin, I., & Ozden, M., "Development of Computer Programming Attitude Scale for University Students", *Computer Applications in Engineering Education*, 23, 2015.

Clements, D. H., "Effects of Logo and CAI Environments on Cognition and Creativity", *Journal of Educational Psychology*, No. 4, 1986.

Clements, D. H., "Longitudinal Study of the Effects of Logo Programming on Cognitive Abilities and Achievement", *Journal of Educational Computing Research*, No. 1, 1987.

Clements, D. H., Saram, J., & Dine, D. W., et al., "Evaluation of Three Interventions Teaching Area Measurement as Spatial Structuring to Young

Children", *The Journal of Mathematical Behavior*, Vol. 50, 2018.

Crews, T. , & Butterfield, J. , "Gender Differences in Beginning Programming: An Empirical Study on Improving Performance Parity", *Campus Wide Information Systems*, Vol. 20, No. 5, 2018.

Cunha, F. , & Heckman, J. , "The Technology of Skill Formation", *The American Economic Review*, Vol. 97, No. 2, 2007.

Dipietro, J. A. , "Baby and The Brain: Advances in Child Development", *Annual Review of Public Health*, Vol. 21, No. 1, 2000.

Elshiekh, R. , & Butgerit, L. , "Using Gamification to Teach Students Programming Concepts Open", *Access Library Journal*, Vol. 4, No. 8, 2017.

Engestrom, Y. , "Learning by Expanding: An Activity-theoretical Approach to Developmental Research", *Educational Researcher*, No. 1, 2004.

Erez, Y. , & Duncan, J. , "Discrimination of Visual Categories Based on Behavioral Relevance in Widespread Regions of Frontoparietal Cortex", *Neurosci*, Vol. 35, 2015.

Espino, E. E. E. , & González, C. S. G. , "Estudio Sobre Diferencias de Género en las Competencias y las Estrategias Educativas Para el Desarrollo del Pensamiento Computacional", *Red Revista De Educaciã³n A Distancia*, Vol. 32, No. 32, 2015.

Fedorenko, E. , Ivanova, A. , Dhamala, R. , & Bers M U. , "The Language of Programming: A Cognitive Perspective", *Trends in Cognitive Sciences*, Vol. 23, No. 7, 2019.

Fedorenko, E. , & Thompson-Schill, S L. , "Reworking the Language Network", *Trends in Cognitive Sciences*, Vol. 18, 2014.

Feldman, D. H. , "Piaget's Stages: The Unfinished Symphony of Cognitive Development", *New Ideas in Psychology*, Vol. 22, No. 3, 2004.

Fessakis, G. , Gouli, E. , & Mavroudi, E. , "Problem Solving by 5 – 6 Years Old Kindergarten Children in a Computer Programming Environment: A Case Study", *Computers & Education*, Vol. 63, 2013.

Good, J. , & Howland, K. , "Programming Language, Natural Language? Supporting the Diverse Computational Activities of Novice Programmers", *Jour-

nal of Visual Languages and Computing, Vol. 39, 2016.

Govind, M. , & Bers, M. , "Assessing Robotics Skills in Early Childhood: Development and Testing of a Tool for Evaluating Children's Projects", *Journal of Research in STEM Education*, Vol. 7, No. 1, 2021.

Grover, S. , Jackiw, N. , & Lundh, P. , "Concepts before Coding: Non-programming Interactives to Advance Learning of Introductory Programming Concepts in Middle School", *Computer Science Education*, Vol. 29, 2019.

Grover, S. , & Pea, R. , "Computational Thinking in K – 12 a Review of the State of the Field", *Educational Researcher*, Vol. 42, No. 1, 2013.

Grover, S. , Pea, R. , & Cooper, S. , "Designing for Deeper Learning in a Blended Computer Science Course for Middle School Students", *Computer Science Education*, Vol. 25, No. 2, 2015.

Guanhua, C. , & Lauren, B. , "Assessing Elementary Students' Computational Thinking in Everyday Reasoning and Robotics Programming", *Computers & Education*, Vol. 109, No. 1, 2017.

Guzdial, M. , "Education Paving the Way for Computational Thinking", *Communications of the ACM*, Vol. 51, No. 8, 2008.

Hamner, B. , & Hawley, T. , "Logo as a Foundation to Elementary Education", *Education*, No. 4, 2001.

Harel, I. , & Papert, S. , "Software Design as a Learning Environment", *Interactive Learning Environments*, Vol. 1, No. 1, 1991.

Harvey, S. , Levin, K. A. , "Developmental Changes in Performance on Tests of Purported Frontal Lobe Functioning", *Developmental Neuropsychology*, Vol. 7, No. 3, 1991.

Hooshyar, A. D. , Malva, L. , & Yang, Y. , et al. , "An Adaptive Educational Computer Game: Effects on Students' Knowledge and Learning Attitude in Computational Thinking", *Computers in Human Behavior*, Vol. 114, 2021.

Hsu, T. , & Chang, S. , Hung, Y. – T. , "How to Learn and How to Teach Computational Thinking: Suggestions Based on a Review of the Literature", *Computers & Education*, Vol. 126, No. 1, 2018.

Israel, M. , Pearson, J. , & Tapia, T. , et al. , "Supporting all Learners in

School-wide Computational Thinking: A Cross-case Qualitative Analysis", *Computers & Education*, Vol. 82, No. 1, 2015.

Ivanova, A. A, Srikant, S., & Sueoka, Y., et al., "Comprehension of Computer Code Relies Primarily on Domain-general Executive Brain Regions", *Elife*, Vol. 9, 2020.

Judith, G. E., & Chris, S., "A Tale of Two Countries: Successes and Challenges in K–12 Computer Science Education in Israel and the United States", *ACM Transactions on Computing Education*, Vol. 14, No. 2, 2014.

Kafai, Y. B., & Burke, Q., "The Social Turn in K–12 Programming: Moving from Computational Thinking to Computational Participation", *Communications of the ACM*, Vol. 59, No. 8, 2016.

Kalelioglu, F., & Gulbahar, Y., "The Effects of Teaching Programming Via Scratch on Problem Solving Skills: A Discussion from Learners' Perspective", *Informatics in Education*, No. 1, 2013.

Katterfeldt, E., Cukurova, M., & Spikol, D., "Physical Computing with Plug-and-play Toolkits: Key Recommendations for Collaborative Learning Implementations", *International Journal of Child-Computer Interaction*, Vol. 17, 2018.

Kazakoff, E. R., & Bers, M. U., "Programming in a Robotics Context in the Kindergarten Classroom: The Impact on Sequencing Skills", *Journal of Educational Multimedia and Hypermedia*, No. 4, 2012.

Kazakoff, E. R., Sullivan, A., & Bers, M. U., "The Effect of a Classroom-based Intensive Robotics and Programming Workshop on Sequencing Ability in Early Childhood", *Early Childhood Education Journal*, No. 4, 2013.

Ke, F., & Im, T. A., "A Case Study on Collective Cognition and Operation in Team-based Computer Game Design by Middle-school Children", *International Journal of Technology and Design Education*, Vol. 24, 2014.

Kim, B., Kim, T., & Kim, J., "Paper-and-pencil Programming Strategy Toward Computational Thinking for Non-majors: Design Your Solution", *Journal of Educational Computing Research*, No. 4, 2013.

Klahr, D., & Carver, S. M., "Cognitive Objectives in a LOGO Debugging Curriculum: Instruction, Learning, and Transfer", *Cognitive Psychology*,

No. 3, 1988.

Kong, S. C., & Wang, Y. Q., "Formation of Computational Identity Through Computational Thinking Perspectives Development in Programming Learning: A Mediation Analysis Among Primary School Students", *Computers in Human Behavior*, Vol. 106, 2020.

Kuo, W., & Hsu, T. – C., "Learning Computational Thinking Without a Computer: How Computational Participation Happens in a Computational Thinking Board Game", *Asia Pacific Education Review*, Vol. 29, No. 1, 2020.

Lefmann, T., & Combs-Orme, T., "Early Brain Development for Social Work Practice: Integrating Neuroscience with Piaget's Theory of Cognitive Development", *Journal of Human Behavior in the Social Environment*, Vol. 23, No. 5, 2013.

Lehrer, R., "Logo as a Strategy for Developing Thinking?", *Educational Psychologist*, Vol. 21, No. 1, 1986.

Lipnevich, A. A., & Preckel, F., et al., "Mathematics Attitudes and Their Unique Contribution to Achievement: Going Over and Above Cognitive Ability and Personality", *Learning & Individual Differences*, Vol. 47, No. 1, 2016.

Liu, Y. – F., Kim, J., Wilson, C., & Bedny, M., "Computer Code Comprehension Shares Neural Resources with Formal Logical Inference in the Fronto-parietal Network", *ELife*, Vol. 9, 2020.

Lockwood, J., & Mooney, A., "Computational Thinking in Education: Where does it Fit? A Systematic Literary Review", *International Journal of Computer Science Education in Schools*, Vol. 2, No. 1, 2018.

Lye, S. Y., & Koh, J. H. L., "Review on Teaching and Learning of Computational Thinking Through Programming: What is Next for K – 12?", *Computers in Human Behavior*, Vol. 41, No. 1, 2014.

Maloney, J., Resnick, M., & Rusk, N., et al., "The Scratch Programming Language and Environment", *ACM Transactions on Computing Education*, No. 4, 2010.

Marc, D. , "The Faculty of Language: What Is It, Who Has It, and How Did It Evolve?", *Science*, Vol. 298, No. 5598, 2002.

Marina, U. B. , "The TangibleK Robotics Program: Applied Computational Thinking for Young Children", *Early Childhood Research and Practice*, Vol. 12, No. 2, 2010.

Martín-Ramos, P. , JoãoLopes, M. , & Silva, M. , "First Exposure to Arduino Through Peer-coaching: Impact on Students' Attitudes Towards Programming", *Computers in Human Behavior*, Vol. 76, 2017.

Mason, S. L. , & Rich, P. J. , "Development and Analysis of the Elementary Student Coding Attitudes Survey", *Computers & Education*, Vol. 153, 2020.

Master, A. , Cheryan, S. , & Moscatelli, A. , et al. , "Programming Experience Promotes Higher STEM Motivation Among First-grade Girls", *Journal of Experimental Child Psychology*, Vol. 160, No. 1, 2017.

Mayer, R. E. , "Multimedia Learning and Games. In S. Tobias & J. D. Fletcher (eds.)", *Computer Games and Instruction*, Greenwich: IAP Information Age Publishing, 2011b.

McNerney, T. S. , "From Turtles to Tangible Programming Bricks: Explorations in Physical Language Design", *Personal and Ubiquitous Computing*, No. 5, 2004.

Meerbaum, S. O. , Armoni, M. , & Ben, A. M. , et al. , "Learning Computer Science Concepts with Scratch", *Computer Science Education*, Vol. 23, No. 3.

Michayluk, J. O. , "Logo: More Than a Decade Later", *British Journal of Educational Technology*, No. 1, 1986.

Morenoleon, J. , Robles, G, & Romangonzalez, M. , "Dr. Scratch: Automatic Analysis of Scratch Projects to Assess and Foster Computational Thinking", *Revista de Educación a Distancia*, 2015.

Nam, K. W. , Kim, H. J. , & Lee, S. , "Connecting Plans to Action: The Effects of a Card-coded Robotics Curriculum and Activities on Korean Kindergartners", *The Asia-Pacific Education Researcher*, Vol. 28, 2019.

Papadakis, S. , Kalogiannakis, M. , & Zaranis, N. , "Developing Fundamental Programming Concepts and Computational Thinking with ScratchJr in Preschool Education: A Case Study", *International Journal of Mobile Learning and Organisation*, Vol. 10, No. 3, 2016.

Papastergiou, M. , "Digital Game-based Learning in High School Computer Science Education: Impact on Educational Effectiveness and Student Motivation Marina", *Computers & Education*, Vol. 52, No. 1, 2009.

Papert, S. , "Epistemological Pluralism and the Revaluation of the Concrete", *The Journal of Mathematical Behavior*, No. 1, 1992.

Papert, S. , "Tinkering Towards Utopia: A Century of Public School Reform", *The Journal of the Learning Sciences*, No. 4, 1997.

Papert, S. , "What's the Big Idea? Toward a Pedagogy of Idea Power", *IBM Systems Journal*, Vol. 39, No. 1, 2000.

Papert, S. , & Turkle, S. , "Epistemological Pluralism: Styles and Voices Within the Computer Culture", *Humanistic Mathematics Network Journal*, Vol. 16, No. 1, 1992.

Penner, D. E. , Lehrer, R. , & Schauble, L. , "From Physical Models to Biomechanics: A Design-based Modeling Approach", *Journal of the Learning Sciences*, Vol. 7, No. 3 – 4, 1998.

Peralbo-Uzquiano, M. , Fernández-Abell, R. , & Durán-Bouza, M. , et al. , "Evaluation of the Effects of a Virtual Intervention Programme on Cognitive Flexibility, Inhibitory Control and Basic Math Skills in Childhood Education", *Computers & Education*, Vol. 159, 2020.

Perlman, R. , "Using Computer Technology to Provide a Creative Learning Environment for Preschool Children, Logo Memo No 24", *MIT Artificial Intelligence Laboratory Publications 260*, Cambridge, Massachusetts, 1976.

Poce, A. , Amenduni, F. , & De Medio, C. , "From Thinking to Thinkering, Thinkering as Critical and Creative Thinking Enhancer", *Journal of e-Learning and Knowledge Society*, Vol. 215, No. 2, 2019.

Portnoff, S. R. , "The Introductory Computer Programming Course is First and Foremost a Language Course", *ACM Inroads*, Vol. 9, No. 2, 2018.

Prat, C. S. , Madhyastha, T. M. , & Mottarella M J. , et al. , "Relating Natural Language Aptitude to Individual Differences in Learning Programming Languages", *Scientific reports*, Vol. 10, No. 1, 2020.

Psycharis, S., & Kallia, M., "The Effects of Computer Programming on High School Students' Reasoning Skills and Mathematical Self-efficacy and Problem Solving", *Instructional Science*, Vol. 45, 2017.

Qualls, J. A., & Sherrell, L. B., "Why Computational Thinking Should be Integrated into the Curriculum", *Journal of Computing Sciences in Colleges*, Vol. 25, No. 5, 2010.

Relkin, E., De Ruiter, L. E., & Bers, M. U., "Learning to Code and the Acquisition of Computational Thinking by Young Children", *Computers & Education*, Vol. 169, 2021.

Resnick, M., Maloney, J., & Monroyhernandez, A., et al., "Scratch: Programming for All", *Communications of the ACM*, No. 11, 2009.

Ribaupierre, A. D., "Piaget's Theory of Child Development", *International Encyclopedia of the Social & Behavioral Sciences*, Vol. 4, No. 4, 2001.

Ricker, A. A. & Richerta, R. A., "Digital Gaming and Metacognition in Middle Childhood", *Computers in Human Behavior*, Vol. 115, 2021.

Román-González, M., & Pérez-González, J. C., Jiménez-Fernández, C., "Which Cognitive Abilities Underlie Computational Thinking? Criterion Validity of the Computational Thinking Test", Computers in Human Behavior, Vol. 72, No. 72, 2017.

Saez-Lopez, J. M., Roman-Gonzalez, M., & Vazquez-Cano, E., "Visual Programming Languages Integrated Across the Curriculum in Elementary School: A Two Year Case Study Using 'Scratch' in Five School", Computers & Education, 2016.

Saxenal, A., Lo, C. K., & Hew, K. F., et al., "Designing Unplugged and Plugged Activities to Cultivate Computational Thinking: An Exploratory Study in Early Childhood Education", *Asia Pacific Education Review*, Vol. 29, No. 1, 2020.

Sengupta, P., Kinnebrew, J. S., & Satabdi, B., et al., "Integrating Computational Thinking with K – 12 Science Education Using Agent-based Computation: A Theoretical Framework", *Education and Information Technologies*, *Vol.* 18, No. 2, 2013.

Sun, J. C., & Hsu, K. Y., "A Smart Eye-tracking Feedback Scaffolding Approach to Improving Students' Learning Self-efficacy and Performance in a Cprogramming Course", *Computers in Human Behavior*, Vol. 95, 2019.

Sun, L., Guo, Z., & Zhou, D., "Developing K – 12 Students' Programming Ability: A Systematic Literature Review", *Education and Information Technologies*, 2022.

Sun, L., Hu, L., & Zhou, D., "Single or Combined? A Study on Programming to Promote Junior High School Students' Computational Thinking Skills", *Journal of Educational Computing Research*, Vol. 59, 2021.

Sun, L., Hu, L., & Zhou, D., "Programming Attitudes Predict Computational Thinking: Analysis of Differences in Gender and Programming Experience", *Computers & Education*, Vol. 181, 2022.

Tikva, C., & Tambouris, E., "Mapping Computational Thinking Through Programming in K – 12 Education: A Conceptual Model Based on a Systematic Literature Review", *Computers & Education*, Vol. 162, 2021.

Tonbuloglu, B., & Tonbuloglu, I., "The Effect of Unplugged Coding Activities on Computational Thinking Skills of Middle School Students", *Informatics in Education*, Vol. 18, No. 2, 2019.

Tseytin, G. S., "Features of Natural Languages in Programming Languages", *Studies in Logic and the Foundations of Mathematics*, 1973.

Turkle, S., & Papert, S., "Epistemological Pluralism: Styles and Voices Within the Computer Culture", *Journal of Women in Culture and Society*, Vol. 16, No. 1, 1990.

Wamgenheu, C. G., Alvesl, N. C., & Rodrigues, P. E., "Teaching Computing in a Multidisciplinary Way in Social Studies Classes in School-A Case Study", *International Journal of Computer Science Education in Schools*, Vol. 1, No. 2, 2017.

Weintrop, D., Wilensky, Uri., "Comparing Block-Based and Text-Based Programming in High School Computer Science Classrooms", *ACM Transactions on Computing Education*, Vol. 18, No. 1, 2017.

Wei, X, Lin, L., & Meng, N., et al., "The Effectiveness of Partial Pair Programming on Elementary School Students' Computational Thinking Skills and Self-efficacy", *Computers & Education*, Vol. 160, 2021.

Wigfield, A., & Cambria, J., "Students' Achievement Values, Goal Orientations, and Interest: Definitions, Development, and Relations to Achievement Outcomes", *Developmental Review*, Vol. 30, No. 1, 2010.

Wing J. M., "Computational Thinking", *Communications of the ACM*, Vol. 49, No. 3, 2006.

Wing J. M., "Computational Thinking and Thinking About Computing", *Philosophical Transactions of the Royal Society A: Mathematical, Physical and Engineering Sciences*, Vol. 366, No. 1881, 2008.

Zelazo, P., Carter, A. S., & Reznick, J. S. et al., "Early Development of Executive Function: A Problem-solving Framework", *Review of General Psychology*, No. 2, 1997.

Zhang, L., & Nouri, J., "A Systematic Review of Learning Computational Thinking Through Scratch in K – 9", *Computers in Education*, Vol. 141, No. 1, 2019.

会议论文

Basogain, X., & Olazabalaga, I. M., Programming and Robotics with Scratch in Primary Education. Proceedings of Education in a Technological World: Communicating Current and Emerging Research and Technological Efforts, Badajoz: Formatex Research Centre, 2015.

Boe, B., Hill, C., & Len, M., et al., Hairball: Lint-inspired Static Analysis of Scratch Projects. Proceedings of the 44th ACM Technical Symposium on Computer Science Education, New York: ACM, 2013.

Brackmann, C. P., Román-González, R., & Robles, G., et al., Development of Computational Thinking Skills Through Unplugged Activities in Primary School. Proceeding of the 12th Workshop on Primary and Secondary Computing Education, New York: ACM, 2017.

Brenan, K., & Resnick, M., New Frameworks for Studying and Assessing the

Development of Computational Thinking. Proceedings of the 2012 Annual Meeting of the American Educational Research Association, Canada: Vancouver, 2012.

Chawla, K., Chiou, M., & Sandes A, et al., Dr. Wagon: A "Stretchable" Toolkit for Tangible Computer Programming. Proceedings of the 12th International Conference on Interaction Design and Children, New York: ACM, 2013.

Christian, P. B., Marcos, R. G., & Gregorio, R., Development of Computational Thinking Skills Through Unplugged Activities in Primary School. Proceedings of 12th Workshop in Primary and Secondary Computing Education, Netherlands: Nijmegen, 2017.

Duncan, C., & Bell, T., A Pilot Computer Science and Programming Course for Primary School. Students. The Workshop in Primary and Secondary Computing Education, New York: ACM, 2015.

Dylan, J. P., & Marina, U. B., Code and Tell: Assessing Young Children's Learning of Computational Thinking Using Peer Video Interviews with ScratchJr. Proceedings of the 14th International Conference on Interaction Design and Children, New York: ACM, 2015.

Fakhoury, S., Ma, Y., & Arnaoudova, Y., et al., The Effect of Poor Source Code Lexicon and Readability on Developers' Cognitive Load. Proceedings of the International Conference on Program Comprehension (ICPC), 2018.

Fesakis, G., & Serafeim, K. (2009). Influence of the Familiarization with "Scratch" on Future Teachers' Opinions and Attitudes about Programming and ICT in Education. Proceedings of the 14th Annual SIGCSE Conference on Innovation and Technology in Computer Science Education, New York: ACM, 2018.

Finnish National Agency for Education, Curriculum for General Upper Secondary Schools in a Nutshell, 2021.

Finnish National Board of Education, National Core Curriculum for Basic Education 2014, Helsinki: Next Print Oy, 2016.

Finnish National Board of Education, National Core Curriculum for General Upper Secondary Schools 2015, Helsinki: Next PrintOy, 2016.

Flannery, L. P., Silverman, B., & Kazakoff, E. R., et al., Designing ScratchJr: Support for Early Childhood Learning Through Computer Programming. Proceedings of the 12th International Conference on Interaction Design and Children, New York: ACM, 2013.

Floyd, B., & Santander, T., & Weimer, W., Decoding the Representation of Code in the Brain: An fMRI Study of Code Review and Expertise. International Conference on Software Engineering, New York: ACM, 2017.

Garder, P. L., Technology Education in Australia-national Policy and State Implemention. Jerusalem International Science and Techociogy Education Conference, Israel: ERIC, 1996.

Guo, P. J., Non-Native English Speakers Learning Computer Programming: Barriers, Desires, and Design Opportunities. Proceedings. ACM Conference on Human Factors in Computing Systems (CHI), 2018.

Kyu, H. K., Ashok, B, & Vicki, B. T., Towards the Automatic Recognition of Computational Thinking for Adaptive Visual Language Learning. Proceeding of IEEE Symposium on Visual Languages and Human-centric Computing, Spain: Leganés-Madrid, 2010.

Lawrie, D., Morrell, C., Field, H., &Binkley, D., What's in a Name? A Study of Identifiers. 14th IEEE International Conference on Program Comprehension (ICPC'06), New York: ACM, 2006.

Lu, J. J., & Fletcher, G. H. L., Thinking about Computational Thinking. Proceeding of the 40th ACM Technical Symposium on Computer Science Education, New York: ACM, 2009.

Marcos, R. G., Computational Thinking Test: Design Guidelines and Content Validation. Proceedings of Education 15th Conference, Spain: Barcelona, 2015.

Minamide, A., & Takemata, K., Development of New Programming with Stickers for Elementary School Programming Educations. Proceedings of ED-ULEARN19 Conference, Spain: Mallorca, 2019.

Moreno-Leon, J., & Robles, G., Computer Programming as an Educational

Tool in the English Classroom: Apreliminary Study. Proceedings of IEEE Global Engineering Education Conference, Estonia: EDUCON, 2015.

Papadakis S, Kalogiannakis M, & Orfanakis A, et al., Novice Programming Environments. Scratch & App Inventor: A First Comparison. The 2014 Workshop on Interaction Design in Educational Environments, New York: ACM, 2014.

Papert, S., A Case Study of a Young Child Doing Turtle Graphics in Logo. In Proceedings of National Computer Conference, New York: ACM, 1976.

Papert, S., A Case Study of a Young Child doing Turtle Graphics in LOGO. Proceeding of the New York National Computer Conference, New York: ACM, 1976.

Portelance, D. J., & Bers, M. U., Code and Tell: Assessing Young Children's Learning of Computational Thinking Using Peer Video Interviews with ScratchJr. The 14th International Conference on Interaction Design and Children, New York: ACM, 2015.

Resnick, M., All I Really Need to Know (about Creative Thinking) I Learned (by Studying How Children Learn) in Kindergarten. Proceedings of the 6th ACM SIGCHI Conference on Creativity & Cognition, New York: ACM, 2007.

Román-González, M., Robles, G., Development of Computational Thinking Skills through Unplugged Activities in Primary School. Proceeding of the 12th Workshop on Primary and Secondary Computing Education, New York: ACM, 2017.

Sapounidis, T., & Demetriadis, S., Educational Robots Driven by Tangible Programming Languages: A Review on the Field. International Conference EduRobotics 2016, Berlin: Springer, 2017.

Siegmund, J., Kästner, S., & Apel, S., et al., Understanding Understanding Source Code with Functional Magnetic Resonance Imaging. Proceedings of the 36th International Conference on Software Engineering, New York: ACM, 2014.

Smith, A. C., Using Magnets in Physical Blocks That Behave as Programming

Objects. Proceedings of the 1st International Conference on Tangible and Embedded Interaction 2007, New York: ACM, 2007.

Solomon, C. J., & Papert, S., A Case Study of a Young Child doing Turtle Graphics in Logo. Proceedings of the National Computer Conference and Exposition, New York: ACM, 1976.

Sullivan, A., Elkin, M., & Bers, M. U., Kibo Robot Demo: Engaging Young Children in Programming and Engineering. Proceedings of the 14thInternational Conference on Interaction Design and Children, New York: ACM, 2015.

Suzuki, H., & Kato, H., Algo Block: A Tangible Programming Language, a Tool for Collaborative Learning. Proceeding of the 4th European Logo conference, Greece, 1993.

Vieira, C., & Magana, A. J., Using Backwards Design Process for the Design and Implementation of Computer Science (CS) Principles: A Case Study of a Colombian Elementary and Secondary Teacher Development Program. The Frontiers in Education Conference, Oklahoma: IEEE, 2013.

Wilson, A., & Moffat, D. C., Evaluating Scratch to Introduce Younger School Children to Programming. The 22nd Annual Psychology of Programming Interest Group, Madrid: PPIG, 2010.

Wolz, U., Hallberg, C., & Taylor, B., Scrape: A Tool for Visualizing the Code of Scratch Programs. Proceedings of the 42nd ACM Technical Symposium on Computer Science Education, TX: Dallas, 2011.

Wyeth, P., & Purchase, H. C., Tangible Programming Elements for Young Children, CHI EA '02, 2002.

网络文献

ACARA (2013). Australian curriculum. Retrieved from https: //acara. edu. au/about – us Australian Curriculum Assessment and Reporting Authority. (2013). "Draft australian curriculum: Technologies." Retrieved from http: //www. acara. edu. au/curriculum 1/learning areas/technologies. html.

Alano, J., Lash, T., & Babb, D., et al. (2016). K – 12 computer science framework. Retrieved from https: //k12cs. org/.

Australian Curriculum Assessment and Reporting Authority. （2013）. "The australian curriculum: Technologies learning area". Retrieved from http: // www. austrailiancurriculum. edu. au/technologies/introduction.

Bell, T. , Witten, I. H. , & Fellows, M. （1998）. Computer science unplugged off-line activities and games for all ages. Retrieved from http: //jmvidal. cse. sc. edu/library/bell98a. pdf.

Bergin, S. , Reilly, R. , & Traynor, D. （2005）. Examining the role of self-regulated learning on introductory programming performance. Retrieved from https: //mural. maynoothuniversity. ie/8211/1/RR – Examining – 2005. pdf.

Bocconi, S. , Chioccariello, A. , & Kampylis, P. , et al. （2022）. Reviewing Computational Thinking in Compulsory Education. Retrieved from https: //publications. jrc. ec. europa. eu/repository/handle/JRC128347.

CODE. ORG. （2018）. Computer Science Teachers Association. 2018 State of Computer Science Education. Retrieved from https: //computersciencealliance. org/wp – content/uploads/2019/02/2018_state_of_cs. pdf.

CODE. ORG. （2019）. Computer Science Teachers Association. 2019 State of computer science education. Retrieved from https: //advocacy. code. org/ 2019_state_of_cs. pdf.

College Board. （2022）. AP central: AP computer science A. Retrieved from https: //apcentral. collegeboard. org/courses/ap – computer – science – a/ course.

CSTA & ISTE. （2011）. Operational definition of computational thinking for K – 12 education. Retrieved from https: //id. iste. org/docs/ct – documents/computational – thinking – operational – definition – flyer. pdf.

Department for education. （2013）. Computing programmes of study for key stages 1 – 4. Retrieved from http: //www. education. gov. uk/national curriculum.

Department for Education （2013）. "National curriculum in England: Computing programmes of study. " Retrieved from https: //www. gov. uk/government/publications/national – curriculum in – england – computing – programmes – of – study.

Finnish National Board of Education (FNBE) (2016). National core curriculum for basic education 2014 (English version). Retrieved from http: //www. oph. fi/english/education_development/current_reforms/curriculum_reform_2016.

Grover, S. , & Basu, S. (2017). Measuring student learning in introductory block-based programming: Examining misconceptions of loops, variables, and Boolean logic. Retrieved from https: //dl. acm. org/doi/abs/10. 1145/3017680. 3017723.

HackerRank. (2017). 2017 Developer Skills Report. Retrieved from https: //www. hackerrank. com/research/developer – skills/2017.

Halinen, I. (2016). Curriculum reform in Finland. Retrieved from http: //www. oph. fi/english/education_development/current_reforms/curriculum_reform_2016.

Heintz, F. , Mannila, L. , & Farnqvist, T. (2016). A Review of Models for Introducing Computational Thinking, Computer Science and Computing in K – 12 Education. Retrieved from https: //www. ida. liu. se/divisions/aiics/publications/FIE – 2016 – Review – Models – Introducing. pdf.

Hill, C. , Corbett, C. , & Andresse, R. (2010). Why so few? Women in science, technology, engineering, and mathematics. Retrieved from https: //files. eric. ed. gov/fulltext/ED509653. pdf.

Information Technology Foundation for Education. (2017). ProgeTiger Programme. Retrieved from https: //hitsa. academia. edu/.

ISTE & CSTA. (2015). Operational definition of computational thinking for K – 12 education (2010). Retrieved from http: //www. iste. org/docs/pdfs/Operational – Definition – of – Computational – Thinking. pdf.

LEGO Papert. (2017). LEGO Papert Fellowships at the MIT Media Lab. Retrieved from https: //www. media. mit. edu/posts/lego – papert – fellowships/.

Lewis, C. M. (2010). How programming environment shapes perception, learning and goals: Logo vs. Scratch. Retrieved from https: //dl. acm. org/

doi/10. 1145/1734263. 1734383.

Mägi, E. (2016). "Tiger leap program as a beginning of 21 – st century education." Retrieved from http: //www. ut. ee/eLSEEConf/Kogumik/Magi. pdf.

Nouri, J., Zhang, L., & Mannila, L., et al. (2019). Development of computational thinking, digital competence and 21st century skills when learning programming in K – 9. Retrieved from https: //www. researchgate. net/publication/333642505.

Papert, S. (2006). Hard Fun. Retrieved from http: //www. papert. org/articles/HardFun. html.

Resnick, M. (2013). Learn to code, code to learn Retrieved from https // www. robofun. org/blog – 1/2018/12/3/samplekids technology – and – the – internet.

Resnick, M. (2017). The Seeds That Seymour Sowed. Retrieved from https: //www. media. mit. edu/posts/the – seeds – that – seymour – sowed/http: //language. chinadaily. com. cn/2006 – 04/05/content_560346. htm.

UNICEF. (1990). Convention on the Rights of the Child. Retrieved from https: //www. unicef. org/child – rights – convention/convention – text.

Wing J. M. (2010). Computational thinking: What and why?. Retrieved from http: //www. cs. cmu. edu/ ~ CompThink/resources/TheLinkWing. pdf.

Wohl, B., Porter, B., & Clinch, S. (2015). Teaching computer science to 5 – 7 year-olds: An initial study with Scratch, Cubelets and unplugged computing. Retrieved from https: //www. researchgate. net/publication/301463521_ Teaching_Computer_Science_to_5 – 7_year-olds_An_initial_study_with_ Scratch_Cubelets_and_unplugged_computing.

World Health Organization. (2017). Global accelerated action for the health of adolescents (AA – HA!) guidance to support country implementation. Retrieved from https: //apps. who. int/iris/bitstream/handle/10665/255415/ 9789241512343 – eng. pdf? sequence = 1&isAllowed = y.